"十三五"国家科技重大专项资助项目(2016ZX05045-004)

液态二氧化碳相变射流致裂煤岩体增透机理及应用

张东明　白鑫　饶孜　胡千庭　何庆兵　▲　著

重庆大学出版社

内容提要

煤炭是我国不可替代的主体能源,随着采出量的增加,煤矿采掘工作已经进入深部,煤岩瓦斯复合动力灾害危险性加大,增加煤体透气性是解决煤与瓦斯灾害的有效途径,液态 CO_2 相变射流致裂增透技术是煤层增透技术的重要补充。

本书研发了液态 CO_2 相变射流煤岩体致裂试验装置,研究了射流压力、地应力、煤体力学性质、层理及裂隙等参数对裂隙扩展的影响机制,揭示了液态 CO_2 相变射流破岩及裂隙扩展规律,介绍了液态 CO_2 相变射流致裂增透技术在煤矿现场的应用效果。

本书可为从事煤矿安全及煤矿灾害防治等方面工作的研究人员和工程技术人员提供借鉴与参考。

图书在版编目(CIP)数据

液态二氧化碳相变射流致裂煤岩体增透机理及应用/
张东明等著 . --重庆:重庆大学出版社,2020.7
ISBN 978-7-5689-1795-7

Ⅰ.液… Ⅱ.①张… Ⅲ.①煤岩—岩石力学 Ⅳ.
①TD326

中国版本图书馆 CIP 数据核字(2019)第 198071 号

液态二氧化碳相变射流致裂煤岩体增透机理及应用

张东明 白 鑫 饶 致 胡千庭 何庆兵 著
责任编辑:肖乾泉 版式设计:肖乾泉
责任校对:谢 芳 责任印制:张 策
*
重庆大学出版社出版发行
出版人:饶帮华
社址:重庆市沙坪坝区大学城西路 21 号
邮编:401331
电话:(023)88617190 88617185(中小学)
传真:(023)88617186 88617166
网址:http://www.cqup.com.cn
邮箱:fxk@ cqup.com.cn(营销中心)
全国新华书店经销
重庆共创印务有限公司印刷
*
开本:787mm×1092mm 1/16 印张:14.5 字数:327 千
2020 年 7 月第 1 版 2020 年 7 月第 1 次印刷
ISBN 978-7-5689-1795-7 定价:59.00 元

前　言

　　煤炭作为一种不可再生的矿物资源,是我国主要的能源和工业原料。目前,我国已成为世界上最大的煤炭生产国及消费国。根据《能源中长期发展规划纲要(2004—2020)》《能源发展"十三五"规划》《2018年能源工作指导意见》可以看出,我国能源结构将坚持以煤为基础,石油、天然气、新能源和可再生能源全面发展的能源供应体系,推进清洁高效发展,实现"清洁低碳、安全高效"的能源发展格局。

　　随着煤炭资源的长期开发,我国煤炭开采深度以每年10~25 m的速度逐步向深部发展。与浅部资源相比,深部开采所面临的瓦斯赋存条件更加复杂,煤与瓦斯突出危险性逐渐升级,煤矿瓦斯灾害将成为长期制约我国煤矿安全生产的关键问题。

　　瓦斯是成煤过程中产生的伴生气体,是一种储量及热值与天然气相当的不可再生资源,属非常规天然气,瓦斯也是影响煤矿安全生产的主要因素。因此,实现煤层瓦斯井下规模化抽采不仅是预防矿井瓦斯灾害的根本保证,同时也是瓦斯综合利用的前提。

　　近年来,随着开采深度的增加,深部煤岩瓦斯复合动力灾害危险性加大,如何实现深部煤层瓦斯的高效抽采已成为保障我国煤炭企业安全生产的重要问题,而低透气性煤层增产改造则是其中的核心技术和热点问题。本书在撰写过程中,采用岩石力学、渗流力学、空气动力学、断裂力学等理论方法,研究了液态二氧化碳相变射流煤岩体致裂增透机理,研发了液态CO_2相变射流煤岩体致裂试验装置,系统研究了液态CO_2相变射流气体冲击动力学特征、煤岩体裂隙扩展力学机理与试验研究及低透煤层液态CO_2相变射流致裂卸压增透机理研究。在以上试验及理论研究基础上,开发了现场煤岩体液态CO_2相变射流致裂增透技术,在煤矿进行了现场试验及工业应用,取得了良好的应用效果。希望本书的出版能为煤矿安全生产工作者提供理论和技术支撑,对深部煤与瓦斯安全高效共采起到积极作用。

　　感谢重庆大学尹光志教授在本书的研究和编写过程中给予的悉心指导和无私帮助,他活跃的学术思想和严谨的治学态度值得我们终身学习。感谢中国平煤神马集团能源化工研究院、四川煤炭产业集团、重庆能源投资集团等科技工作者在资料收集和现场试验等方面给予的支持,感谢国家科技重大专项课题(2016ZX05045-004)给予的资助。

　　本书由张东明、白鑫、饶孜、胡千庭和何庆兵共同撰写完成,由于笔者能力有限,且煤岩体致裂增透本是一个非常复杂的过程,涉及的学科领域众多,现场应用条件千差万别,书中难免存在不足和错漏之处,敬请读者批评指正。

笔　者

2019 年 10 月

目　录

1 煤层增透技术研究现状

1.1 研究背景

煤炭作为一种不可再生的矿物资源,是我国主要的能源和工业原料[1]。目前,我国已成为世界上最大的煤炭生产国及消费国。从《能源中长期发展规划纲要(2004—2020)》《能源发展"十三五"规划》《2018 年能源工作指导意见》可以看出,中国将"坚持以煤为主体、油气和非石化能源全面发展的能源战略",以供给侧结构性改革为主线,推进清洁高效发展,实现"清洁低碳、安全高效"的能源发展格局[2]。因此,可以预见煤炭作为我国主导能源的地位短时间内不会改变[3]。

瓦斯是赋存在煤层和煤系地层的烃类气体,主要成分是甲烷,在煤矿生产过程中极易造成群死群伤安全事故;瓦斯还是重要的温室气体,它的温室效应是二氧化碳的 21 倍,因此煤层瓦斯排放对煤矿安全生产及温室气体减排具有重要的影响[4-5]。同时,瓦斯的主要成分甲烷,也是一种清洁能源,其热值与天然气相当,燃烧热值为煤炭的 2~5 倍[6]。研究表明:中国埋深 2 000 m 以内煤层气地质资源量约 36.81 万亿 m^3,资源总量居世界第 3 位[7-8]。因此,实现煤层瓦斯的高效规模化抽采,加快煤矿瓦斯开发利用,对于保障我国煤矿安全生产、增加优质清洁能源供应、优化煤炭企业产品供给、减少温室气体排放具有重要意义。

但由于我国煤层气赋存条件复杂,煤层渗透率一般在 $(0.001 \sim 0.1) \times 10^{-3}$ μm^2,比美国低 2~3 个数量级,造成我国煤层瓦斯含量高、煤矿安全生产形势严峻[9-10]。从 20 世纪 30 年代起,我国开始进行瓦斯抽采现场研究,20 世纪 50 年代首次采用井下钻孔进行煤层瓦斯预抽,且抽采所得瓦斯被作为民用燃料,之后在原阳泉矿务局成功试验顶板高抽巷抽采上邻近层瓦斯。20 世纪 60 年代,邻近层卸压瓦斯抽采技术在我国得到了普遍的推广应用。20 世纪 70—90 年代,针对单一低透高瓦斯煤层瓦斯预抽困难、煤与瓦斯突出灾害频发等问题,研究得到煤层注水、水力压裂、水力割缝、松动爆破、大直径钻孔、网格式密集钻孔抽采、交叉布孔等多种强化抽采措施,取得一定的效果。从 20 世纪 90 年代起,针对淮南矿区高瓦斯低透气性多煤层开采,初步研究提出了以保护层卸压瓦斯、强化抽采为基础的煤与瓦斯共采技术体系,通过首采煤层采动卸压裂隙场实现被保护层的卸压增透,从而实现了高瓦斯低透气性煤层群的安全高效开采模式[11-14]。进入 2000 年以来,我国开始引进国外瓦斯开发技术,开展地面与井下联合抽采试验研究。近年来,随着试验测试技术的不断发展,相关学者针对煤与瓦斯共采机理理论开展了深入的研究,阐明了深部采动煤岩体破断与瓦斯运移规律,揭示了破断煤岩体应力场-裂隙场-瓦斯渗流场多场耦合机理,基本实现了低渗煤层群煤与瓦斯协同开采[15-18]。

随着煤炭资源的长期开发,我国煤炭开采深度以每年 10~25 m 的速度逐步向深部发展,中东部浅部煤炭资源已逐渐枯竭,目前很多矿井的开采深度已超过 800 m[19]。随着矿井开采深度的不断增大,深部开采所面临的瓦斯赋存条件更加复杂,煤与瓦斯突出危险性逐渐升级,给煤矿安全生产带来严重威胁,矿井瓦斯成为制约我国煤矿安全生产的关键问题[20-25]。长期的实践及研究表明,实现深部煤层瓦斯的高效抽采是影响我国煤炭企业安全生产的重要问题,而低透气性瓦斯储层的增产改造则是其中的核心技术和热点问题。为此,我国《煤层气(煤矿瓦斯)开发利用"十三五"规划》(以下简称《规划》)指出,由于我国高应力、构造煤、低渗透性煤层气资源占比高,在基础理论和技术工艺方面尚未取得根本性突破,煤与瓦斯共采基础理论研究需要进一步加强,松软低透气性煤层瓦斯高效抽采关键技术装备亟待突破。《规划》在未来 5 年内的重点任务中提出,要深化煤层气渗流机理等基础理论研究,加强深部低透透性煤层增透机制等重点课题研究,探索研究煤层气及多种资源共生机制和协调开发模式。

本研究结合"十三五"国家科技重大专项课题(2016ZX05045-004)——"难抽煤层井下增渗关键技术及应用"及国家自然科学基金重点项目(51434003)——"深部低渗透高瓦斯煤层瓦斯抽采基础研究"的研究内容,针对低渗煤层液态 CO_2 相变射流致裂增透机理,研发了"液态 CO_2 相变射流致裂增透试验装置",开展一系列理论及试验研究,获得了液态 CO_2 相变高压气体射流出口压力、打击压力及流速等动力学参数变化规律,建立了定量液态 CO_2 相变高压气体冲击射流出口压力理论模型。理论研究获得了液态 CO_2 相变射流冲击煤岩体起裂压力模型,基于此提出了地应力条件下液态 CO_2 相变射流优势致裂方向判断方法;建立了液态 CO_2 相变射流冲击剪切破碎区及拉伸损伤区半径的理论方程和地应力条件下含瓦斯煤岩体中张开性裂纹在液态 CO_2 相变射流作用下的扩展理论模型,提出了地应力条件下含瓦斯煤岩体液态 CO_2 相变射流作用下Ⅰ、Ⅱ型复合裂纹压剪断裂判断依据,揭示了煤岩体液态 CO_2 相变射流致裂及裂隙扩展力学作用机理;在理论研究基础上,采用 PFC2D 离散元颗粒流分析程序数值模拟研究了边界应力、射流应力对液态 CO_2 相变射流致裂裂隙分布规律影响。采用"液态 CO_2 相变射流致裂增透试验装置"开展液态 CO_2 相变射流冲击对煤岩体宏微观破坏特征试验研究及液态 CO_2 相变射流冲击致裂及裂隙扩展规律试验研究,获得了射流初始压力、地应力、煤岩体力学性质、煤岩体层理及裂隙等参数对液态 CO_2 相变射流冲击致裂裂隙扩展影响规律。结合试验研究,分析了低渗煤岩体液态 CO_2 相变射流致裂增透作用机制,采用煤岩热流固耦合试验系统试验进行含瓦斯煤岩体卸压增渗试验及理论研究,建立了基于双重孔隙介质结构的煤岩体卸压渗透率模型,基于此建立了穿层钻孔液态 CO_2 相变射流致裂强化抽采煤层压降模型。在以上试验及理论研究基础上,研发了"液态 CO_2 相变定向射流致裂增透技术装备",在川煤集团白皎煤矿开展现场试验研究,验证了该技术在提高煤层瓦斯抽采效率、预防煤与瓦斯突出方面的应用效果;之后,在川煤集团杉木树煤矿 S3012 工作面开展复杂构造应力集中区松软煤层综合防突技术应用,取得了较好的应用效果。

1.2　国内外研究现状

1.2.1　国内外低渗煤层增透强化抽采技术研究现状

瓦斯作为煤炭资源开采过程中的重大危险源,我国明朝宋应星[26]在《天工开物》中最早记载了其治理方法——"利用竹管引排煤层中瓦斯"。近代以来,国内抚顺龙凤矿于 1938 年开始利用机械设备进行巷道高浓度瓦斯抽采,于 1940 年在地面建立瓦斯抽采泵站和瓦斯储存罐,实现煤矿瓦斯抽采利用;于 1952 年成功研发煤层巷道法预抽本煤层瓦斯技术,于 1954 年提出钻孔法预抽本煤层瓦斯技术[11]。1957 年,阳泉四矿采用钻孔法抽采上临近层卸压瓦斯取得成功。1960 年,抚顺、阳泉、天府和北票等矿区相继实现煤层瓦斯规模抽采,我国瓦斯抽采量达到 125 Mm^3。1965 年,新增中梁山、焦作、淮南、包头、松藻、峰峰矿区,我国瓦斯抽采量达到 150 Mm^3。1974 年,苏联煤炭工业部颁布的《煤矿瓦斯抽采细则》[11-12],将瓦斯抽采方法分为:未卸压煤层和围岩瓦斯抽采、临近煤层及围岩瓦斯抽采、采空区瓦斯抽采、综合瓦斯抽采方法等。1984 年,欧洲共同体煤炭理事会出版的《欧洲共同体采煤工业手册》[11-12],根据开采关系将瓦斯抽采方法分为:工作面抽采、采空区抽采、煤层预抽和地面钻孔抽采。我国俞启香[11]教授在《矿井瓦斯防治》中将瓦斯抽采方法分为:开采层抽采、临近层抽采、采空区抽采和围岩抽采。于不凡[12]教授将瓦斯抽采方法分为:未卸压煤层和围岩瓦斯抽采、卸压煤层和围岩瓦斯抽采、采空区瓦斯抽采、综合瓦斯抽采方法等。上述方法对指导我国煤矿瓦斯抽采技术,保障煤矿安全生产起到至关重要的作用。

进入 21 世纪以来,随着我国经济飞速发展,煤炭资源需求量持续上涨,煤炭行业进入十年黄金发展期,伴随煤炭产量增大的同时,煤矿瓦斯事故成为影响煤矿安全生产及我国煤炭企业安全生产的"头号杀手"。同时,煤矿瓦斯作为一种可利用清洁能源也逐渐被广泛地认识。但我国煤层地质条件复杂、煤岩体透气性极低,造成瓦斯抽采困难,因此,长期以来如何增加低透气性煤层的透气性,实现低透煤层强化抽采已成为行业内学者研究的重点问题。

（1）保护层卸压瓦斯抽采技术

20 世纪 50 年代末期,重庆大学联合重庆煤炭科学研究所在南桐矿务局开展了开采保护层防治煤与瓦斯灾害工程实践,取得较好的应用效果[27]。1997—2005 年,针对淮南矿区高瓦斯煤层群瓦斯灾害治理问题,袁亮[28-33]院士针对淮南矿区高瓦斯煤层群灾害治理问题,开创性地提出了卸压开采抽采瓦斯技术原理,创造性地提出了无煤柱(护巷)煤与瓦斯共采的技术原理,成功解决了困扰淮南矿区低透气性高瓦斯煤层安全开采的技术难题,对我国和世界低透气性煤层煤与瓦斯共采技术的发展做出了重要贡献。

21世纪初,程远平等[34-35]开展了多种地质、煤层和瓦斯赋存条件下的保护层开采技术研究,提出了煤层群煤与瓦斯安全高效共采体系等,并起草制定了我国安全生产行业标准《保护层开采技术规范》。2002年,李树刚等[36]提出了基于采动影响下煤层瓦斯"卸压增流效应"的煤与瓦斯共采理论观点,并依此提出了采动影响区钻井瓦斯抽采、顶板水平钻孔瓦斯抽采、钻孔抽取本煤层瓦斯等几种井下抽取卸压瓦斯的方法。

近年来,谢和平等[37-38]针对我国煤层低渗透、强吸附特征,系统分析总结了煤与瓦斯共采基础理论与关键技术,提出了卸压开采抽采瓦斯技术体系、全方位立体式抽采瓦斯技术体系等,建立了煤与瓦斯共采中煤层增透率理论模型。王海峰等[39]针对淮北宿南矿区煤层瓦斯灾害治理,提出了倾斜煤层远距离下保护层开采的瓦斯治理方案。工程应用表明,该方案能够确保类似地质条件下保护层的安全开采及被保护层的连续卸压保护。王亮[40]针对海孜矿巨厚火成岩下远程卸压瓦斯强化抽采问题,开展系统研究,研究获得了巨厚火成岩下裂隙演化与瓦斯储运的关系,揭示了巨厚火成岩下远程被保护层卸压瓦斯运移规律,提出了远距离穿层钻孔抽采卸压瓦斯的方法,经过现场应用,卸压瓦斯抽采率达到73%以上,有效地消除了中组煤的突出危险。尹光志等[41-48]针对深部煤岩体破断规律及煤层瓦斯富集规律,自主研发煤岩热流固耦合试验系统、多功能真三轴流固耦合试验系统等,进行了复杂应力路径下含瓦斯煤岩体破坏规律及渗透性变化规律研究,建立了含瓦斯煤岩固气耦合动态模型、含瓦斯煤岩耦合弹塑性损伤本构模型等,基于数值模拟研究获得了平煤十矿己15-17200工作面超远距离保护层卸压开采应力场-裂隙场-渗流场多场耦合规律,采用顺层预抽钻孔和底抽巷穿层预抽钻孔区域瓦斯抽采方法,进行现场验证取得较好的应用效果。

(2)水力压裂强化煤层瓦斯抽采技术

水力压裂强化煤层瓦斯抽采技术起源于油气开发所采用的地面水力压裂技术。1947年,美国堪萨斯州首次采用水力压裂技术进行了世界上第一口煤层气井压裂增产作业。20世纪60年代,苏联采用水力压裂技术对顿巴斯矿区15个井田进行煤层水力压裂试验,表明该技术可有效提高煤层抽采效率。20世纪80年代起,我国开始引进国外水力压裂技术在阳泉、焦作中马矿等进行煤层气地面开采,但由于地质条件复杂,排采周期长,造成商业价值低,该技术在我国煤层气领域的应用及研究一度停滞。

近年来,随着压裂泵组性能提高,煤矿瓦斯灾害威胁加大及国家煤层气开采优惠政策实施,煤矿井下水力压裂技术逐渐成了新的研究领域。林柏泉等[49-50]针对目前卸压增透技术在煤矿区域瓦斯治理方面存在的问题,在原有水力压裂技术基础上,提出了高压脉动水力压裂卸压增透技术,理论研究了脉动压力在煤岩体裂隙中的传播规律以及卸压增透效果,建立了煤岩体埋深、瓦斯压力和水力破裂压力三者耦合模型,并进行现场试验表明该技术压裂前后抽采体积分数平均增加了 264.7%,瓦斯流量增加了 245.5%。

翟成等[51]针对煤层脉动水力压裂作用下煤岩体的疲劳损伤破坏特点及高压脉动水楔致裂机理展开深入研究,研究认为煤层原生孔隙在高压脉动压力作用下,在裂缝尖端产生交变应力,促使煤岩体产生"压缩—膨胀—压缩"的反复作用,在煤体中形成相互交织的贯通裂隙网络。

李贤忠等[52]研究了高压脉动水力压力过程中应力波产生、传播规律及其对煤岩体破坏机理,试验研究了常规压裂与脉动压裂的差异性,表明脉动压裂作用下会使煤岩体产生局部应力叠加,形成应力集中,比常规压裂方法可以获得更好的压裂效果。现场应用表明,脉动压裂起裂压力为常规压裂起裂压力的 1/2,脉动压裂后单孔瓦斯抽采量为普通抽采孔的 3.6 倍,抽采流量为常规压裂孔的 1.2 倍。

刘勇、卢义玉等[53]针对水力压裂过程中出现的裂隙扩展无序、闭合块等现象,提出采用水射流强化裂缝导流能力的方法。研究表明射流后裂缝沿射流尖端起裂,然后沿着平行于最大水平主应力方向延伸,基于 N-S 方程得到真实压裂裂缝内瓦斯渗流速度分布与裂缝面高度成立方关系。

梁卫国、赵阳升等[54]理论研究获得了岩盐矿床群井水力压裂连通理论,包括水力压裂裂缝起裂方程、裂缝扩展准则、水在裂缝中流动方程、溶质运移扩散方程及岩体变形方程,现场验证表明试验结果与理论计算一致。

黄炳香等[55-56]采用试验方法,揭示了水压裂缝的扁椭球体典型形态和空间转向扩展规律,获得了围压、主应力差、水量、层面及原生裂隙对水压裂缝扩展的影响规律,提出了定向水力压裂控制致裂方法,采用水力压裂方法对坚硬顶板进行定向水力致裂。

康向涛[57]等理论研究建立了水压裂缝与天然裂缝的遭遇模型,给出了裂缝中流体的连续性方程、压降方程、缝宽方程和裂缝高度控制方程及模型的求解方法,应用大尺寸真三轴水力压裂试验系统进行了煤层水力压裂裂缝扩展规律的研究。研究表明,水压裂缝沿垂直于最小水平主应力的方向扩展,沿平行于最大水平主应力的方向延伸,且随着水平最小、最大主应力比值由小到大,水压裂缝延伸方向与最大水平主应力方向夹角由大变小,裂缝发生偏转,裂缝破裂压力逐渐增大。

倪小明等[58]针对煤层群煤层气资源开采,提出了"加密射流+封堵球多级压裂法"对西山煤田 8#和 9#煤层进行合层压裂,研究获得了煤层群"虚拟储层"水力压裂破裂条件,并现场应用,采用"封堵球"技术,使得水压急剧上升至 30 MPa,平均排采流量达 921.5 m³/d,数据验证了这一压裂工艺的可行性。

路遥遥、赵锡震[59-60]针对潞安井田低渗透煤层气储层特性,对水力裂缝与煤层原生割理的相交作用机理进行深入研究,认为低主应力容易造成水力裂缝直接穿过割理,而不利于割理的开启;高主应力比有利于水力裂缝开启割理并沿割理走向方向转向,但是仅能形成单一的压裂主缝,研究认为主压应力比为 1.5~2 时,压裂缝网较易形成。

（3）水力割缝强化瓦斯抽采技术

水力割缝是利用高压水射流作用，在煤体中切割形成一定长度的裂缝，使得煤体内应力重新分布，实现煤体卸压增透。水力割缝技术最早应用于国内外各大油田，自 20 世纪 90 年代，分别在 Saudi Arabia 油田、胜利油田、中原油田进行应用，取得显著的效果。之后，我国煤炭行业对该技术进行引进，行业内专家学者对此展开深入研究。

李晓红等[61]针对割缝可能诱导喷孔、抱钻，甚至产生煤与瓦斯突出问题，研发了不同结构水力割缝系统过渡过程压力-流量特性测试系统，分析了水力割缝过程中系统能量特性与耗散规律。

卢义玉等[62]针对石门揭煤周期长的问题，提出了自激振荡脉冲水射流割缝增透方法，研究了高压脉冲水射流自激振荡的形成机理及其特性，优化了自激振荡喷嘴结构及高压脉冲水射流的水力参数。研究表明该技术影响范围可达 1.5 m 以上，可提高瓦斯流量 4.4 倍，减少钻孔数量 60%，缩短工期达 70 d 以上。

林柏泉等[63]针对单一低透煤层瓦斯治理技术难题，提出了基于高压射流割缝的单一低透煤层瓦斯治理技术体系，采用网络化布孔方式，现场应用表明该技术体系可以增大单孔影响半径 2.0~4.3 倍，减少预抽钻孔数量 36%~44%。

冯增朝等[64]进行特大煤样条件下的钻孔和水力割缝两种抽采方式试验研究，结果表明煤样瓦斯抽采符合艾黎经验公式，相同埋深的煤层，水力割缝后煤层气初期排放速度为钻孔的 2~2.5 倍；且随着煤层埋深的增大，割缝对提高煤层的透气性的作用越明显。

贾同千等[65]针对水力压裂区域化瓦斯增透盲区，提出了复杂地质低渗煤层水力压裂-割缝综合瓦斯增透技术，表明该技术可提高瓦斯浓度 4.9 倍，提高瓦斯纯流量 3.3 倍，对复杂地质煤层具有较强适应性，大幅提高了瓦斯治理水平。

（4）水力冲孔强化瓦斯抽采技术

水力冲孔强化抽采技术是利用高压水射流作用破碎煤岩体，并使得破碎后的煤岩体由钻孔排出，在煤层中形成冲刷空间，从而改变钻孔周围应力分布状态，实现煤岩体卸压增透。该技术最早于 1965 年在南桐鱼田堡煤矿应用并取得成功，之后在北票、焦作等矿区进行应用。2005 年，孔留安等[66]以九里山矿为研究背景，研究了水力冲孔技术在防止煤与瓦斯突出过程中的应用效果，研究表明水力冲孔技术可以很好地起到了综合防突的作用，使巷道掘进速度提高了 3 倍以上。刘明举等[67]深入研究了水力冲孔技术防突机理，优化了水力冲孔技术工艺流程，现场应用表明，水力冲孔措施可有效消除煤与瓦斯突出危险性，大幅度释放煤岩体中的瓦斯，增大煤岩体透气性，巷道掘进速度提高 2~3 倍。朱建安等[68]针对水力冲孔诱导突出危险性，改进研发了水力冲孔防喷装置。魏建平等[69]阐述了水力冲孔措施消突机理，确定了水力冲孔影响范围，根据其影响范围进行现场施工优化设计，减少钻孔数量 30%。王凯等[70]采用数值模拟方法，研究分析了水力冲孔钻孔围岩应力及透气性变化规律，研究表明水力冲孔后，孔洞周边会形成 5~6 m 的卸压范围，经验证理论结果与现场结果一致。张建等[71]采用水力冲孔技术对保护层开采后,对未及时进行瓦斯抽采重新压实区域进行增透试验研究,表明在受采动影响的煤层中进行水力冲孔,可使瓦斯抽采率提高到46%。朱红青等[72]采用COMSOL Multiphysics数值模拟软件对水力冲孔技术卸压增透范围进行数值模拟研究,经过现场验证表明应用效果与数值模拟研究一致。冯丹等[73]自主研制了水力冲孔物理模拟试验装置,开展不同地应力状态及不同水力冲孔条件下的水力冲孔物理模拟试验。陶云奇等[74]采用水力冲孔物理模拟试验系统,研究了转速对水力冲孔增透效果影响规律,研究了冲孔前后煤层瓦斯抽采过程中瓦斯压力演化规律。郝富昌等[75]理论研究建立了蠕变-渗流耦合作用下的水力冲孔周围煤岩体渗透率动态演化模型,揭示了水力冲孔周围煤岩体渗透率的时空演化规律,阐明了蠕变变形和基质收缩对渗透率的控制作用机理。马耕等[76]基于Bergmark-Roos方程建立了与水力冲孔散体煤岩重力、煤岩摩擦力、水作用力等因素相关的水力冲孔出煤过程中煤岩运移的轨迹方程,并推导了水力冲孔孔洞特征方程,理论推导得到水力冲孔孔洞直径计算公式,并在中马村矿揭煤过程中进行了现场验证。

(5)深孔预裂爆破强化瓦斯抽采技术

深孔预裂爆破强化瓦斯抽采技术是在光面爆破基础上发展起来的新技术。20世纪50年代,苏联卡拉干达矿区首次采用深孔预裂爆破技术进行煤层增透瓦斯抽采[77]。20世纪70年代,部分欧洲国家采用深孔预裂爆破技术进行工作面冲击地压防治[78]。安徽理工大学刘泽功等[79]采用Taylor方法对深孔预裂爆破进行数值模拟研究,分析了爆破间距对爆生裂纹和煤层增透效果的影响,提出深孔预裂爆破合理布孔间距为5~6 m。蔡峰等[80]研究建立了耦合装药模式下对深孔爆破透射波和爆轰载荷数值计算模型,并计算得其解析解,现场应用研究认为耦合装药系数为1.5左右可获得最佳的增透半径和增透效果。

刘健等[81]针对潘一东矿瓦斯抽采问题,提出深孔预裂爆破增透方法,理论研究了该技术作用机理。现场研究表明该技术可提高瓦斯抽采量3倍多,从而提高瓦斯抽采效率,在一定程度上降低煤与瓦斯突出危险性。龚敏等[82]采用三维数值模拟方法,结合现场应用效果,建立不同条件下爆破模型,研究获得了单煤体和煤岩介质中爆破孔与控制孔连心线距离与有效应力的关系。韩颖等[83]利用机、风巷设置的高抽巷进行穿层深孔预裂爆破防治高应力区域煤巷突出的试验研究,结果表明深孔预裂爆破技术实施后能够促进工作面前方应力集中带及高瓦斯带向煤岩体深部转移,从而实现煤岩体卸压效应,实现煤层瓦斯快速消突。曹树刚等[84]对深孔预裂爆破后煤样的微观孔隙结构进行深入分析,表明随着距爆破孔距离的增大,煤岩体比表面积呈线性减小,煤渗透孔体积在孔距3.9 m处达到最大值,且深孔控制预裂爆破后,最大瓦斯抽放量增加36%。张天军等[85]针对高瓦斯低透气性煤层瓦斯超限问题,建立深孔预裂爆破三维有限元模型,计算结果表明深孔致裂裂隙经历冲击波煤岩起裂、稀疏波煤岩裂纹扩展及爆轰气体驱动裂纹扩展3个过程。

彭世龙等[86]针对高突矿井低透气煤层瓦斯"零"超限治理需要,采用理论计算、现场试验方法研究了深孔预裂爆破影响半径,通过现场瓦斯抽采流量及浓度监测对比分析深孔预裂爆破增透作用效果。结果表明,深孔预裂爆破技术可最大提高瓦斯抽采量9.27倍,平均提高瓦斯抽采量 4.96 倍,可有效提高煤层瓦斯抽采效率。

综上所述,针对我国低透气性煤层巷道掘进及工作面回采过程中瓦斯超限治理、煤与瓦斯灾害防治等问题,我国学者开展了大量而有成效的研究,已形成了保护层卸压开采、水力压裂、水力割缝、水力冲孔、深孔预裂爆破等强化瓦斯抽采技术措施,有力地促进了我国煤矿企业的安全生产。但由于受技术作用机理及施工过程限制,各种技术或多或少存在一些不足之处。例如:保护层开采技术仅适用于多煤层具有开采保护层条件的矿区[87],如淮南、平顶山等;水力压裂技术影响范围广,但是压裂过程中容易受天然裂隙影响导致煤层裂隙不均匀[65];水力割缝技术应用效果较好,但可能会诱导突出;水力冲孔技术同样存在诱导突出危险性,同时,水力压裂、水力割缝、水力冲孔等水力化措施会造成水资源浪费,并影响工作面作业环境[88-89];深孔预裂爆破技术采用火工品进行施工,在部分地区存在火工品管制,造成施工审批困难等[90]。因此,地质构造复杂、煤层赋存条件较差、瓦斯含量大,且灾害严重的西南地区迫切需要一种新的低透气性煤层增透技术。

1.2.2 国内外 CO_2-ECBM 技术研究现状

作为一种诱发全球气候变暖的主要温室气体,二氧化碳近年来被全球学者广泛地关注与研究,如何实现 CO_2 温室气体的减排及有效利用已成为热点研究问题。由于煤层对 CO_2 的吸附能力强于 CH_4,因此国内外学者提出了将 CO_2 注入煤层,促进煤层吸附 CH_4 的解析游离,增强煤层气抽采效率,同时将 CO_2 储存在煤层中,从而实现 CO_2 温室气体的地质储存及合理利用,这种技术被称为 CO_2-ECBM(CO_2-Enhanced Coalbed Methane Recovery)技术[91-93]。通过分析认为现有的 CO_2-ECBM 技术主要包括 CO_2 驱替技术、CO_2 压裂技术和 CO_2 相变高压气体致裂技术等。

(1)CO_2 驱替提高煤层瓦斯采收率技术

20 世纪 80 年代,Fulton P E 等[94]采用低压 CO_2 进行煤样中 CH_4 驱替试验研究,结果表明,注入 CO_2 后 CH_4 回收率比自然排放提高了 9% ~ 57%。1982 年,在 Fulton 研究基础上,Reznik 等[95]开展了高压 CO_2 驱替 CH_4 试验研究,研究表明自然状态下煤岩体 CH_4 采收率为 30%,注入 CO_2 后实现了煤样中 CH_4 的完全回收。之后,Mazumder 等[96]采用纯 CO_2、烟道气等进行注气驱替试验研究,研究了干燥和潮湿环境中水对 CH_4-CO_2 竞争吸附影响,对比分析了纯 CO_2 和烟道气驱替效果。Jessen 等[97]进行了 N_2、CO_2、N_2 和 CO_2 混合气体驱替试验,研究表明气体驱替作用下煤岩体瓦斯抽采率均在 94% 以上。2000 年左右,CO_2 已被作为一种注入流体用于置换煤层甲烷提高煤层气产量[98]。之后,各国开展了一系列 CO_2-ECBM 工业试验,如美国圣胡安盆地的 Allison Unit、加拿大的 Fenn Big Valley 工厂和中国的沁水盆地。同时,河南理工大学杨宏民等[99-101]根据理论研究结果在现场进行了煤层气注气驱替瓦斯抽采实践,取得一定的应用效果。中国科学院武汉岩土所李小春等[102-103]对现场注气驱替过程中煤岩体吸附量、变形量和渗透系数等参数进行测试。通过 Czapliński 等[104]、Perera

等[105]和 Yin H 等[106]的试验研究表明,CO_2 注入煤岩体可导致煤样的力学性能、比表面积和微孔率降低,而煤样中孔结构的变化可以改变 CO_2-ECBM 过程中气体的流动模式。但也有大量学者,如 Liu J[107]、Day S[108]、Balzer C[109]、Brochard[110]、Zang J[111]、Fan J[112] 和 Pluymakers[113]等学者的研究表明,CO_2-ECBM 应用过程中由于煤岩体吸附 CO_2 引起的基质膨胀会导致煤层气储层基质膨胀,从而造成煤层气储层渗透率损失。该问题也成为 CO_2-ECBM 技术发展过程中不可避免的挑战之一。

(2)CO_2 压裂强化煤层气(瓦斯)抽采技术

近年来,针对水力压裂存在的水资源浪费及地下水污染问题,部分学者提出采用 CO_2 作为一种新型压裂液用于煤层气资源开发。Gupta 等[114]研究发现超临界 CO_2 压裂有利于改善储层渗透性。1982 年,加拿大 Fracmaster 石油公司首次采用 CO_2 作为压裂液在美国成功进行了应用,增产效果良好。1998 年,美国宾州和德州等地采用液态 CO_2 对 50 余种不同储层进行压裂增透作用,表明该技术可提高煤层气井产量 $6 \sim 10$ 倍[115]。Ishida T[116]、Alpern J[117]、Gan Q 等[118]的研究表明采用液态 CO_2 代替水进行储层压裂可以形成更广泛和更加复杂的裂隙网络,从而实现低透气性储层的强化抽采。Kolle 等学者的研究表明,液态 CO_2 压裂技术与水力压裂相比,不会造成储层渗透率损失,能有效提高常规欠平衡钻进的油气采收率。2005 年,长庆油田公司在首次采用 CO_2 压裂新技术在榆 32-16 井试验成功。2013 年,川庆钻探工程有限公司首次在长庆气田进行了干法加砂压裂试验。2015 年,延长油田在云页 4 井实施了我国第一次陆相页岩气井二氧化碳干法压裂,并获得成功。

在低渗煤层 CO_2 压裂强化瓦斯抽采研究及技术应用方面,西安科技大学文虎等[119-120]针对液态 CO_2 煤层压裂过程裂隙扩展规律,开展现场试验研究。结果表明压裂过程流量随着压力的增长呈现出"波动"特性,CO_2 压裂初期裂隙扩展速度较快,之后逐渐减小,且 CO_2 压裂与水力压裂相比在压裂安全性、时间和效果方面存在技术优势。马砺等[121]采用液态 CO_2 压裂增透技术在张集北矿进行试验研究,液态 CO_2 压裂技术可提高瓦斯抽采浓度 $1.6 \sim$ 3.1 倍,可明显提高瓦斯抽采效率。卢义玉等[122]进行真三轴超临界 CO_2 与水力压裂对比试验研究,结果表明:CO_2 压裂时较水力压裂的起裂压力低约 50.9%;CT 断面扫描显示 CO_2 压裂时更容易形成多条网络化裂缝,达到类似体积压裂的效果。分析认为,目前 CO_2 压裂强化抽采技术,在油气田开发领域进行了部分工业化试验应用,在煤层气尤其煤矿瓦斯井下抽采方面应用较少,还处于试验研究阶段。

(3)CO_2 高压气体冲击致裂破岩技术

CO_2 作为一种常见可压缩气体,将其压缩后可形成高压 CO_2 气体射流,类似水射流切割技术,可应用于材料切割、辅助钻进等。2000 年,KOLLE J 等[123]进行 CO_2 高压射流破岩试验,研究表明 CO_2 射流对页岩的破碎效率是水射流的 3.3 倍,CO_2 射流较水射流破岩相比可降级岩石破碎阈值。2016 年,UHLMANN E 等[124]研发了一种连续 CO_2 高压喷射切割试验系统,对比研究了 CO_2 和高压水射流冲击力与流量关系。2014 年,Zhang zhe 等[125]将高压 CO_2

气体射流用于材料表面清洗取得较好的应用效果。李根生等[126-127]提出了采用高压 CO_2 气体射流破岩进行辅助钻进的设想,并深入研究 CO_2 射流破岩和压裂特性。研究结果表明,CO_2 起裂压力相比于常规流体压裂低,在岩石中形成的裂缝网络较为复杂。DU Yukun 等[128]对影响 CO_2 射流岩石侵蚀性能的各种因素进行了深入研究。WANG Haizhu 等[129]试验研究认为在相同条件下,CO_2 射流比水射流具有更强的冲击压力和更高的射流速度。LI Mukun 等[130]研究表明高压 CO_2 射流在破岩方面比氮气和水具有更明显的优势。TIAN Shouceng 等[131]的研究表明,在受到高压 CO_2 射流冲击后,页岩的冲击表面出现网状裂缝。因此,CO_2 射流应用于低渗煤岩体致裂增透具有一定的可行性。

综上所述,由于煤岩体吸附特性及 CO_2 易压缩液化特点,CO_2 应用于提高煤层瓦斯抽采效率,可实现温室气体的地质储藏及综合利用。但将 CO_2 直接注入煤层进行驱替强化瓦斯抽采,由于仅仅依靠竞争吸附作用,不能在煤体中形成瓦斯运移通道,且煤层吸附 CO_2 后吸附膨胀会造成煤岩体渗透率损失,因此该技术在增加煤层瓦斯抽采效率方面没有得到大范围推广应用。CO_2 压裂技术与水力压裂类似,均存在压裂裂隙会沿煤层天然裂隙发展的特点,故同样存在压裂效果不均等问题,且煤矿井下采用 CO_2 压裂,存在气体泄漏影响井下作用环境的风险。CO_2 高压气体射流切割技术采用高压液态 CO_2 相变形成的高速气体射流,作用于煤岩体上形成冲击作用力。在拉应力、剪应力作用下促使煤岩体破坏卸压,用于低渗煤岩体致裂增透具有一定的可行性。

1.2.3 国内外液态 CO_2 相变致裂技术研究现状

近年来,鉴于国内煤矿瓦斯灾害频发,根据《煤层气(煤矿瓦斯)开发利用"十三五"规划》中"松软低透气性煤层瓦斯高效抽采关键技术装备亟待突破"的要求,国内相关学者提出了采用液态 CO_2 相变致裂技术进行煤岩体致裂增透的技术措施。该技术在原理方面与欧美国家所使用的 Cardox 系统类似,即通过对密封容器内的液态 CO_2 进行快速加热,使得容器内部压力上升,破坏系统内置的破裂片,形成高压气体射流促使煤岩体破坏。Cardox 系统最早由 P.Weir 等[132]研究,主要是由液态 CO_2 相变膨胀功,形成高压 CO_2 气体射流,用于水泥厂料仓疏通。之后 Kristina[133]将其应用于采石场安全爆破,均取得良好的效果。20 世纪 90 年代,徐颖[134]等最先开展了高压气体致裂破岩方面的研究,之后煤炭科学研究总院在平顶山进行了 Cardox 系统地下开采试验,但没能取得较好的推广效果。2014 年起,河南理工大学王兆丰等[135-142]将 Cardox CO_2 爆破系统进行改进,确定了液态 CO_2 相变致裂的 TNT 当量,研究了液态 CO_2 相变致裂增透效果及影响半径,进行钻孔优化设计,并在焦煤集团、平煤集团等矿区进行大范围的推广应用,取得较好的应用效果。陆庭侃等[143]针对低透高瓦斯突出煤层,进行底板巷穿层钻孔液态 CO_2 相变致裂增透试验,并进行现场测试,表明该技术可有效改善煤层瓦斯抽采效率。曹运兴等[144-146]采用液态 CO_2 相变致裂增透技术在开滦矿区进行现场应用,研究表明该技术可增加煤层瓦斯渗透率 20~50 倍,提高煤层瓦斯抽采效率 10

倍以上。CHEN Haidong 等[147]采用液态 CO_2 相变致裂增透技术在平顶山矿区开展现场试验及理论研究,数值模拟研究分析了该技术影响半径,指导现场施工取得较好的应用效果。

在液态 CO_2 相变致裂增透机理研究方面,周科平等[148]试验得到液态 CO_2 相变致裂过程中压力时程曲线,计算了致裂过程中能量释放总量;周西华等[149]采用 FLAC 数值模拟技术分析得到了不同地应力条件下单孔致裂有效影响半径;孙可明等[150]采用试验方法获得该技术致裂过程裂隙扩展规律。经过分析认为,目前液态 CO_2 相变致裂增透技术已在工程技术领域展开了广泛的应用研究,但对于液态 CO_2 储液管高压气体射流压力模型、液态 CO_2 相变射流冲击破岩力学机理研究、地应力条件下含瓦斯煤岩体液态 CO_2 相变射流裂隙扩展力学机理及压剪断裂判断依据等理论研究还少有报道。而该方面的理论研究,对于指导该技术规范化合理应用具有重要意义。

1.2.4　国内外煤岩体高压流体冲击致裂力学机理研究现状

相比水力压裂、水力割缝,液态 CO_2 相变射流致裂实质上是煤岩体在高压气体冲击作用下损伤破坏。相比静力作用,冲击破岩的本质是应力在动力冲击作用下压入煤岩体。

（1）水射流冲击破岩机理研究现状

人类根据自然现象（如"水滴石穿"）,早已明白了冲击作用下岩体更易产生破坏。19 世纪中期,工程师发现将水进行增压后,由特定形状的喷嘴喷出,可以获得高速流体用于冲刷砂石,开采金矿。20 世纪中期,苏联采用高压水射流进行水力采煤研究。到了 20 世纪 60 年代,随着机械工业的发展,日本、苏联、美国相继研制成功了 5 600 MPa 脉冲射流发生器。到了 20 世纪 70 年代,研究发现在水介质中加入石英砂磨料可提高水射流破岩能力。80 年代以后,水射流技术逐渐发展形成脉冲水射流、空化水射流、自激振荡水射流等。目前已被广泛地应用于材料清洗、水力切割、采矿等各个领域。

在水射流破岩机理研究方面,20 世纪 30 年代,Cook[151]根据水滴撞击前后能量的变化,推导得到水锤压力与水滴速度、密度等有关。之后,Gardner[152]采用自制的水射流发生装置,研究了水射流撞击固体过程中的压力变化,得到与 Cook 一致的射流压力表达式。1933 年,Haller[153]采用与 Gardner 一致的研究方法,考虑射流打击过程中材料弹性变形造成的压力衰减,给出了考虑材料属性的水锤压力模型。20 世纪 60 年代,Bowden 和 Brunton[154]采用高速摄像机和压电式压力传感器定量测试了水射流冲击固体表面过程中水锤压力峰值,研究发现高压水射流冲击固体表面瞬间会产生径向射流,研究给出了径向射流速度关系式。Hermann[155]根据试验研究结果,定量分析了射流冲击引起的最大压力峰值,建立了水锤压力二维模型,且研究认为水锤压力峰值强度和持续时间与射流流体前段弧形形状有关。21 世纪以后,随着计算机技术的发展,Adler[156]首次采用有限元方法模拟了高压水射流撞击固体表面的过程,研究证实了水射流冲击过程冲击波产生与扩展过程,并分析了水锤压力的瞬间特性。之后,Mabrouki 等[157]采用欧拉网格及拉格朗日网格方法,对水射流高速撞击固体表面产生的径向射流进行数值模拟研究。

在高压水射流冲击破岩机理研究方面,王瑞和等[158]结合试验及理论研究,认为高压水射流冲击破岩过程分为两个阶段,初期以应力波作用为主形成岩石损伤破坏主体,后期以射流准静态压力为主使岩石孔眼直径扩大,认为水射流冲击以应力波和准静态压力两种形式共同作用使得岩石破碎。卢义玉等[159]采用试验研究建立了球面应力波岩石介质传播波动方程,认为超高压水射流作用下岩石的破坏主要表现为拉伸破坏,建立了冲击应力波破碎理论。李晓红、卢义玉等[160]对空化水射流破碎岩石机理进行一系列试验研究,研究表明空化水射流切割破碎岩石主要是由空泡的溃灭引起的,且切割破碎岩石时冲蚀效果只在开始几秒内发生。常宗旭等[161]采用愈渗理论研究了非均质岩体水射流破坏准则,采用试验和数值模拟方法研究表明水楔作用是使煤岩体裂隙发展和扩大的主要原因。经过学者广泛的研究,对于水射流破岩机理已形成了准静态破碎理论、冲击应力波破碎理论、空化效应破碎理论、裂纹扩展破碎理论等,上述理论能在一定程度上揭示水射流冲击破岩现象规律。

(2)高压气体冲击破岩致裂机理研究现状

在高压气体冲击破岩致裂机理方面,最初相关学者针对爆轰高压气体破岩展开深入研究,钱七虎院士等[162-163]研究认为爆轰高压气体破岩致裂可分为4个阶段:形成空腔、冲击压碎、空腔的动力无波扩张、弹性波传播阶段,且理论研究建立了压碎区半径、径向破裂区的半径理论方程。杨小林等[164-166]基于断裂力学基础理论研究了煤体内高压气体的准静态作用及气体驱动裂纹扩展过程,建立了爆破中区和爆破近区的损伤断裂准则和裂纹尖端的损伤局部化模型,准确地反映了爆生气体作用下裂纹的扩展过程。索永录[167]通过采煤工作面的现场爆破试验和大煤样爆轰高压气体破岩试验结果,根据平面楔形裂纹的动态扩展模型,给出了坚硬顶煤中实施爆破时产生的粉碎区半径理论表达式。张晋红[168]研究认为爆轰高压气体破岩主要有两个方面作用机理,一是爆炸应力波的动力作用,二是爆生气体的准静态作用。首先爆炸后产生的冲击波作用在孔壁上,瞬间破坏岩体形成压缩破碎和初始裂隙;同时,在拉应力和应力波反射拉应力作用下引起岩石裂纹的进一步扩展。陈静[169]建立煤层固-气耦合模型,研究了冲击压力和地应力对煤岩体破坏特征研究,表明气体在煤层中的压力分布范围随高压空气冲击压力的增大而增大,煤岩体中的裂纹沿低压方向扩展。

上述分析表明,目前国内外学者针对炸药爆轰冲击波破岩机理展开了深入研究,已经研究建立了爆轰冲击波作用下煤岩体损伤断裂准则及裂纹扩展准则,且揭示了爆轰冲击作用下煤岩体致裂破坏过程及其压碎区半径、径向破裂区半径的理论方程。

近年来,随着高压气体冲击破岩致裂技术在煤矿企业的推广应用,国内大量学者也对此展开了深入研究。孙可明等[170-173]进行 CO_2 高压气体冲击破岩试验研究,认为超临界 CO_2 冲击破岩致裂过程可分为动态和准静态过程,在应力波作用下煤岩体孔壁介质被压碎形成粉碎区,在拉应力作用下粉碎区裂隙进一步扩展形成径向裂隙;认为高压气体形成的气楔作用,是促使裂隙扩展的主要原因,研究结果显示 CO_2 高压气体冲击破岩后试件的裂隙发展方向与最大主应力方向一致。理论计算分析了初应力作用下 CO_2 高压气体冲击破岩过程中应力分布规律,揭示了初应力影响裂纹起裂和扩展的机理。刘勇、魏建平等[174]根据热力学理论,理论分析了气体射流破煤应力波临界声速及压力,进行高压气体射流破煤试验,并通过应力波在煤体内传播的弥散方程,分析了孔隙率和渗透率对应力波在煤体内传播的影响。林柏泉等[175]理论分析建立了高压气液两相射流的冲击动压模型,采用自主研发的高压气液两相射流破煤岩试验系统。试验研究表明,气液两相射流破煤岩压力阈值约为纯水射流的50%,破碎坑直径是纯水射流的 2 倍,破煤岩效率提高 80% 以上。辽宁工程技术大学王继仁、高坤、史宁等[176-177]进行煤岩体高压空气冲击致裂增透试验,研究表明高压空气致裂后煤岩体瓦斯渗透率增加 81%,且煤样渗透率增加倍数与气体压力呈现出幂函数关系,坚硬煤岩体在空气冲击致裂后渗透率增量较大。中国矿业大学王海峰、赵旭等[178]进行高压氮气冲击煤岩体致裂试验,获得冲击过程 P-T 曲线,分析了致裂现象与高压气体作用关系,采用 LS-DYNA 进行数值模拟研究,获得致裂过程裂隙扩展及应力波传递规律。周跃进、王明宇等[179]建立高压气体致裂数值模型,考虑初始损伤影响计算了应力波作用下粉碎区、裂隙区范围,分析了高压气体作用下裂纹动态扩展规律。河南理工大学陆庭侃、郭杨霖等[180]采用当量计算、振动波形分析及爆容分析等方法对 CO_2 相变致裂基本动力学特征进行研究,分析认为 CO_2 相变致裂对煤层渗透率的影响主要有 3 个方面:高压气体煤岩体切割作用、气体膨胀推力对煤岩体做功、气体压力致裂局部卸压效应。太原理工大学段东、刘文博等[181]采用试验研究方法将高压气体冲击致裂煤岩体的破坏区分为破碎区、裂纹区和弹塑性区。研究认为高能气体能量对破碎区裂隙数量存在一定控制作用,随着气体峰值增大,煤样破碎区面积增大,裂隙数量增多。

通过对上述文献分析认为,目前国内学者在 CO_2 高压气体冲击破岩致裂机理研究方面已展开了大量的研究,但目前没有关于液态 CO_2 相变致裂气体压力方程方面的理论研究,且没有关于高压气体冲击射流打击压力影响因素方面的试验研究;在液态 CO_2 相变煤岩体致裂方面虽然已展开部分试验研究,但对于其致裂裂隙扩展与地应力、层理、裂隙及煤岩体力学性质等因素方面关系的研究还很少报道,且缺乏系统性的理论研究。

1.2.5　国内外煤岩体卸压增渗机理研究现状

煤岩瓦斯渗透率是反映煤层瓦斯抽采难易程度的重要参数,提高煤层的瓦斯渗透率是低透煤层增透强化抽采技术的关键,因此国内外学者针对煤岩体渗透率开展了大量研究,并建立了相关渗透率计算模型。现有的研究认为,地应力、孔隙压力、吸附膨胀变形、流体滑脱效应和温度等是影响煤岩体瓦斯渗透率的主要因素。1965 年,周世宁院士等[182]研究认为煤岩瓦斯渗流基本符合达西定律,在我国首次提出了线性瓦斯流动理论。1984 年,郭勇义[183]采用 Langmuir 方程来描述瓦斯的吸附量,提出了修正的瓦斯流动方程。之后,谭学术[184]考虑了瓦斯真实气体状态方程,提出了修正的煤层真实瓦斯渗流方程。1994 年,孙培德[185-186]修正和完善了均质煤层瓦斯流动数学模型,发展了非均质煤层的瓦斯流动模型,并采用数值模拟方法进行对比研究分析。1987 年,Gray[187]进行试验研究,并考虑煤岩体孔隙压裂与吸附应变,建立了考虑孔隙压力与吸附应变指数型煤岩瓦斯渗透率计算模型。1994年,赵阳升教授[188-201]进行三维应力作用下煤岩体中瓦斯渗流规律试验研究,基于试验结果分析与理论研究建立了考虑体积应力、孔隙压力因素的煤岩体瓦斯渗透率模型。1995年,Seidle和Huitt[202]考虑煤岩体基质变形,理论研究建立了考虑基质变形的立方型渗透率模型。1998年,Palmer和Mansoori[203]通过试验及理论研究,建立了考虑有效应力和基质收缩效应的煤岩体瓦斯渗透率模型。2003年,傅雪海、秦勇等[204]进行煤岩体瓦斯吸附膨胀试验,揭示了不同煤种煤基质的自调节特征,研究了煤层瓦斯抽采过程中煤基质收缩和有效应力变化对煤储层渗透率影响规律,理论研究建立了有效应力、煤基质收缩和煤储层渗透率之间耦合的数学模型。之后,Shi和Durucan等[205-207]在研究Gray渗透率模型的基础上,理论及试验研究建立了基于应力效应的煤岩瓦斯渗透率模型,即S&D模型。2008年,尹光志等[208]在多孔介质的有效应力原理中引入瓦斯吸附膨胀应力,推导出了适用于含瓦斯煤岩有效应力计算公式,建立了含瓦斯煤岩的孔隙度和渗透率动态模型。2009年,鲜学福等[209]考虑煤基质收缩效应造成的孔隙度变化,建立了以孔隙度表达的立方型煤岩瓦斯渗透率模型。2010年,Connell等[210-211]经过理论研究给出了非静力约束、限制性约束和刚性约束等多种边界条件下的煤岩瓦斯渗透计算模型。河南理工大学王登科教授等[212-216]针对气体渗流存在的Klinkenberg效应,通过试验数据分析和理论推导,提出了一种综合气体动力粘度和压缩因子影响及克氏效应的煤层瓦斯渗透率计算方法。魏建平等[217]基于裂隙平板模型,理论推导了瓦斯解吸、扩散及渗流过程中煤岩体渗透率的变化关系,利用表面化学与有效应力理论,构建了该过程中基质收缩和有效应力增大等因素影响下的渗透率动态演化模型。

综上所述,目前国内外学者对影响煤岩瓦斯渗流的影响因素进行了广泛研究,考虑各种因素,建立了多种煤岩瓦斯渗透率模型,但由于煤岩体瓦斯渗透率受应力影响较大,且煤层在采动及各种增透措施作用下存在应力集中与应力释放。因此,考虑应力变化建立卸压煤岩体卸压瓦斯渗透率模型对于指导现场卸压瓦斯强化抽采意义重大。

近年来,随着行业内学者对煤岩体卸压瓦斯强化抽采认识的不断深入,国内大量学者对卸压条件下煤岩体瓦斯渗透率计算模型进行深入研究。2014年,程远平等[218]等在试验和理论分析的基础上提出了煤岩体卸荷渗透率演化概念模型,建立了考虑有效应力和瓦斯吸附/解吸变形等因素、以应变为变量的煤岩体卸荷损伤增透理论模型。2016年,李铭辉[219]进行真三轴应力条件下煤岩体瓦斯渗流试验研究,认为煤岩体瓦斯渗透率受裂隙开度、裂隙弯曲度、裂隙连通度及裂隙"强度"影响,考虑煤岩体各向异性在S&D渗透率计算模型的基础上提出了真三轴应力条件下储层岩石的渗透率计算模型。2017年,张茹教授等[220]基于立方体模型,考虑煤岩体采动损伤,建立了考虑采动煤岩体微裂纹扩展、吸附解析煤岩体基质变形的有效应力型瓦斯渗透率模型。张先萌[221]基于煤岩加卸载试验研究,建立了加卸载条件下原煤损伤演化和瓦斯渗流耦合模型,验证表明该模型可以较好地反映卸围压原煤峰后损伤演化和瓦斯渗流规律。2018年,周宏伟、荣腾龙等[222-224]基于捆绑的火柴棍模型,采用弹性理论分析了煤岩体基质和裂隙变形对渗透率的影响,建立了指数型和立方型两种三向应力条件下煤岩体渗透率的动态演化模型;之后,又考虑深部煤岩体开采扰动影响,引入内膨胀应变系数的概念,基于 Drucker-Prager 损伤本构关系,建立了指数型和立方型两种考虑煤岩体损伤破裂的渗透率演化模型。

以液态 CO_2 相变射流致裂煤岩体增透机理及应用为研究对象,综合试验研究、理论分析、数值模拟与现场试验等手段,系统性地分析煤岩体液态 CO_2 相变射流致裂及裂隙扩展力学机理及卸压增渗机理,并进行现场试验及应用技术研究。技术路线如图 1.1 所示。

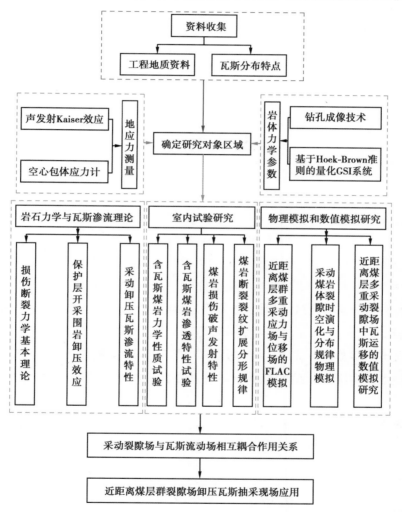

图 1.1　技术路线图

2 煤岩基本物理力学性质测试

2.1 概　述

煤岩体液态二氧化碳相变射流致裂增透过程,实质是高压二氧化碳气体形成的瞬态应力波作用在煤岩体内部,在应力波作用下产生拉伸及剪切破坏,在煤岩体中形成宏观裂纹,增加低透气性煤层中裂隙及孔隙数量,从而促进煤岩体吸附瓦斯的游离解析,实现低渗煤层增透强化抽采。在该过程中,煤岩体的物理力学性质及其赋存应力环境等是影响液态二氧化碳相变射流致裂过程中裂隙形成与扩展的主要因素。因此,在本章内容中主要对试验煤样的物理力学参数及赋存应力环境进行测试分析。具体的参数有:

①煤岩物理力学参数测试,包括工业分析、扫描电镜微观形态分析、X 射线能谱仪成分分析、压汞法孔隙度测试、等温吸附特征分析等;

②煤岩基本力学参数测试,包括单轴压缩测试、三轴压缩测试及巴西劈裂试验测试等;

③试验地点原岩应力参数测试,包括声发射法地应力测试、空心包体应力解除法地应力测试。

上述煤岩物理力学参数测试及煤岩赋存原岩应力测试为后文分析液态二氧化碳相变射流致裂增透机理及增透效果提供了基础数据支持。

2.2 煤岩物理力学参数测试

2.2.1 样品选择与制备

川煤集团芙蓉公司白皎煤矿 238 底板道上覆 K_1 煤层为进行液态二氧化碳相变射流致裂增透的主要试验煤层。因此,煤岩物理力学参数测试所取煤样为 K_1 煤层。该煤层结构复杂,厚度为 0.64~4.36 m,平均厚 2.04 m,具有 2~3 层夹矸,夹矸厚 0.05~1.10 m,多为黏土岩、碳质泥岩。可采性指数 $K_m = 0.88$，煤厚变异系数 $r = 32.8$，属较稳定煤层。K_1 煤层煤岩体颜色呈灰黑色，条痕为黑色，金刚光泽，下部暗淡，上部以线理状、条带状结构为主，下部主要表现为均一状结构，似层状~块状构造，参差状断口，内生裂隙发育程度自上而下降低，裂隙面上多充填黄铁矿及方解石薄膜。由掘进工作面采集大块煤样运至重庆大学煤矿灾害动力学与控制国家重点试验室，利用室内取芯机钻取煤芯，进行剪切、端部打磨，制成 $\phi50\ mm \times 100\ mm$ 标准圆柱形试件和 $\phi50\ mm \times 25\ mm$ 巴西劈裂试件，自然风干后，用保鲜膜密封保存。试件加工过程及煤样如图 2.1、图 2.2 所示。

（a）取芯机

（b）切割机

（c）端面打磨机

（d）端面平行度测试

图 2.1　试件加工过程

（a）煤岩标准试件

（b）煤岩巴西劈裂试件

图 2.2　煤岩试件

2.2.2 工业分析

利用重庆大学 5E-MAC Ⅲ 红外快速煤质分析仪(图 2.3),根据《煤的工业分析方法》(GB/T 212—2008),对白皎煤矿 K_1 煤层所采集的原煤及浮煤煤样水分(M_{ad})、灰分(A_d)、挥发分(V_d/V_{daf})、固定炭(FC_d)等参数进行测试分析,得到煤样工业分析结果如表 2.1 所示。

图 2.3　5E-MAC Ⅲ 红外快速煤质分析仪

表 2.1　白皎煤矿 K_1 煤层工业分析统计表

煤层编号	种类	工业分析$\left(\dfrac{极小值～极大值}{平均值(采用点数)}\right)$/%			
		水分 M_{ad}	原煤灰分 A_d	挥发分 V_d/V_{daf}	固定炭 FC_d
K_1	原煤	$\dfrac{0.46～2.25}{1.09(19)}$	$\dfrac{18.73～47.04}{29.94(19)}$	$\dfrac{7.73～13.64}{9.30(19)}$	$\dfrac{43.76～67.67}{49.98(11)}$
	浮煤	$\dfrac{0.64～1.54}{0.96(9)}$	$\dfrac{9.48～18.04}{12.01(9)}$	$\dfrac{6.67～8.83}{7.75(9)}$	$\dfrac{75.56～83.40}{80.30(9)}$

2.2.3 SEM 微观形态及 EDS 成分分析

扫描电子显微镜(SEM)图像分析方法主要用于分析煤岩体表面颗粒形状、尺寸以及微裂隙的长度、面积等结构参数。SEM 测试主要采用捷克 Tescan Mira3 场发射扫描电镜进行分析测试,如图 2.4 所示。该设备放大倍数为 4～1 000 000,二次电子图像分辨率为 0.7 nm(15 keV),背散射电子图像分辨率为 1.6 nm @ 15 keV,是一款具有超高表面灵敏度的高分辨扫描电子显微镜,尤其适合各种敏感材料和不导电材料的微观结构表征。该设备搭配 X 射线能谱仪(EDS)可用来对材料微区成分元素种类与含量进行定量分析。

（a）实物图

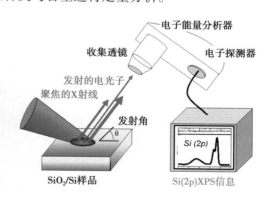

（b）原理图

图 2.4　Tescan Mira3 场发射扫描电镜

对采集的 4 组煤样进行干燥处理,镀金膜后对其表面孔隙、裂隙发育情况进行观察,随机选取煤粒表面局部区域放大 500 倍,并记下该位置,扫描获得相应放大倍数的 SEM 图像,如图 2.5 所示。由图 2.5(a)、(b)可以看出,白皎煤矿煤粒表面均匀分布有大量微孔隙及少量非联通割理,煤样表面相对较光滑。由图 2.5(c)、(d)可以看出,煤样断痕表面分布有少量裂隙,表面粗糙程度增大,但孔隙数量及孔隙尺寸没有明显增长趋势。

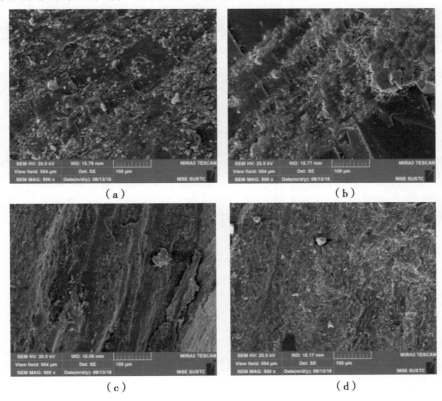

图 2.5　煤样 SEM 图像

选取煤样表面区域,根据《微束分析能谱法定量分析》(GB/T 17359—2012),采用点分析方法,进行 X 射线能谱分析(EDS)得到煤样成分分析测试谱图,如图 2.6 所示。由图可以看出,煤样组成元素主要以碳(C)、氧(O)元素为主,其次为铁(Fe)、硅(Si)元素,具体元素组成如表 2.2 所示。

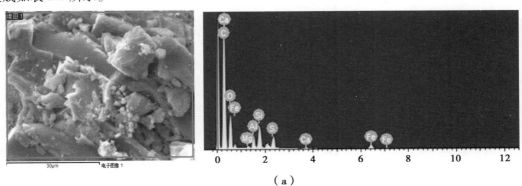

(a)

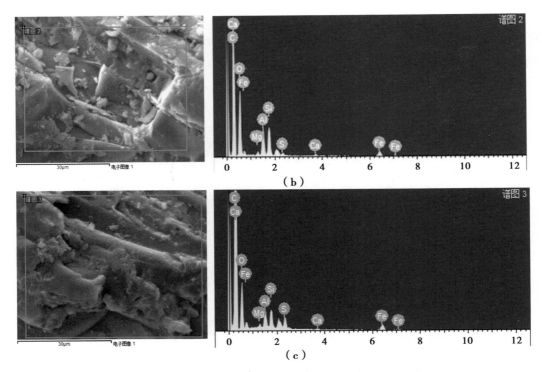

图 2.6　EDS 煤样成分分析测试谱图

表 2.2　煤样元素组成

元　素	组　别	C	O	Mg	Al	Si	S	Ca	Fe
质量百分比 /%	a	66.11	23.30	0.24	1.24	2.69	2.09	0.38	3.95
	b	54.39	33.97	0.44	2.89	3.22	0.39	0.48	4.23
	c	75.20	18.75	0.19	0.95	1.13	0.98	0.15	2.66
	平均	65.23	25.34	0.29	1.69	2.35	1.15	0.34	3.61
原子百分比 /%	a	75.84	20.07	0.14	0.63	1.32	0.90	0.13	0.97
	b	64.77	30.37	0.26	1.53	1.64	0.18	0.17	1.08
	c	82.40	15.43	0.10	0.46	0.53	0.40	0.05	0.63
	平均	74.34	21.96	0.17	0.83	1.16	0.49	0.12	0.89

2.2.4　压汞试验

　　煤岩体的孔隙结构是控制煤层对瓦斯吸附能力的主要因素,对煤岩体瓦斯渗透率有显著的影响。根据《压汞法和气体吸附法测定固体材料孔径分布和孔隙度　第 1 部分:压汞法》(GB/T 21650.1—2008),采用美国康塔仪器公司(Quantachrome)生产的 Pore Master 全自动孔径分析仪对试验区域采集煤样的孔隙分布特征进行测试,如图 2.7 所示。该设备利用汞的非浸润性,可用于测定样品的孔隙率、孔隙体积、孔径分布及孔表面积参数等。从真空开始可连续或步进加压,采用 Autospeed 自动控制系统可针对样品注汞/排汞的特性进行调节变速加压，最大压强为 60 000 psi，可测量孔径为 3.6~1 000 nm。图 2.8 为测试煤样的压汞压力曲线，可以看出注汞量随着压力的增大而增加，达到一定压力时，注汞量达到最大值。图 2.9 为煤样孔径分布直方图，由图可以看出煤样孔径主要分布在 10~100 nm。通过压汞法测得煤样的总孔容为 0.190 4 cc/g，总孔隙率为 10.11%。

图 2.7　Pore Master 全自动孔径分析仪

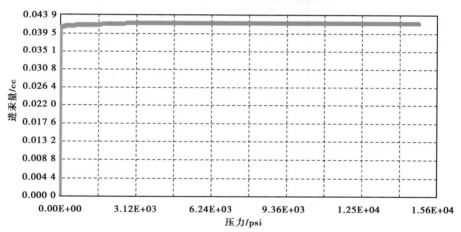

图 2.8　煤样累计进汞曲线

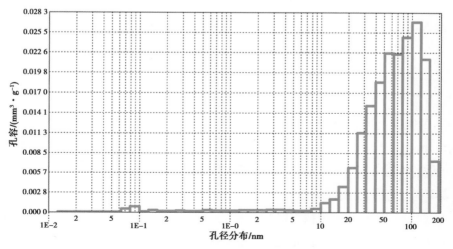

图 2.9　煤样孔径分布直方图

2.2.5 煤岩 CH$_4$ 及 CO$_2$ 等温吸附试验

为了研究煤对甲烷及二氧化碳吸附特征,对白皎煤矿 K$_1$ 煤层采集的煤样进行吸附解析试验,研究煤吸附 CH$_4$ 及 CO$_2$ 特征。本次试验采用 Hiden 公司生产的 IGA 全自动重量分析系统,如图 2.10 所示。该系统代表着目前世界重量法吸附仪的最高水准,Hiden 公司率先将电子微量天平引入全自动的吸附科学研究系统,在设计上不采用任何折中办法就能适应较宽范围材料的表征。IGA 气体吸附系统是利用重量法来研究材料的吸附性能的精密仪器。它可以自动、可靠地测量材料的重量变化、压力和温度,以在不同操作条件下获得其他吸附、脱附的等温、等压曲线,以及评估过程的动力学参数。

图 2.10　IGA 全自动重量分析系统

分析认为,煤样对 CH$_4$ 及 CO$_2$ 的等温吸附曲线满足 Langmuir 方程,即吸附量与气体压力的函数表达式为:

$$Q = \frac{abP}{1 + bP} \tag{2.1}$$

式中　Q——一定温度和压力条件下煤样吸附气体量,mL;

　　　P——吸附平衡压力,MPa;

　　　a、b——Langmuir 吸附常数,a 的物理意义为在一定气体压力条件下煤样的极限吸附量,mL/g;b 反映的是瓦斯解吸速度,MPa^{-1}。

对所采集煤样进行试验,得到不同气体压力条件下煤样的等温吸附量与气体压力的关系曲线,如图 2.11 所示。由图可以看出,在一定温度条件下,随着气体压力的增加,煤样对 CH$_4$ 和 CO$_2$ 的吸附能力逐渐增加,得到不同气体压力条件下煤样对 CH$_4$ 和 CO$_2$ 的吸附量如表2.3所示。由图 2.11 及表 2.3 可以看出,不同压力条件下煤样对 CO$_2$ 的吸附量是 CH$_4$ 的 6.87~8.52 倍。根据式(2.1)进行曲线拟合得到煤样对 CH$_4$ 和 CO$_2$ 的吸附量的 Langmuir 吸附常数(表2.4)。根据曲线拟合参数 a 表明,单位煤样对 CO$_2$ 的饱和吸附量平均是 CH$_4$ 的 5.65倍。上述研究表明,试验区域煤层对 CO$_2$ 的吸附能力强于 CH$_4$,液态 CO$_2$ 相变定向射流致裂过程中进入煤中的 CO$_2$ 可以实现煤层中甲烷的置换。

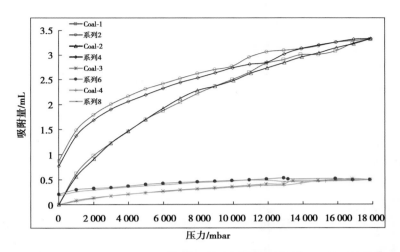

图 2.11　不同气体压力条件下煤样的等温吸附量与气体压力的关系曲线

表 2.3　不同压力条件下煤样对二氧化碳-甲烷吸附情况

压力/mbar　吸附量/mL　煤样编号	2 000	4 000	6 000	8 000	10 000	12 000	14 000	16 000	18 000
1	1.07	1.57	1.96	2.31	2.59	2.91	3.09	3.17	3.41
2	1.06	1.61	2.06	2.42	2.62	2.87	3.09	3.29	3.47
3	0.14	0.22	0.28	0.32	0.36	0.42	0.48	0.50	0.50
4	0.11	0.20	0.25	0.30	0.33	0.37	0.42	0.46	0.48
$\dfrac{\overline{Q}_{CO_2}}{\overline{Q}_{CH_4}}$	8.52	7.57	7.58	7.63	7.55	7.32	6.87	6.73	7.02

表 2.4　Langmuir 等温吸附方程拟合参数

煤样编号	拟合参数		
	a	b	R^2
Coal1-CO$_2$	5.00	0.10	0.996
Coal2-CO$_2$	5.00	0.10	0.998
Coal3-CH$_4$	0.85	0.07	0.988
Coal4-CH$_4$	0.92	0.07	0.987

2.2.6　煤岩基本力学参数测试

煤岩基本力学性质参数包括单轴抗压强度、弹性模量、泊松比、抗拉强度、内聚力、内摩擦角等,由单轴压缩、三轴压缩及巴西劈裂试验方法测试获得。单轴压缩及巴西劈裂试验采用岛津 AGI-250 材料试验机进行,采用位移控制加载方式,加载速度为 0.02 mm/min,直至试件发生失稳破坏,试验机自动停止加载。单轴压缩试验主要用来测试无侧向压力煤样在轴向压力作用下出现压缩破坏时,单位面积上所承受的载荷,即煤样的单轴抗压强度。巴西劈裂试验主要用来测试煤样在纵向力作用下出现拉伸破坏时,单位面积上所承受的载荷,即煤样的单轴抗拉强度。三轴压缩试验采用 MTS 815 材料试验机进行,围压分别设定为6 MPa、8 MPa、10 MPa。每次试验过程中,通过电脑控制终端施加围压到预定值,并保持恒定,然后以 0.8~1.0 MPa/s 的加载速度施加轴向荷载,直至试件破坏,主要用来测试煤样的抗剪强度和内聚力、内摩擦角等力学参数。试验设备如图 2.12 所示。经过试验结果分析,得到煤样基本力学性质参数如表 2.5、表 2.6 所示。

（a）MTS 815材料试验机

（b）岛津AGI-250材料试验机

（c）巴西劈裂试验

图 2.12　试验设备

表 2.5　煤岩单轴压缩力学性质测试结果

试件编号	试件尺寸		抗压强度/MPa	弹性模量/MPa	泊松比
	直径/mm	高度/mm			
1	50.0	100.1	18.13	3.42	0.28
2	49.8	100	15.89	3.01	0.22
3	49.9	99.9	17.01	3.28	0.25

表 2.6 煤岩巴西劈裂抗拉强度、内聚力和内摩擦角测试结果

试件编号	试件尺寸		抗拉强度/MPa	内聚力/MPa	内摩擦角/(°)
	直径/mm	厚度/mm			
1	49.9	25	2.75	3.59	25.12
2	50.1	25.4	2.13	3.02	21.31
3	49.9	25.1	2.55	3.25	23.28

2.3 煤岩赋存原岩应力测试

2.3.1 地应力在液态 CO_2 相变射流致裂增透过程中的作用

地应力是由重力作用和构造运动引起的,存在于地层中未受人工扰动的天然应力,即原岩应力。地应力场主要包括重力应力、构造应力、孔隙流体压力和热应力等,其中水平方向的构造运动引起的构造应力对地应力的影响最大。此外,由于地应力场受地质构造、上覆岩层重量、人工扰动等多种因素影响,这造成了地应力大小及方向具有一定的复杂性和多变性[225]。因此,受地质构造影响,在同一工程地点、不同测点的地应力大小及方向也可能不同。

在液态二氧化碳相变射流致裂增透过程中,煤层裂隙的形成与扩展必然受地应力大小及方向影响。因此,试验地点地应力大小及方向参数对于液态二氧化碳相变射流致裂增透钻孔施工参数确定具有重要作用,具体表现在:

①地应力大小及方向参数的确定为液态二氧化碳相变射流致裂增透钻孔设计提供依据;

②地应力参数的测量为液态二氧化碳相变射流致裂裂隙扩展尺寸的预测与控制提供依据;

③地应力大小的确定可以为液态二氧化碳相变射流致裂增透施工参数的确定、液态二氧化碳灌装量、破裂片选择等提供依据;

④地应力大小及方向参数的确定为后期室内试验研究、数值模拟研究、理论研究等提供依据;

⑤地应力大小及方向参数的确定为液态二氧化碳相变射流致裂裂隙形态的确定提供依据。

2.3.2　声发射 Kaiser 效应法原岩应力测试方法研究

在过去的 40 年中,已经广泛研究和使用了各种用于地应力测量的技术和方法,如水力压裂(HF)法、应力解除方法、声发射(AE)和钻孔破裂。在这些应力测量技术中,应力解除和水力压裂(HF)的方法已被广泛应用[226-228]。然而,应力解除方法和水力压裂(HF)法测试所得结果较真实值低[229-230],并且应力解除法需要高精度的钻孔施工。因此,它仅适用于测试人员可以进入的开放空间,不适用于深度超过 1 000 m 的地层原始应力测量[231-232]。水力压裂法和孔壁破裂法测试所得结果一般为二维应力结果。而三维地应力结果对液态二氧化碳相变射流致裂增透具有重要意义。

声发射 Kaiser 效应法是一种确定深部地层地应力参数的潜在方法。1959 年,J Kaiser[233] 发现多晶金属在循环加卸载过程中,一些材料在超过前一循环的应力之前几乎不产生 AE 信号,在超过某一应力值后,产生大量的 AE 信号,这被称为 Kaiser“压力记忆”效应。后来,R E Goodman[234] 证明岩石在加载过程中同样存在 Kaiser 效应。这就为地应力的测量提供了一种重要手段,通过确定某一方向岩石试件破坏过程中声发射信号的“跳跃点(Kaiser 点)”,便可得到该方向上的岩石试件在历史上受到的最大应力值。在国内,陈忠辉利用损伤模型建立了岩石声发射 Kaiser 效应表达式,王宏图等[235]、周小平等[236]、姜永东等[237] 分别应用岩体地应力椭球、岩体结构分析法和弹性力学理论对多方向取样所得分应力与主应力之间的关系进行了深入研究。王立君等[238] 研究了岩石非均质性对 Kaiser 效应的影响。李彦兴等[239] 应用 Kaiser 效应对非均质性、各向异性储层地应力进行测量。王小琼等[240] 认为岩石试件 AE 特征可分为摩擦型和破裂型,对摩擦型 AE 进行合理处理也可以应用于 Kaiser 效应地应力测试。谢强等[241] 研究认为,加载方向对细晶花岗岩 Kaiser 效应有一定影响,加载方向变化越大,则 Kaiser 效应越弱。目前,江小城等[242] 对各类岩石声发射 Kaiser 效应地应力测试分析方法及应用进行了大量研究。

根据分析认为,目前的声发射 Kaiser 效应地应力测量法主要存在两个问题:第一,现有的 Kaiser 效应识别方法是基于 AE 计数的趋势进行判断,但在试验测试过程中很有可能会出现若干个疑似的 Kaiser 效应点,传统的方法在应用过程中具有一定的主观性;第二,现有的 Kaiser 效应法主应力计算方法对取样角度有特殊的角度要求,但由于煤矿井下施工条件复杂,不可避免会出现角度偏差,导致计算结果误差增大。因此,结合本研究需要进行了不受取样角度影响的声发射 Kaiser 效应法地应力计算方法研究。

1)声发射 Kaiser 效应法原岩应力测试方法原理

(1)Kaiser 效应综合判断方法研究

Kaiser 效应点的识别是使用 Kaiser 效应法进行地应力测试的关键步骤。在 Kaiser 效应识别中,Hayashi M 等[243] 提出根据累积 AE 计数-应力曲线关系分析 Kaiser 效应水平,将其应用于原位应力测试的方法[图 2.13(a)]。实质上,这种方法是基于 AE 计数的“突变点”。之后,秦四清等[244]、Lavrov 等[232]和姜永东等[237]用这种方法进行 Kaiser 效应判断。虽然这种方法具有数据处理过程简单的特点,但在应用过程中没有具体的判断标准。由于岩石材料破坏过程中 AE 计数会存在不同程度的突增,这导致采用累积 AE 计数-应力曲线进行 Kaiser 效应识别可能存在一些人为的主观判断,如图 2.13(b)所示。因此,使用"突变点"来识别 Kaiser 效应具有很大的主观性,容易受到人为因素影响。

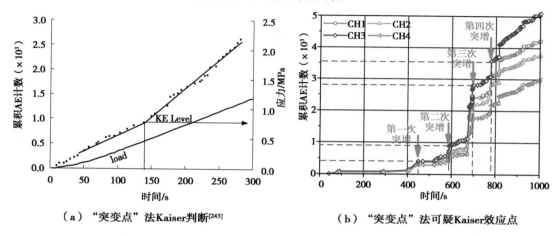

（a）"突变点"法Kaiser判断[243]　　　　（b）"突变点"法可疑Kaiser效应点

图 2.13　累积 AE 计数-应力曲线关系分析 Kaiser 效应水平示意图

　　近年来,相关学者们进行了一系列深入研究,并提出了一系列 Kaiser 效应点测定方法。基于 AE 参数随时间的曲线,Boyce[245] 提出了切线交叉法。Hardy[246] 和 Hughson[247] 分别建议使用数学统计、felicity 率和最大曲率等方法确定 Kaiser 效应点。赵奎等[248] 提出了一种基于 G-P 算法的 Kaiser 效应点确定方法,用于计算 AE 能量相关分形维数。冯夏庭[249] 提出了基于遗传算法判断 Kaiser 效应点的方法。江小城对几种 Kaiser 效应点判断方法进行对比,研究了各种方法的优缺点。以上学者的研究成果为 Kaiser 效应点的定量判断做出了一定的贡献,但是多采用比较复杂的算法,在使用和理解上均存在一定的困难,故笔者结合 Kaiser 效应的基本概念提出了一种 Kaiser 效应点综合判断方法。

　　声发射 Kaiser 效应为脆性材料应力释放后,重新加载过程中,当应力未达到历史最大应力值时,很少有声发射产生,而当应力超过历史最大应力后,则产生大量的声发射。因此,在 Kaiser 效应点附近岩石试件所释放出的 AE 信号在时间和数量上都有明显特征,表现在 AE 累积计数-时间关系曲线上为曲线斜率增大,曲线对应的倾斜角增大,故对接收到的 AE 计数进行以下简单处理:

$$\left.\begin{aligned}\Delta t_i &= t_i - t_{i-1}\\ k_i &= \frac{A_i}{\Delta t_i}\\ \tau_i &= \arctan k_i\end{aligned}\right\} \tag{2.2}$$

式中　Δt_i——声发射振铃计数时差,s。该参数的意义在于反映岩石压缩过程中声发射信号的时间特征,Δt_i 的值越小,波动幅度越小,则表示所对应时间区间的声发射比较频繁。

τ_i——时间-声发射振铃累计计数曲线倾角,(°)。该参数能够反映时间-声发射振铃累积计数曲线的倾斜程度,若 τ_i 值接近于 90°,则表示对应时间的声发射 AE 计数发生了急剧增加,如图 2.14 所示。

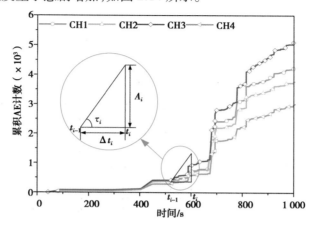

图 2.14　方程式(2.2)相关参数物理意义图

综合 Δt_i 和 τ_i 两个参数变化情况,若在一个时间区间内同时满足 Δt_i 的值较小,波动幅度小,并且 τ_i 值接近于 90°,则表明该时间段的声发射频率较高,并且其累积 AE 计数增幅较大,符合 Kaiser 效应的定义,故可由 Δt_i 和 τ_i 综合判断 Kaiser 效应点的位置。具体步骤如下:

①根据单轴试验所得应力-声发射累积计数-时间关系曲线,大概判断 Kaiser 效应点的时间区间。

②采用式(2.2)对试验所得 AE 实时计数进行处理得到 Δt_i、τ_i。

③根据 Δt_i-τ_i-应力-时间关系曲线,在第一步所确定的时间区间内找出 Kaiser 效应点。

(2)主应力计算方法研究

对于主应力的确定,目前常采用弹性力学理论,对声发射试验所得特殊方向岩石试件应力值进行计算得到测点主应力值,如姜永东等[237]。但是张广清等[250]分析认为,取样方向偏差会对地应力结果造成一定的偏差,而在岩石工程现场,往往由于条件限制很难取到要求方向的岩石试件。为了减小由于取样方向偏差造成的计算结果误差,在固体力学[251]理论基础上,进一步完善 Kaiser 效应地应力计算方法,得到任意方向岩石试件应力与测点主应力力学关系,推导过程如下。

①空间四面体任意平面剪应力值的计算。过空间任意点 O 外法线为 n 的斜截面 ABC 上的应力如图 2.15 所示,n 的方向简记为 $\alpha_1,\alpha_2,\alpha_3$。截面 ABC 的面积为 S,应力为 $T^{(n)}$,则 $\triangle OBC$,$\triangle OAC$,$\triangle OAB$ 的面积分别为 S_{α_1},S_{α_2},S_{α_3},对应的应力分别为 $-T^{(1)}$,$-T^{(2)}$,$-T^{(3)}$。

四面体微元($OABC$)的应力平衡方程为:

$$\boldsymbol{T}^{(n)}S-(\boldsymbol{T}^{(1)}S_1+\boldsymbol{T}^{(2)}S_2+\boldsymbol{T}^{(3)}S_3)+\boldsymbol{f}\cdot Sh/3=0 \tag{2.3}$$

忽略无穷小项得到:

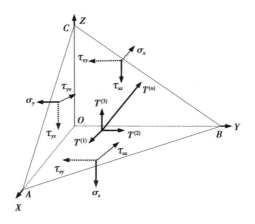

图 2.15　空间任意点的应力状态

$$T^{(n)} = T^{(1)}\alpha_x + T^{(2)}\alpha_y + T^{(3)}\alpha_z \tag{2.4}$$

平面上的应力矢量又可分解为沿 3 个坐标轴方向的应力分量：

$$\begin{cases} T^{(1)} = \sigma_x e_x + \tau_{yx} e_y + \tau_{zx} e_z \\ T^{(2)} = \tau_{xy} e_x + \sigma_y e_y + \tau_{zy} e_z \\ T^{(3)} = \tau_{xz} e_x + \tau_{yz} e_y + \sigma_z e_z \end{cases} \tag{2.5}$$

将式(2.5)代入式(2.4)得到：

$$T^{(n)} = T^{(1)} e_x + T^{(2)} e_y + T^{(3)} e_z \tag{2.6}$$

其中

$$\begin{cases} T^{(1)} = \sigma_x \alpha_x + \tau_{yx} \alpha_y + \tau_{zx} \alpha_z \\ T^{(2)} = \tau_{xy} \alpha_x + \sigma_y \alpha_y + \tau_{zy} \alpha_z \\ T^{(3)} = \tau_{xz} \alpha_x + \tau_{yz} \alpha_y + \sigma_z \alpha_z \end{cases} \tag{2.7}$$

结合方程式(2.6)和(2.7)，存在：

$$T^{(n)} = \sigma_x \alpha_x^2 + \sigma_y \alpha_y^2 + \sigma_z \alpha_z^2 + \tau_{xy} \alpha_x \alpha_y + \tau_{xz} \alpha_x \alpha_z + \tau_{yx} \alpha_y \alpha_x + \tau_{yz} \alpha_y \alpha_z + \tau_{zx} \alpha_z \alpha_x + \tau_{zy} \alpha_z \alpha_y \tag{2.8}$$

由方程式(2.8)可知，在四面体单元 $OABC$ 应力分

量 $\begin{pmatrix} \sigma_x & \tau_{yx} & \tau_{zx} \\ \tau_{xy} & \sigma_y & \tau_{zy} \\ \tau_{xz} & \tau_{yz} & \sigma_z \end{pmatrix}$ 已知的条件下，可以计算得到 ABC 斜

截面上的法向应力。假设岩体材料为均值连续介质，则存在 $\tau_{xy} = \tau_{yx}$，$\tau_{xz} = \tau_{zx}$，$\tau_{yz} = \tau_{zy}$，且上述剪应力值可通过计算斜截面 ABC 上的应力矢量矩阵 $T^{(n)}$ 得到。为了得到 OXY，OXZ，OYZ 平面上的剪应力 τ_{xy}，τ_{xz}，τ_{yz} 值，以 OXY 平面上的应力分布为例，如图 2.16 所示。

如图 2.16 所示，OXY 平面上的主应力 $\sigma_{x\theta y}$、剪应力 τ_{xy} 等满足以下方程式：

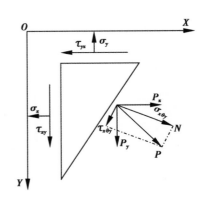

图 2.16　平面 XOY 某截面上的应力图

$$\sigma_{x\theta y} = \sigma_x \cos^2\theta + \sigma_y \sin^2\theta + 2\tau_{xy}\cos\theta\sin\theta \tag{2.9}$$

故存在：

$$\begin{cases} \tau_{xy} = \dfrac{\sigma_{x\theta y} - \sigma_x \cos^2\theta - \sigma_y \sin^2\theta}{2\cos\theta\sin\theta} \\[3mm] \tau_{xz} = \dfrac{\sigma_{x\gamma z} - \sigma_x \cos^2\gamma - \sigma_z \sin^2\gamma}{2\cos\gamma\sin\gamma} \\[3mm] \tau_{yz} = \dfrac{\sigma_{y\psi z} - \sigma_y \cos^2\psi - \sigma_z \sin^2\psi}{2\cos\psi\sin\psi} \end{cases} \tag{2.10}$$

故在空间任意点 $\sigma_{x\theta y}$, $\sigma_{x\gamma z}$, $\sigma_{y\psi z}$ 及 θ, γ, ψ 已知的情况下，可以得到空间任意斜面上的剪应力。

②空间任意点主应力的计算。如果点 O 所在微单元体上某一方向截面的应力矢量 $\boldsymbol{T}^{(n)}$ 与 $\boldsymbol{n}$ 方向一致，则在此截面上的剪应力为零，这一平面上的应力称为主应力，并且空间内某点一定有 3 个互相垂直的主应力存在，用 σ_1, σ_2, σ_3 表示，一般按照 $\sigma_1 \geqslant \sigma_2 \geqslant \sigma_3$ 分别称为最大主应力、中间主应力、最小主应力。

若测点微单元体主应力为 σ，方向余弦为 α_1, α_2, α_3，则满足：

$$\begin{cases} T^{(1)} = \sigma\alpha_1 \\ T^{(2)} = \sigma\alpha_2 \\ T^{(3)} = \sigma\alpha_3 \end{cases} \tag{2.11}$$

将式（2.11）代入式（2.7）得到：

$$\begin{cases} (\sigma_x - \sigma)\alpha_1 + \tau_{yx}\alpha_2 + \tau_{zx}\alpha_3 = 0 \\ \tau_{xy}\alpha_1 + (\sigma_y - \sigma)\alpha_2 + \tau_{zy}\alpha_3 = 0 \\ \tau_{xz}\alpha_1 + \tau_{yz}\alpha_2 + (\sigma_z - \sigma)\alpha_3 = 0 \end{cases} \tag{2.12}$$

式（2.12）为关于 α_1, α_2, α_3 的 3 个齐次线性方程组，且具有非零解，所以该线性方程组的系数行列式等于 0，即该测点的应力状态方程为：

$$\begin{vmatrix} \sigma_x - \sigma & \tau_{yx} & \tau_{zx} \\ \tau_{xy} & \sigma_y - \sigma & \tau_{zy} \\ \tau_{xz} & \tau_{yz} & \sigma_z - \sigma \end{vmatrix} = 0 \tag{2.13}$$

将式（2.13）展开后得：

$$\sigma^3 - I_1\sigma^2 + I_2\sigma - I_3 = 0 \tag{2.14}$$

其中

$$\begin{cases} I_1 = \sigma_x + \sigma_y + \sigma_z \\ I_2 = \sigma_x\sigma_y + \sigma_x\sigma_z + \sigma_y\sigma_z - \tau_{xy}^2 - \tau_{xz}^2 - \tau_{yz}^2 \\ I_3 = \sigma_x\sigma_y\sigma_z - \sigma_x\tau_{yz}^2 - \sigma_y\tau_{zx}^2 - \sigma_z\tau_{xy}^2 + 2\tau_{yz}\tau_{zx}\tau_{xy} \end{cases} \tag{2.15}$$

主应力 σ_i 由下式计算：

$$
\begin{cases}
\sigma_1 = 2\sqrt{-\dfrac{p}{3}}\cos\dfrac{w}{3}+\dfrac{1}{3}I_1 \\[2mm]
\sigma_2 = 2\sqrt{-\dfrac{p}{3}}\cos\dfrac{w+2\pi}{3}+\dfrac{1}{3}I_1 \\[2mm]
\sigma_2 = 2\sqrt{-\dfrac{p}{3}}\cos\dfrac{w+4\pi}{3}+\dfrac{1}{3}I_1
\end{cases}
\tag{2.16}
$$

其中

$$
\begin{cases}
w = \arccos\left[-Q/2\sqrt{-\left(\dfrac{p}{3}\right)^3}\right] \\[2mm]
p = -\dfrac{1}{3}I_1^2+I_2 \\[2mm]
Q = -\dfrac{2}{27}I_1^3+\dfrac{1}{3}I_1I_2-I_3
\end{cases}
\tag{2.17}
$$

③空间主应力的方向。主应力矢量相对 Y 轴、Z 轴的方向余弦为:

$$
\begin{cases}
m_i = B/\sqrt{A^2+B^2+C^2} \\[2mm]
n_i = C/\sqrt{A^2+B^2+C^2}
\end{cases}
\tag{2.18}
$$

其中

$$
\begin{cases}
A = \tau_{xy}\tau_{yz}-(\sigma_y-\sigma_i)\tau_{zx} \\[2mm]
B = \tau_{xy}\tau_{zx}-(\sigma_x-\sigma_i)\tau_{yz} \qquad (i=1,2,3) \\[2mm]
C = (\sigma_x-\sigma_i)(\sigma_y-\sigma_i)-\tau_{xy}^2
\end{cases}
\tag{2.19}
$$

主应力 σ_i 的倾角、方位角由下式计算:

$$
\begin{cases}
\theta_i = \arcsin n_i \\[2mm]
\beta_i = \arcsin\left(m_i/\sqrt{1-n_i^2}\right)
\end{cases}
\tag{2.20}
$$

式中　θ_i——主应力与 XOY 平面的夹角,即倾角,正为仰角,负为俯角;

　　　β_i——主应力在 XOY 面上投影与 X 轴的夹角,顺时针为正,逆时针为负,计算后根据 X 轴方位角换算为主应力的方位角。

由以上空间任意点应力状态计算式(2.16)至式(2.20)可以得出,在 Kaiser 效应测定煤岩赋存地应力试验过程中至少需要确定测点的 6 个应力分量,即 $\sigma_x,\sigma_y,\sigma_z,\tau_{xy},\tau_{zy},\tau_{xz}$,其中 $\tau_{xy},\tau_{zy},\tau_{xz}$ 由式(2.11)得到。

2)试验设备及试验方法

试验岩样取自白皎煤矿 2461 工作面机巷,埋深 476 m,机巷走向为 NNW330°~340°,工作面倾向为 WSW240°~250°,倾角为 10°~16°,顶板岩层为飞仙关组泥岩和灰岩的旋回层。根据现场施工条件,在工作面机巷以 WSW240°方向为 X 轴,NNW330°方向为 Y 轴,X、Y 平面法线为 Z 轴,建立空间坐标系。在巷道空间内 $X,Y,Z,X\angle45°Y,X\angle60°Z$ 以及 $Y\angle45°Z$ 方向钻取原始应力区内未受采动应力影响岩石试样若干,在试验室将岩心加工为符合试验要求的标准试件,如图 2.17 所示。试验系统主要由岛津 AGI-250 伺服材料试验机和 PCI-2 多通道声发射系统组成,如图 2.18 所示。

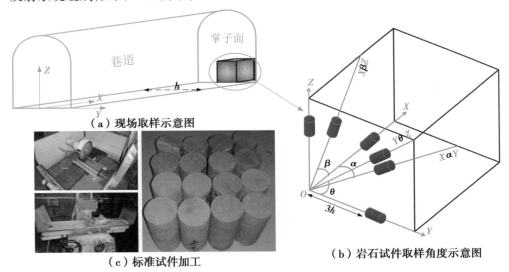

（a）现场取样示意图

（c）标准试件加工

（b）岩石试件取样角度示意图

图 2.17　试件现场取样及加工图

图 2.18　试验设备

岛津 AGI-250 伺服材料试验机为全数字计算机自动控制系统,可以实现应力、位移和应变的实时记录。PCI-2 多通道声发射系统可实现声发射特征参数/波形实时处理,数字信号处理器可以达到高精度和可信度的要求,能够实时获取试验过程中振铃、事件、能量及振幅等 AE 参数。试验前选取完整性较好的岩石试件,使用凡士林作为耦合剂,在试件两侧各粘贴 2 个传感器,设置声发射系统参数并检查传感器能否正常工作。加载前,在试件端面均匀涂抹一层黄油,减少端部效应对 AE 信号的干扰,同时开启试验机和声发射监测系统,开始试验。

3)试验结果分析

(1)岩石试件单轴力学性质分析

试验后,选取具有代表性的一组试件进行分析,得到各个方向岩石试件破坏模式如图 2.19 所示,岩石试件力学性质如表 2.7 所示,岩石试件应力-应变曲线如图 2.20 所示。

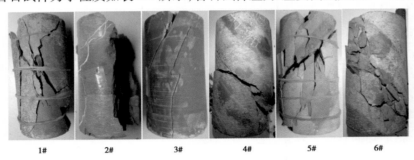

图 2.19　岩石试件破坏模式

表 2.7　岩石试件力学性质参数

编号	取样方向	层理面方位角 ϕ/(°)	应变	抗压强度/MPa 强度值	均值	弹性模量/GPa 强度值	均值	破坏方式	破断角 β /(°)
1#	X	无明显层理	0.012	81.80		7.52		X 状共轭剪切破坏	58 和 86
2#	Y	无明显层理	0.018	86.10	73.8	6.75	6.84	拉伸及剪切破坏	87
3#	Z	无明显层理	0.012	51.30		6.25		剪切破坏	64 和 69
4#	$X\angle 45°Y$	47°	0.009	11.20		2.25		斜面剪切破坏	47
5#	$X\angle 60°Z$	50°	0.014	29.50	23.3	3.88	3.60	斜面剪切破坏	49
6#	$Y\angle 45°Z$	48°	0.012	29.06		4.67		斜面剪切破坏	47

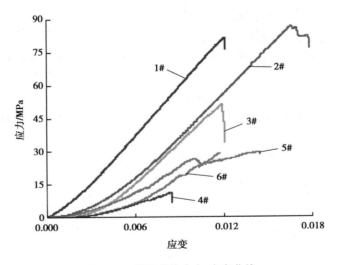

图 2.20　岩石试件应力-应变曲线

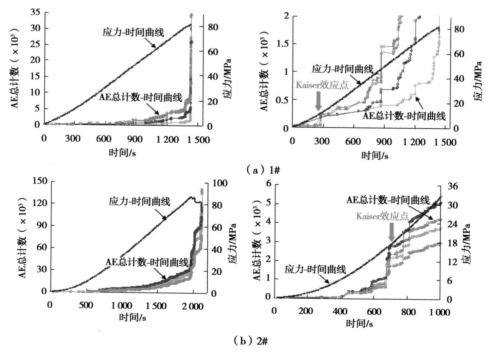

如表2.7所示，各个方向岩石试件具有不同的单轴抗压强度和弹性模量，无明显层理试件的单轴抗压强度和弹性模量均值分别为含层理岩石试件的3.16倍和1.90倍。经过计算得到，该组试件单轴抗压强度和弹性模量的标准差分别为30.5和1.98；由于岩石物质组成及其结构面对岩石力学性质有较大的影响，这导致同类岩石试件的力学性质也不可避免地出现一定的离散型，如4#、5#和6#试件。

根据表2.7层理面方位角、单轴失稳破坏方式及破断角情况，结合图2.20认为：岩石的力学性质与岩体层理构造存在必然联系，试验中不同方向岩石试件的轴向载荷与原生层理面具有不同的夹角，故其破坏过程中力的作用形式也有所不同；1#等无层理试件的破断角均较大，破坏方式以纵向拉伸剪切破坏为主，其应力-应变曲线具有明显的"应力跌落"现象，表现为脆性破坏；而含层理试件的破坏方式多表现为沿层理面的滑移剪切破坏，具有两条近似平行的剪切带，剪切面有明显擦痕。

结合应力-应变曲线可以看出，无明显层理岩石试件的破坏过程为加载→完全破坏，含层理岩石试件的破坏过程为加载→局部滑移剪切破坏→加载→剪切带失稳、岩石试件破坏。

由以上分析可以看出，在同一工程岩体中，层理构造对于岩石在力学作用下的内部损伤破坏具有重要的影响。这导致沉积岩系不同方向岩石试件的单轴抗压强度及其破坏形式具有较大的差异性，即在力学性质上表现出明显的各向异性。

（2）岩石试件单轴压缩破坏过程声发射特征分析

通过对试验数据进行分析，得到岩石试件单轴压缩破坏过程的应力、振铃总计数与时间关系曲线，如图2.21所示。

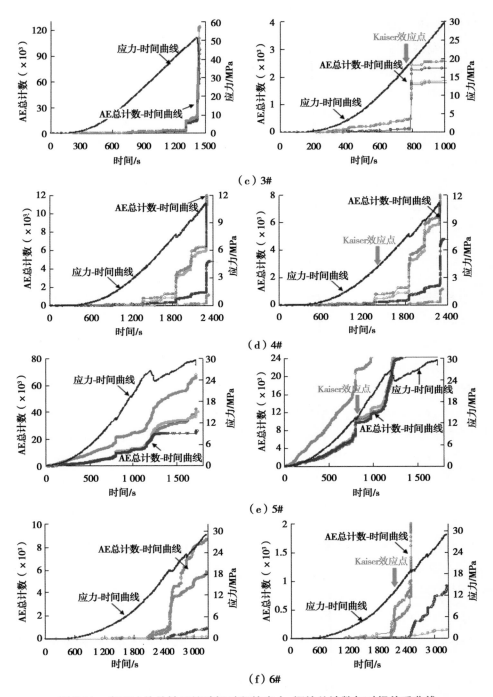

图 2.21　岩石试件单轴压缩破坏过程的应力、振铃总计数与时间关系曲线

　　由图 2.21（a）—（c）可以看出，无层理岩石试件在单轴损伤破坏全过程中，4 个声发射换能器接收到的 AE 总计数大致相当，并表现出一致的变化规律：在孔隙、裂隙压密阶段只有很少的声发射信号产生；随着应力持续加载，声发射信号计数逐渐增多，但是增长的幅度较小，直至轴向荷载将要达到峰值强度时，AE 总计数急剧飙升，即"缓慢增长→急剧飙升"的过

程。1#试件的 AE 总计数在峰值强度的 99.4% 荷载时产生史无前例的骤增,2#、3#试件则在99.5%、99.9%荷载处。这表明,岩石内部损伤破坏过程始终伴随有瞬态声发射信号的产生,声发射总计数的增长趋势与岩石内部损伤累进程度呈正相关,直到岩石试件整体失稳时 AE 释放量及其释放速率达到最大。

在 Kaiser 效应方面,如图 2.21(b)所示,在 0～680 s 时间段内产生很少的 AE 计数,在680～818 s 内 AE 总计数出现了第一次突增。且该区间内岩石试件所受荷载稳定上升,处于岩石试件的弹性变形阶段初期,应力-时间曲线没有明显的"跌落"现象产生,表明试件没有宏观损伤裂隙产生。根据 D. A. Lockner 等[6-14]判断该时间段内产生的 AE 总计数增大现象即为 Kaiser 效应,增大点对应的应力值为该岩石试件的 Kaiser 效应点。同理,可以确定其他岩石试件 Kaiser 效应点所在的时间区间。

图 2.21(d)—(f)为 4#、5#、6#试件的应力-AE 总计数-时间关系曲线。由图可以看出,含层理岩石试件在试验过程中,不同通道接收到的声发射信号在时间和数量上具有较大的差异性,但是各个试件所对应的 4 个通道的声发射信号具有近似一致的变化趋势,即含层理岩石破坏过程中的声发射信号在数量上具有空间差异性,但在变化趋势上具有同一性。

由图 2.21(d)—(f)可以看出,含层理岩石试件的 AE 总计数随岩石内部损伤发展,表现出明显的"台阶状"上升形态。例如,4#试件的 AE 总计数突增点分别出现在峰值抗压强度的 35%,69.1%,82.4%,99.6%处;第二、三次突增发生在应力-时间曲线跌落时,后一次发生在岩石将要整体失稳破坏前。5#试件的 AE 总计数突增点发生在单轴强度的 45%,90%,98%处;6#试件则发生在 41.2%,65.8%,85.2%处。结合应力-时间关系曲线可以看出,大多数的 AE 突增与岩石试件的损伤破坏有关。

无明显层理与含层理岩石试件在声发射方面的差异性主要表现在以下两个方面:

①在 AE 总计数-时间关系曲线的增长趋势方面,前者表现为"缓慢增长→急剧飙升"型,后者表现为"台阶状"上升趋势;

②在岩石试件破坏过程中 AE 信号差异性方面,1#、2#、3#试件试验过程中使用的 4 个通道换能器所接收到的信号在数量及趋势方面均具有一致性,而 4#、5#、6#在声发射数量方面则具有空间差异性。

分析认为,造成以上差异性的根本原因在于无层理与含层理岩石试件在力学作用下内部损伤破坏的差异性。岩石试件在单轴作用下的破坏过程实质上是一种能量的吸收与耗散过程,声发射现象是岩石材料在破坏瞬间所释放出来的一种弹性波。因此,岩石产生一次内部损伤,就会释放部分能量。如果内部损伤发展到一定程度,如产生局部滑移破坏,试件就会释放出大量能量,包括声发射。而在位移控制条件下,局部滑移破坏会造成轴向应力的减小,从而使得试件能量输入减小,则相应的能量输出也减小,直到岩石试件积聚到足够的能量,使得破坏后一段时间内 AE 数量明显减小,造成含层理岩石试件的"台阶状"上升形态。含层理岩石声发射信号在数量上具有空间差异性的原因主要在于:其损伤破坏主要集中在平行层理面的剪切带内,具有一定的局域性,而完整岩石则多为纵向剪切破坏,破裂面一般贯穿整个试件,如图 2.19 所示。

（3）岩石试件 Kaiser 效应点综合判断结果

采用本章 2.3.1 节中提出的 Kaiser 效应点综合判断方法确定 6 个方向岩石样品 1#—6# 的 Kaiser 点。图 2.22 所示为岩石样品 2#、4#和 6#的测试数据分析的结果。

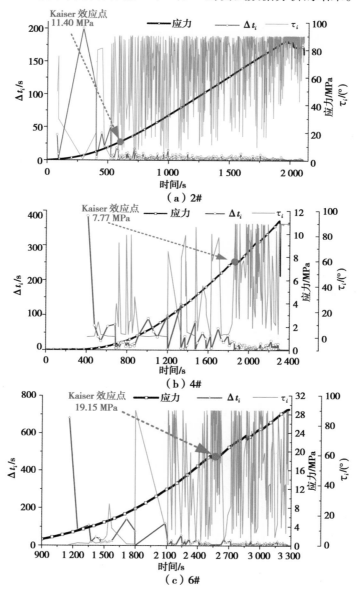

图 2.22　Kaiser 效应点判断示意图

从图 2.21(b)岩样的应力-声发射总计数-时间曲线关系可以初步判断,2#试件的声发射 Kaiser 效应点大概发生在 $t=700$ s 前后。然后,由式(2.2)处理得到 2#试件的应力-Δt_i-τ_i 关 系曲线如图 2.22(a)所示,并对 $t=700$ s 前后的参数进行分析,得到在时间为 692.778 s 时, $\Delta t_i=0.002$ s,$\tau_i=90.0°$。根据前文"1)声发射 Kaiser 效应法原岩应力测试方法原理"部分分析,认为当 $t=692.778$ s 时,对应的应力值 17.00 MPa 为 2#试件(Y 方向试件)的 Kaiser 效应点。同理,从图 2.21(d)可以初步判断,4#试件的声发射 Kaiser 效应点大概发生在 $t=1\,850$ s 前后。另外,由图 2.22(d)曲线可以看出,在 $t=1\,859.157$ s 时,$\Delta t_i=0.04$,$\tau_i=89.7°$,因此该时间点对应的应力值 7.77 MPa 为 4#试件的 Kaiser 效应点。从图 2.21(f)可以初步判断,6#试件的声发射 Kaiser 效应点大概发生在 $t=2\,400$ s 前后。另外,由图 2.22(d)曲线可以看出,在 $t=2\,613.050$ s 时,$\Delta t_i=0.011$ s,$\tau_i=90.0°$,因此该时间点对应的应力值 19.15 MPa 为 6#试件的 Kaiser 效应点。同理,得到 1#、3#、5#试件的 Kaiser 效应点及其对应应力值如表 2.8 所示。

表 2.8　岩石试件 Kaiser 效应点

试　件	取样方向	t/s	$\Delta t_i/s$	$\tau_i/(°)$	应力/MPa
1#	X	281.490	0.113	90.0	11.5
2#	Y	692.778	0.002	90.0	17.0
3#	Z	796.264	0.020	90.0	19.1
4#	$X\angle45°Y$	1 859.157	0.040	89.7	7.77
5#	$X\angle60°Z$	775.184	0.060	90.0	12.8
6#	$Y\angle45°Z$	2 613.050	0.011	90.0	19.15

(4)声发射 Kaiser 效应法地应力计算结果

由式(2.10)、式(2.13)、式(2.16)至式(2.20),结合岩石试件取样方向以及各个方向岩石试件的 Kaiser 效应点荷载情况,计算得到川煤集团白皎煤矿 2461 工作面主应力情况,如表 2.9 所示。

表 2.9　声发射法地应力计算结果

项　目	主应力值/MPa	倾角/(°)	方位角/(°)
最大主应力	24.4	5.4	65.6
中间主应力	17.1	−770	−0.2
最小主应力	6.1	11.8	−25.6

2.3.3　空心包体法地应力测试

为了验证计算结果的可靠性,采用钻孔套心应力解除法进行现场测试。钻孔套心应力解除法简称套心法,其基本原理是在钻孔中安装变形或应变测量元件(位移传感器或应变计),通过量测套心应力解除前后钻孔孔径变化或孔底应变变化或孔壁表面应变变化值来确定天然应力的大小和方向。所谓套心应力解除是用一个较测量孔径更大的岩心钻,对测量孔进行同心套钻,将安装有传感器元件的孔段岩体与周围岩体隔离开来,以解除其天然受力状态。测试所用仪器为中国地质科学院地质力学研究所研发的 KX-81 型空心包体应力计和

KJ327-F 型矿山压力监测系统分站,如图 2.23 所示。

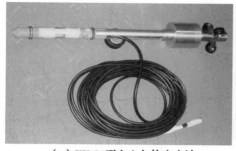 

（a）KX-81型空心包体应力计　　　（b）KJ327-F型矿山压力监测系统分站

图 2.23　应力解除法测试设备

其具体测试步骤为钻孔施工、空心包体应力计安装、套孔应力解除、围压加载试验测试岩心力学参数、三维主应力计算。

（1）钻孔施工

从底板巷岩体表面向岩体内部施工直径 130 mm 钻孔,深度为 10 m,之后施工 36 mm 同心小孔,如图 2.24 所示。采用地质罗盘对钻孔方位角、倾角进行测量并记录,钻孔方位角为 20°,倾斜角为 4°,施工地点埋深为 350 m。

（2）空心包体应力计安装

采用专用导向装置将内置黏结剂的空心包体应力计安装进入测试钻孔,采用定位罗盘测试空心包体应力计安装角为-35°,如图 2.25 所示。

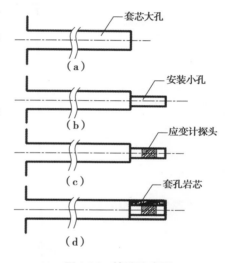

图 2.24　钻孔示意图

图 2.25　应力解除法现场测试

（3）套孔应力解除

将空心包体应力计数据线与矿山压力监测系统分站连接,进行调零。对安装有空心包体应力计段的岩体进行应力解除,采用矿山压力监测系统分站对空心包体应力计测试得到的弹性应变结果进行记录,得到应力解除过程中微应变变化曲线(图 2.26)及其最终应变值(表 2.10)。

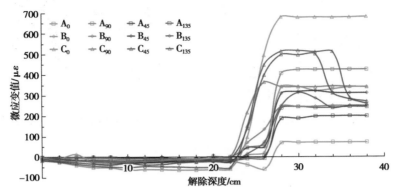

图 2.26　应力解除过程中微应变变化曲线

表 2.10　测点 12 个应变计稳定的应变值

应变片编号	A_0	A_{90}	A_{45}	A_{135}	B_0	B_{90}	B_{45}	B_{135}	C_0	C_{90}	C_{45}	C_{135}
应变值/$\mu\varepsilon$	72	425	200	244	340	248	311	249	681	340	259	270

(4)围压加载试验测试岩心力学参数

现场测试完成后,将取出的岩心带回试验室根据围压率定义进行围压加载试验,测定装置如图 2.27 所示。通过围压测定试验,可得该处岩石弹性模量和泊松比分别为 5.9 GPa 和 0.3。

图 2.27　围压测定试验

(5)三维主应力计算

基于空心包体应力计现场应力解除测试结果及试验室弹性模量、泊松比测试结果,采用中国地质科学院地质研究所空心包体地应力计算程序,取 k_1,k_2,k_3,k_4 分别为 $1,0.75,0.6,0.7$,并认为试验岩体为各向同性体,计算得到测试地点原岩应力结果如表 2.11 所示。

表 2.11 空心包体法地应力测试结果

项 目	主应力值/MPa	倾角/(°)	方位角/(°)
最大主应力	24.3	−9.0	201.9
中间主应力	17.3	−70.7	84.8
最小主应力	6.4	16.9	114.6

分析 Kaiser 效应法和空心包体套孔应力解除法测试结果可以看出,最大主应力之间的偏差率为: $|\sigma_{1re} - \sigma_{1ae}| / \sigma_{1re} \times 100\% = 0.4\%$,中间主应力之间的偏差率为: $|\sigma_{2re} - \sigma_{2ae}| / \sigma_{2re} \times 100\% = 1.2\%$,最小主应力之间的偏差率为: $|\sigma_{3re} - \sigma_{3ae}| / \sigma_{3re} \times 100\% = 4.9\%$,表明两种方法测量结果相差不大,因此提出的 Kaiser 效应法原岩应力计算方法可用于地应力测试。

3 液态 CO_2 相变射流气体冲击动力特征理论及试验研究

3.1 概 述

二氧化碳（ CO_2 ）是一种易压缩、相态易改变的气体。在液态 CO_2 相变射流煤岩体致裂增透过程中， CO_2 存在温度、压力等环境变化，因此其状态是一个随外界环境动态变化的过程，而其状态又对确定 CO_2 射流压力、流量、速度等相关工程参数具有重要意义。为了获得液态 CO_2 相变射流致裂煤岩体增透过程中射流出口速度、压力等动力学特征，本章采用理论研究、试验研究方法，主要围绕"液态 CO_2 相变射流气体冲击动力学特征"进行。首先，基于二氧化碳状态方程分析，进行液态 CO_2 相变射流致裂过程相态分布特征研究。其次，基于射流动力学基本方程，进行液态 CO_2 相变射流流体动力学特征理论研究，理论分析获得液态 CO_2 相变高压气体冲击射流出口速度及质量流量理论模型，建立了定量液态 CO_2 相变高压气体冲击射流出口压力理论模型，为后文冲击破坏及致裂裂隙扩展力学机理理论及数值模拟研究提供了基础；进行了高压 CO_2 气体冲击射流形态分区结构、速度分布、动压分布特征理论研究，建立了高压 CO_2 气体冲击射流打击力理论模型。最后，在上述研究基础上，自主研发"液态 CO_2 相变射流煤岩体致裂试验装置"，开展了液态 CO_2 相变射流气体射流冲击动力学特征试验研究，具体包括液态 CO_2 相变高压气体射流形态特征研究、射流速度与系统压力规律研究，以及射流打击力与系统压力、靶体距离、打击角度等参数的关系研究。

3.2 CO_2 基本性质及其状态方程研究

3.2.1 二氧化碳基本性质

二氧化碳是空气的主要成分之一，是一种气态化合物，常温下无色无味、不可燃，密度比空气大,略溶于水,与水反应生成碳酸,其主要物理性质参数如表 3.1 所示[252]。二氧化碳是一种易液化、气化的气体,其临界温度为 31.1 ℃,临界压力为 7.383 MPa。随着温度和压力的变化,CO$_2$ 的相态可呈气相、液相或固相变化,CO$_2$ 加压到 5.1 倍大气压力以上会以液态存在,在 5.1 个大气压下的液化点为 −56.55 ℃。二氧化碳临界压力、温度分别是 7.383 MPa、31.1 ℃,三相点压力为 0.52 MPa,温度为 −56 ℃。压力低于 0.7 MPa 时,CO$_2$ 仅有两种相态,即气相和固相;温度降低时,CO$_2$ 会从气态直接转变为固态。图 3.1 所示为二氧化碳不同压力、温度下的相态[253]。

表 3.1　二氧化碳物理参数

性　质	数　值	性　质	数　值
相对分子质量	44.010	偏心因子	0.225
摩尔体积/L	22.26(0 ℃,0.10 MPa)	熔点/℃	−78.45 ℃(194.7 K)
密度(g·L^{-1})	1.977(0 ℃,1 atm) 1.833(21.1 ℃,1 atm)	沸点/℃	−56.55 ℃(216.6 K)
相对密度	1.524(0 ℃,1 atm) 1.522(21.1 ℃,1 atm)	黏度/mPa·s	0.013 8(0 ℃,1 atm)
比容(m^3·kg)	0.505 9(0 ℃,1 atm) 0.545 7(21.1 ℃,1 atm)	定压比热/[KJ·(Kg·K)$^{-1}$]	0.85 (0 ℃,1 atm)
偏差系数	0.274	定容比热/[KJ·(Kg·K)$^{-1}$]	0.661 (0 ℃,1 atm)
绝热系数 K	1.295	升华热/(KJ·kg^{-1})	573.6
汽化热/(KJ·kg^{-1})	347.2	熔化热/(KJ·kg^{-1})	195.8
临界压力/MPa	7.383 MPa	临界体积/(Kmol·m^{-3})	10.6
临界温度/℃	31.1	临界密度/(kg·m^{-3})	467
临界粘度/mPa·s	0.040 4(31.06 ℃,7.382 MPa)	临界压缩系数	0.315

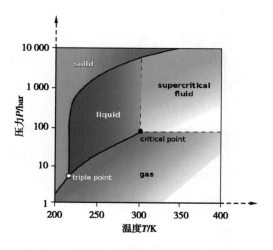

图 3.1　二氧化碳相态图

3.2.2　二氧化碳状态方程

液态 CO_2 相变射流致裂过程中,存在液态 CO_2 的增压灌装、受热膨胀、卸压相变汽化膨胀、射流损失等多个过程,在该过程中系统内二氧化碳随环境压力、温度等发生一系列动态变化。为了分析获得射流致裂过程中射流压力随时间变化的理论方程,有必要对液态 CO_2 相变射流致裂过程 CO_2 状态方程进行深入研究。状态方程是描述流体 P-V-T 性质的关系式,即 $f(P,T,V)=0$。目前,常用于二氧化碳的状态方程主要有立方型、多常数型、理论型3种,主要包括理想气体状态方程、Van Der Waals（V-D-W）方程、Redlich-Kwong（R-K）方程、Soave-Redlich-Kwong（S-R-K）方程、Peng-Robinson（P-R）方程、Benedict-Webb-Rubin（B-W-R）方程、Virial 方程等[254]。

（1）理想气体状态方程

理想气体是一种经过科学抽象的假象气体模型,假定分子的大小如同几何点一样,分子间不存在相互作用力,由这样的分子组成的气体称为理想气体。理想气体状态方程是描述理想气体在处于平衡态时,压强、体积、物质的量、温度间关系的状态方程,可用于工程设计中,如低压下难液化气体 N_2,H_2,CO,CH_4 气体状态参数的近似估算;可以作为衡量真实气体状态方程是否正确的标准之一,当 $P\to0$ 或者 $V\to\infty$ 时,任何真实气体状态方程都应还原为理想气体方程;理想气体状态常被作为真实流体的参考态或初值,其数学表达式为:

$$PV=R_gT \tag{3.1}$$

式中　P——压力,Pa;

　　　V——比容,m^3/kg;

　　　R_g——质量气体常数,$J/(kg \cdot K)$;

　　　T——温度,K。

（2）Van Der Waals（V-D-W）方程

Van Der Waals 方程考虑到气体分子具有一定的容积,所以在 V-D-W 方程中用分子自由活动的空间 $(V-b)$ 来取代理想气体状态方程中的容积;此外,考虑到气体分子间引力作用将使作用于器壁的压力减小,用内压力 a/V^2 来修正压力项。与理想气体状态方程相比,该方程是第一个适用于实际气体的状态方程。其数学表达式为:

$$(P+a/V^2)(V-b)=R_gT \tag{3.2}$$

式中,a 与 b 是与气体种类有关的正常数,称为范德瓦尔常数。它们分别表征分子间的引力和分子本身体积的影响,可以从流体的 P-V-T 试验数据拟合得到,也可以由纯物质的临界数据计算得到,其中 $a=27R_g^2T_{cr}^2/64P_{cr}$,$b=R_gT_{cr}/8P_{cr}$。

（3）Redlich-Kwong（R-K）方程

R-K 方程是在 Van der Waals 方程的基础上提出来的,通过对内压力项 a/V^2 的修正,使精度有较大提高,可以比较准确地用于非极性和弱极性化合物,但对于强极性及含有氢键的化合物仍会产生较大的偏差[254]。R-K 方程能较成功地用于气相 $P\text{-}V\text{-}T$ 的计算,但计算液相体积的准确性不够,不能同时用于汽、液两相。其数学表达式为:

$$P = \frac{R_g T}{V-b} - \frac{a}{T^{0.5} V(V+b)} \tag{3.3}$$

式中,$a = 0.427\ 48 R_g^2 T_{cr}^{2.5} / P_{cr}$,$b = 0.086\ 64 R_g T_{cr} / P_{cr}$。

（4）Soave-Redlich-Kwong（S-R-K）方程

为了进一步提高 R-K 方程对极性物质及饱和液体 $P\text{-}V\text{-}T$ 计算的准确度。Soave 对 R-K 方程进行修正,提出了 S-R-K 方程:

$$P = \frac{R_g T}{V-b} - \frac{a(T)}{V(V+b)} \tag{3.4}$$

式中,$a(T) = a_c \alpha(T_r) = 0.427\ 48 R_g^2 T_{cr}^2 / P_{cr} \cdot \alpha(T_r)$,$b = 0.086\ 64 R_g T_{cr} / P_{cr}$,$\alpha(T_r) = [1 + m(1-T_r^{0.5})]^2$,$m = (0.48 + 1.574\omega - 0.176\omega^2)$,$\omega$ 为偏心因常数。

（5）Peng-Robinson（P-R）方程

R-K 方程和 S-R-K 方程在计算临界压缩因子 Z_c 和液体密度时都会出现较大的偏差。为了弥补这一明显的不足,Peng Robinson 于 1976 年提出了 P-R 方程:

$$P = \frac{R_g T}{V-b} - \frac{a(T)}{V(V+b) + b(V-b)} \tag{3.5}$$

式中,$a(T) = a_c \alpha(T_r) = 0.457\ 24 R_g^2 T_{cr}^2 / P_{cr} \cdot \alpha(T_r)$,$b = 0.077\ 80 R_g T_{cr} / P_{cr}$,$\alpha(T_r) = [1 + m(1-T_r^{0.5})]^2$,$m = (0.374\ 64 + 1.542\ 26\omega - 0.269\ 92\omega^2)$。

（6）Benedict-Webb-Rubin（B-W-R）方程

Benedict-Webb-Rubin（B-W-R）方程为 Beattie-Brideman（B-B）方程的改进形式,共有 8 个参数。该方程在计算和关联轻烃及其混合物的液体和气体热力学性质时极有价值,其方程式为:

$$P = \frac{R_g T}{V} + \left(B_0 R_g T - A_0 - \frac{C_0}{T^2}\right)\frac{1}{V^2} + (b R_g T - \alpha)\frac{1}{V^3} + \frac{a\alpha}{V^6} + \frac{c}{V^3 T^2}\left(1 + \frac{\gamma}{V^2}\right)e^{-\frac{\gamma}{V^2}} \tag{3.6}$$

式中　P——压力,Pa;

　　　　V——比容,m^3/kg;

　　　　R_g——质量气体常数,$J/(kg \cdot K)$;

　　　　T——温度,K;

　　　　$A_0, B_0, C_0, a, b, c, \alpha, \gamma$——方程中经验常数,需要试验数据拟合得到。

（7）Martin-Hou（M-H）方程

该方程是 1955 年 Martin 教授和我国学者侯虞钧提出的,简称 M-H 方程。为了提高该方程在高密度区的精确度,1981 年侯虞钧教授等又将该方程的适用范围扩展到液相区,称为 MH-81 型方程。M-H 方程的方程式为:

$$P = \sum_{i=1}^{5} \frac{f_i(T)}{(V-b)^i}, 其中 \begin{cases} f_i(T) = A_i + B_i T + C_i \exp(-5.475T/T_c) \ (2 \leqslant i \leqslant 5) \\ f_i(T) = RT, T = 1 \end{cases} \tag{3.7}$$

M-H 型状态方程能同时用于汽、液两相,方程准确度高,适用范围广,能用于包括非极性至强极性的物质(如 NH_3、H_2O),对量子气体 H_2、He 等也可应用,在合成氨等工程设计中得到广泛使用。

(8)Span-Wagner(S-W)状态方程

1996 年,Span 和 Wagner 研究提出了 Span-Wagner 状态方程,专门用于纯二氧化碳物性和相平衡计算[255]。该方程对于纯二氧化碳的物性计算较为准确,误差在工程允许范围内,因此得到广泛使用。该方法采用亥姆霍兹自由能 $\phi(\delta,\tau)$ 计算其状态参数,受流体温度和密度两个独立变量的影响,包括理想流体 ϕ^0 和残余流体 ϕ^r,其表达式为:

$$\frac{A(\rho,T)}{RT} = \phi(\delta,\tau) = \phi^0(\delta,\tau) + \phi^r(\delta,\tau) \tag{3.8}$$

式中　δ——标况与临界点密度比值;

　　　τ——标况下与临界点温度比值;

　　　ϕ^0——无因次亥姆霍兹自由能的理想部分;

　　　ϕ^r——无因次亥姆霍兹自由能的残余部分。

Span-Wagner(S-W)状态方程采用亥姆霍兹自由能来计算气体的状态,直接从能量方程入手,突破其他状态方程的不足,误差在工程允许范围之内,因此得到广泛使用。利用 CO_2 的热力学性质能够得到无因次亥姆霍兹自由能的理想部分 ϕ^0 的表达式为:

$$\phi^0(\delta,t) = \ln\delta + a_1^0 + a_2^0\tau + a_3^0\ln\tau + \sum_{i=4}^{8} a_i^0\ln[1-\exp(-\tau\theta_{i-3}^0)] \tag{3.9}$$

残余部分 ϕ^r 的表达式为:

$$\begin{cases} \phi^r(\delta,t) = \sum_{i=1}^{7} n_i\delta^{d_i}\tau^{t_i} + \sum_{i=8}^{34} n_i\delta^{d_i}\tau^{t_i}e^{-\delta^{c_i}} + \sum_{i=35}^{39} n_i\delta^{d_i}\tau^{t_i}e^{[-a_i(\delta-\varepsilon_i)^2-\beta_i(\tau-\gamma_i)^2]} + \sum_{i=40}^{42} n_i\Delta^{b_i}\delta e^{[-c_i(\delta-1)^2-D_i(\tau-1)^2]} \\ \Delta = \{(1-\tau)+A_i[(\delta-1)^2]^{(1/2\beta_i)}\}^2 + B_i[(\delta-1)^2]^{a_i} \end{cases}$$

$$\tag{3.10}$$

在实际的工程计算时,输入参数是压力和温度,输出参数是密度、焓值、比热等,然而,在 Span-Wagner 状态方程中压力是隐函数,求解复杂。由式(3.8)至式(3.9)构成的基本方程组可以推导求解得到流体压力 p、压缩因子 Z、定压热容 C_p、定容热熔 C_v 等参数的表达式如表 3.2 所示。

表 3.2　Span-Wagner 状态方程求解流体物性参数公式

求解参数	计算展开式
压　力	$P(\delta,\tau) = (1+\delta\phi_\delta^T)(\rho RT)$
压缩因子	$Z(\delta,\tau) = \dfrac{P(\delta,\tau)}{\rho RT} = \dfrac{(1+\delta\phi_\delta^T)(\rho RT)}{\rho RT} = 1+\delta\phi_\delta^T$

求解参数	计算展开式
定容热熔	$C_V(\delta,\tau)=-\tau^2(\phi_{\tau^2}^0+\phi_{\tau^2}^r)R$
定压热熔	$C_p(\delta,\tau)=R\left[-\tau^2(\phi_{\tau^2}^0+\phi_{\tau^2}^r)+\dfrac{(1+\delta\phi_\delta^\tau-\delta\tau\,\phi_{\delta\tau}^\tau)^2}{1+2\delta\phi_\delta^\tau+\delta^2\phi_{\delta^2}^\tau}\right]$
内 能	$u(\delta,\tau)=\tau(\phi_\tau^0+\phi_\tau^\tau)RT$
焓 值	$h(\delta,\tau)=\left[1+\tau(\phi_\tau^0+\phi_\tau^\tau)+\delta\phi_\delta^\tau\right]RT$
熵 值	$S(\delta,\tau)=\left[\tau(\phi_\tau^0+\phi_\tau^\tau)-\phi^0+\phi^\tau\right]R$
声 速	$\omega^2(\delta,\tau)=\left[1+2\delta\phi_\delta^\tau+\delta^2\phi_{\delta^2}^\tau-\dfrac{(1+\delta\phi_\delta^\tau-\delta\tau\,\phi_{\delta\tau}^\tau)^2}{\tau^2(\phi_{\tau^2}^0+\phi_{\tau^2}^\tau)}\right]RT$
节流效应系数	$uR\rho=\dfrac{-(\delta\phi_\delta^\tau+\delta^2\phi_{\delta^2}^\tau+\delta\tau\,\phi_{\delta\tau}^\tau)}{(1+\delta\phi_\delta^\tau-\delta\tau\,\phi_{\delta\tau}^\tau)^2-\tau^2(\phi_{\tau^2}^0+\phi_{\tau^2}^\tau)(1+2\delta\phi_\delta^\tau+\delta^2\phi_{\delta^2}^\tau)}$
粘 度	$u(T,\rho)=u_0(T)+\Delta u(T,\rho)+\Delta_c u(T,\rho)$
导热系数	$\lambda(T,\rho)=\lambda_0(T)+\Delta\lambda(T,\rho)+\Delta_c\lambda(T,\rho)$

注:表中 $\phi_\delta=(\partial\phi/\partial\tau)_\tau$, $\phi_\tau=(\partial\phi/\partial\tau)_\delta$, $\phi_{\delta^2}=(\partial^2\phi/\partial\delta^2)_\tau$, $\phi_{\tau^2}=(\partial^2\phi/\partial\tau^2)_\delta$, $\phi_{\delta\tau}=\partial^2\phi/\partial\tau\partial\delta$ 。

（9）现有状态方程的优缺点对比

对上述 8 种流体状态方程进行分析,得到其适用范围及优缺点如表 3.3 所示[256]。

表 3.3　流体状态方程优缺点分析

方程名称	方程式	适用范围	优缺点
理想气体方程	$PV=R_gT$	压力较低的气体	不适合真实气体
V-D-W	$(P+a/V^2)(V-b)=R_gT$	非极性流体的较低压区	准确度较低
R-K	$P=R_gT/(V-b)-a/T^{0.5}V(V+b)$	非极性流体的气相区	计算临界点、气液相平衡误差较大
S-R-K	$P=R_gT/(V-b)-a(T)/V(V+b)$	非极性流体的气相区	可用于气液相平衡计算
P-R	$P=R_gT/(V-b)-a(T)/$ $[V(V+b)+b(V-b)]$	非极性流体和部分极性流体的液相和气相物性计算	气相区计算精度与 S-R-K 方程相当,液相区和临界区的计算精度高于 S-R-K 方程,也可用于气液相平衡计算
B-W-R	$P=\dfrac{R_gT}{V}+\left(B_0R_gT-A_0-\dfrac{C_0}{T^2}\right)\dfrac{1}{V^2}+$ $(bR_gT-\alpha)\dfrac{1}{V^3}+\dfrac{a\alpha}{V^6}+$ $\dfrac{c}{V^3T^2}\left(1+\dfrac{\gamma}{V^2}\right)e^{-\frac{\gamma}{V^2}}$	烃类气体、非极性和轻微极性气体、液相区及气液相平衡	形式复杂,计算难度和工作量较大,不能用于含水体系

续表

方程名称	方程式	适用范围	优缺点
M-H	$P = \sum_{i=1}^{5} f_i(T)/(V-b)^i$	H_2O、NH_3、烃类、氟利昂气体、液相及相平衡	形式复杂,计算难度和工作量较大
S-W	$\dfrac{A(\rho,T)}{RT} = \phi^0(\delta,\tau) + \phi^r(\delta,\tau)$	适用范围大,可用于临界区和高压高密度区域计算	采用亥姆霍兹自由能计算气体状态

3.2.3 二氧化碳相变射流致裂过程相态分布特征

在 CO_2 相变射流致裂过程中,二氧化碳状态随着压力、温度、容积等相关参数产生一系列动态变化。基于 Span-Wagner 状态方程,分析计算得到 CO_2 温度(T)-压力(P)、压力(P)-压缩因子(Z)、温度(T)-熵(S)、温度(T)-焓(H)等关系曲线,如图 3.2 所示。

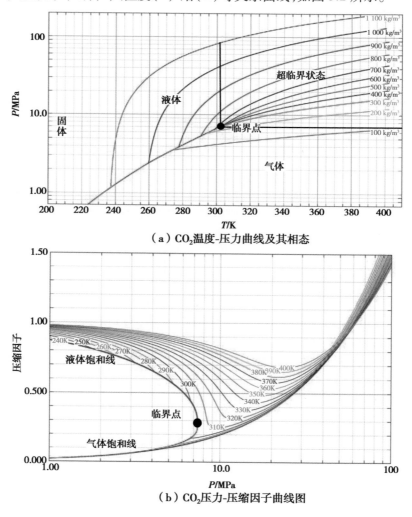

(a)CO_2温度-压力曲线及其相态

(b)CO_2压力-压缩因子曲线图

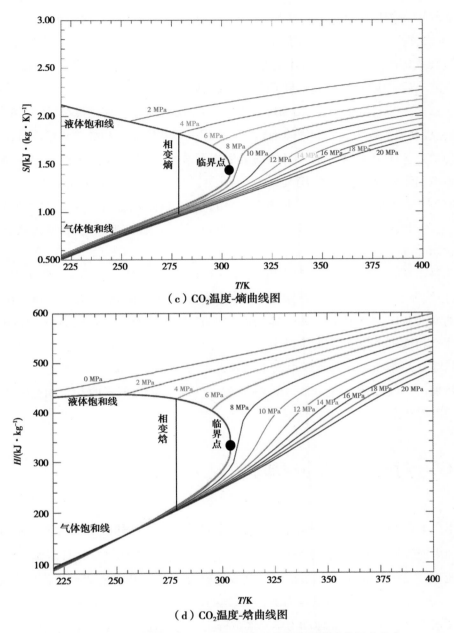

（c）CO₂温度-熵曲线图

（d）CO₂温度-焓曲线图

图 3.2 二氧化碳状态随着压力、温度、容积等相关参数变化相态分布

由图 3.2（a）可以看出，CO_2 的蒸气压线终止于临界点（$T_c = 31.3$ ℃，$P_c = 7.38$ MPa，$\rho_c = 470$ kg/m³）。超过临界点以上，液气两相的界面消失，成为超临界流体。超临界 CO_2 的扩散系数（$10^{-1} \sim 10^{-4}$ cm²/s）比一般液体的扩散系数（$10^{-2} \sim 10^{-5}$ cm²/s）高一个数量级，而它的粘度（$10^{-2} \sim 10^{-4}$ N·s/m²）要比一般液体的粘度（$10^{-1} \sim 10^{-3}$ N·s/m²）低一个数量级。因此，与其他液体或气体相比，超临界 CO_2 具有较快的质量传递速度，能有效地穿入煤岩体样品的孔隙中进行瓦斯驱替增产。

图 3.2(b)是温度分别为 240~400 K 条件下 CO_2 压缩因子压力变化规律。由图可以看出,当环境温度及压力低于临界点温度、压力时,液体状态的 CO_2 压缩因子逐渐减小,气体状态的 CO_2 压缩因子逐渐增大。当环境温度高于临界点温度时,CO_2 压缩因子随着环境压力的增长先减小后产生增长,且超临界 CO_2 的压缩因子随温度变化不大。

图 3.2(c)是压力分别为 0~20 MPa 条件下 CO_2 熵值随温度变化规律,图中黑色线为相变熵,红色线和蓝色线为气体和液体饱和线。根据气体和液体饱和线趋势可以看出,随着环境压力的增大,CO_2 由液体转变为气体的熵值逐渐减小;直至临界点处熵值-温度曲线与气体和液体饱和线相交,其对应的熵值为 0。因此,可得出 CO_2 从液态向超临界态转变的过程中相变熵为 0。对于环境压力低于临界点压力的 CO_2 气体,随着温度升高,气体的熵值逐渐增加;直至达到气体饱和线,随着环境温度的继续增长,气态的 CO_2 相变转变为液态,直至为超临界状态。

图 3.2(d)是压力分别为 0~20 MPa 条件下 CO_2 焓值随温度变化情况,图中黑色线为相变焓,红色线和蓝色线为气体和液体饱和线。根据气体和液体饱和线趋势可以看出,随着环境压力的增大,CO_2 由液体转变为气体的焓值逐渐减小;直至临界点处焓值-温度曲线与气体和液体饱和线相交,其对应的焓值为 0。因此,可得出 CO_2 从液态向超临界态转变的过程中相变焓为 0。同理,对于环境压力低于临界点压力的 CO_2 气体,随着温度升高,气体的焓值逐渐增加;直至达到气体饱和线,随着环境温度的继续增长,气态的 CO_2 相变转变为液态,直至为超临界状态。

3.3 CO_2 射流流体动力学基本方程

从本质上讲,液态 CO_2 相变射流煤岩体致裂增透过程是一种流体动力学现象,是将 CO_2 内存储的内能等转变为破岩的机械能等。在该过程中,CO_2 流体满足计算流体力学的质量、动量和能量三大守恒定律,且通过对流体基本方程的分析,可以计算得到射流压力随时间变化关系、液态 CO_2 相变射流打击压力等,为后续的研究提供理论基础。液态 CO_2 相变射流煤岩体致裂增透过程中,CO_2 流体动力学基本方程主要包括连续性方程、伯努利方程及其动量方程。其中,连续性方程和伯努利方程可用于反映 CO_2 流体的压力、流速或流量及能量损伤之间的关系,动量方程主要用于解决 CO_2 流体与煤岩体固体边界之间的相互作用力问题。

3.3.1 连续性方程

根据流体力学可以得到,CO_2 可压缩流体在空间直角坐标系中的连续性方程为[257]:

$$\frac{\partial \rho}{\partial t} + \frac{\partial(\rho v_x)}{\partial x} + \frac{\partial(\rho v_y)}{\partial y} + \frac{\partial(\rho v_z)}{\partial z} = 0 \tag{3.11}$$

若认为流体为理想不可压缩流体,则式(3.11)中$\frac{\partial \rho}{\partial t}=0$,即存在:

$$\frac{\partial(\rho v_x)}{\partial x}+\frac{\partial(\rho v_y)}{\partial y}+\frac{\partial(\rho v_z)}{\partial z}=0 \tag{3.12}$$

为了方便计算,将管道中的 CO_2 流体简化为一元流动(图 3.3),则为可压缩 CO_2 流体连续方程,即式(3.11)可简化为:

$$\rho_1 v_1 A_1=\rho_2 v_2 A_2 \tag{3.13}$$

当 $\rho_1=\rho_2$ 时,即为不可压缩流体时,存在:

$$v_1 A_1=v_2 A_2=C \tag{3.14}$$

式中　v_1,v_2——流体经过截面 1、2 时的平均流速;

　　　　A_1,A_2——截面面积。

图 3.3　一元流动连续性原理图

3.3.2　运动方程

纳维-斯托克斯方程(Navier-Stokes equation,简称 N-S 方程)主要用于描述粘性不可压缩流体动量守恒的运动方程,由法国科学家 Navier 和英国物理学家 Stokes 建立,其方程式为[258]:

$$
\begin{cases}
\rho \dfrac{\mathrm{d}v_x}{\mathrm{d}t}=\rho f_x-\dfrac{\partial p}{\partial x}-\dfrac{2}{3}\dfrac{\partial}{\partial x}\left[\mu\left(\dfrac{\partial v_x}{\partial x}+\dfrac{\partial v_y}{\partial y}+\dfrac{\partial v_z}{\partial z}\right)\right]+2\dfrac{\partial}{\partial x}\left(\mu\dfrac{\partial v_x}{\partial x}\right)+\dfrac{\partial}{\partial y}\left[\mu\left(\dfrac{\partial v_x}{\partial y}+\dfrac{\partial v_y}{\partial x}\right)\right]+ \\
\qquad \dfrac{\partial}{\partial z}\left[\mu\left(\dfrac{\partial v_x}{\partial z}+\dfrac{\partial v_z}{\partial x}\right)\right] \\
\rho \dfrac{\mathrm{d}v_y}{\mathrm{d}t}=\rho f_y-\dfrac{\partial p}{\partial y}-\dfrac{2}{3}\dfrac{\partial}{\partial y}\left[\mu\left(\dfrac{\partial v_x}{\partial x}+\dfrac{\partial v_y}{\partial y}+\dfrac{\partial v_z}{\partial z}\right)\right]+2\dfrac{\partial}{\partial y}\left(\mu\dfrac{\partial v_y}{\partial y}\right)+\dfrac{\partial}{\partial x}\left[\mu\left(\dfrac{\partial v_x}{\partial y}+\dfrac{\partial v_y}{\partial x}\right)\right]+ \\
\qquad \dfrac{\partial}{\partial z}\left[\mu\left(\dfrac{\partial v_y}{\partial z}+\dfrac{\partial v_z}{\partial y}\right)\right] \\
\rho \dfrac{\mathrm{d}v_z}{\mathrm{d}t}=\rho f_z-\dfrac{\partial p}{\partial z}-\dfrac{2}{3}\dfrac{\partial}{\partial z}\left[\mu\left(\dfrac{\partial v_x}{\partial x}+\dfrac{\partial v_y}{\partial y}+\dfrac{\partial v_z}{\partial z}\right)\right]+2\dfrac{\partial}{\partial z}\left(\mu\dfrac{\partial v_z}{\partial z}\right)+\dfrac{\partial}{\partial x}\left[\mu\left(\dfrac{\partial v_x}{\partial z}+\dfrac{\partial v_z}{\partial x}\right)\right]+ \\
\qquad \dfrac{\partial}{\partial y}\left[\mu\left(\dfrac{\partial v_y}{\partial z}+\dfrac{\partial v_z}{\partial y}\right)\right]
\end{cases} \tag{3.15}
$$

式中　f_x,f_y,f_z——不同方向上单位质量流体的体积力;

　　　　μ——流体动力粘度。

同样,由式(3.15)可以得到理想不可压缩流体的运动方程为:

$$\begin{cases} \dfrac{\mathrm{d}v_x}{\mathrm{d}t} = f_x - \dfrac{\partial \rho}{\rho \partial x} + v\left(\dfrac{\partial^2 v_x}{\partial x^2} + \dfrac{\partial^2 v_x}{\partial y^2} + \dfrac{\partial^2 v_x}{\partial z^2} \right) \\[2mm] \dfrac{\mathrm{d}v_y}{\mathrm{d}t} = f_y - \dfrac{\partial \rho}{\rho \partial y} + v\left(\dfrac{\partial^2 v_y}{\partial x^2} + \dfrac{\partial^2 v_y}{\partial y^2} + \dfrac{\partial^2 v_y}{\partial z^2} \right) \\[2mm] \dfrac{\mathrm{d}v_z}{\mathrm{d}t} = f_z - \dfrac{\partial \rho}{\rho \partial z} + v\left(\dfrac{\partial^2 v_z}{\partial x^2} + \dfrac{\partial^2 v_z}{\partial y^2} + \dfrac{\partial^2 v_z}{\partial z^2} \right) \end{cases} \tag{3.16}$$

式中　v——流体运动粘度。

可以得到一元流动情况下，不可压缩流体的简化运动方程为：

$$\frac{\mathrm{d}v}{\mathrm{d}t} = f - \frac{\partial \rho}{\rho \partial x} + v\frac{\partial^2 v}{\partial x^2} \tag{3.17}$$

3.3.3　能量方程

CO_2 可压缩流体在空间直角坐标系中的能量方程为[257]：

$$\dot{Q} - \dot{W}_s = \iint\limits_{CS}\left(h + \frac{v^2}{2} + gz \right)\rho(v \cdot n)\mathrm{d}A + \frac{\partial}{\partial t}\iiint\limits_{CV}\left(u + \frac{v^2}{2} + gz \right)\rho\mathrm{d}V + \dot{W}_u \tag{3.18}$$

式中　$\dot{Q}$——单位时间内控制体系统由外界吸入的热量；

　　　$\dot{W}_s$——单位时间内控制体系统对外界所做的功；

　　　$\dot{W}_u$——流体系统克服控制面上的黏性力做功的功率；

　　　h——单位时间内控制体系统的熵值，$h = u + p/\rho$，$u, p/\rho$ 分别为单位流体所具有的内能
　　　　　和压力能。

理想状态下，不可压缩流体稳态流动状态下的能量方程为：

$$\iint\limits_{CS}\left(h + \frac{v^2}{2} + gz \right)\rho(\boldsymbol{v} \cdot \boldsymbol{n})\mathrm{d}A = 0 \tag{3.19}$$

式中　$v^2/2, gz$——单位流体所具有的动能和势能；

　　　ρ——流体的密度；

　　　$\mathrm{d}A$——控制微单元面积；

　　　CS——整个控制面；

　　　$\boldsymbol{v} \cdot \boldsymbol{n}$——流体速度矢量 $\boldsymbol{v}$ 与控制微单元面法向单位矢量 $\boldsymbol{n}$ 的点积，$\boldsymbol{v} \cdot \boldsymbol{n} = v \cdot \cos\theta$，$\theta$
　　　　　为流体速度矢量与控制微单元面法向单位矢量 $\boldsymbol{n}$ 的夹角，v 为速度矢量 $\boldsymbol{v}$
　　　　　的模。

对式（3.19）进行进一步简化，可以得到：

$$p_1 + \rho g z_1 + \frac{1}{2}\alpha_1\rho v_1^2 = p_2 + \rho g z_2 + \frac{1}{2}\alpha_2\rho v_2^2 + \Delta p_w \tag{3.20}$$

式中　Δp_w——流体从通流截面 1 流到截面 2 的压力损失；

v_1,v_2——流体在截面 1、截面 2 的平均流速；

α_1,α_2——修正系数,主要用以修正用平均速度代替实际速度造成的误差。

3.3.4　动量方程

CO_2 流体的动量方程的物理意义为:控制体动量随着时间的变化率等于作用在控制体上的力,即动量守恒规律,主要用来计算流体作用于限制其流动的固体壁面上的作用力。如图 3.4 所示,取一元流动流体截面 Ⅰ 和 Ⅱ,其截面面积为 A_1 和 A_2,截面 Ⅰ 和 Ⅱ 处的平均速度为 v_1 和 v_2。假设该段液体在 t 时刻的动量为 $(\overrightarrow{mv})_{1-2}$,经过 Δt 后,该段液体移动到 Ⅰ' 和 Ⅱ' 截面间,液体动量为 $(\overrightarrow{mv})_{1'-2'}$。该过程中流体的动量方程为:

$$\sum F = \frac{\mathrm{d}(\overrightarrow{mv})}{\mathrm{d}t} = \frac{(\overrightarrow{mv})_{1'-2'} - (\overrightarrow{mv})_{1-2}}{\Delta t} = \rho q(\alpha_2 v_2 - \alpha_1 v_1) \tag{3.21}$$

式中　q——流量。

图 3.4　一元流动动量方程示意图

3.3.5　湍流模型

假设液态 CO_2 相变射流过程为直射流流场,即不存在局部旋涡流动。考虑到液态 CO_2 相变射流过程中的复杂性及精度需要,选用可实现 k-ε 模型(Realizable k-ε 模型)。该模型是在标准模型基础上的变形改进,相对于标准模型其优势在于能够较为精确地预测平面和圆形射流扩散作用 k-ε,并对旋转流动、强逆压梯度的边界层流动、流动分离和二次流有很好的表现,在强流线弯曲、旋涡和旋转方面比标准的 k-ε 模型表现更好。其湍动能及耗散率运输方程如下:

$$\frac{\partial(\rho k)}{\partial t} + \frac{\partial(\rho k u_i)}{\partial x_i} = \frac{\partial}{\partial x_j}\left[\left(u + \frac{u_t}{\sigma_k}\right)\frac{\partial k}{\partial x_j}\right] + G_k + G_b - \rho\varepsilon - Y_M \tag{3.22}$$

$$\frac{\partial(\rho\varepsilon)}{\partial t} + \frac{\partial(\rho\varepsilon u_i)}{\partial x_i} = \frac{\partial}{\partial x_j}\left[\left(u + \frac{u_t}{\sigma_\varepsilon}\right)\frac{\partial\varepsilon}{\partial x_j}\right] + \rho C_1 E_\varepsilon - \rho C_2 \frac{\varepsilon_2}{k + \sqrt{v\varepsilon}} + C_{1\varepsilon}\frac{\varepsilon}{k}C_{3\varepsilon}G_b \tag{3.23}$$

式中　G_k——平均速度梯度引起的湍动能;

G_b——由浮力影响产生的湍动能;

Y_M——可压缩湍流脉动膨胀对总耗散能的影响;

$C_{1\varepsilon}$,C_2——经验常数,取其值为 $C_{1\varepsilon}=1.44$,$C_2=1.9$。

3.4 液态 CO_2 相变射流流体动力特征理论研究

液态 CO_2 相变射流致裂过程中,由喷嘴形成的高压 CO_2 气体进入大气,作用于煤岩体上。射流的工作介质为 CO_2 高压气体,环境介质为空气,即该过程为非淹没射流。因此,在该部分理论分析过程中主要针对非淹没射流,主要分析液态 CO_2 相变射流致裂过程中高压气体射流的产生、扩散过程,理论分析其打击力大小及其影响因素,为后文研究提供理论基础。

3.4.1 高压气体冲击射流声速及马赫数

在气体射流动力学研究过程中,声速及马赫数是极为重要的物理参数,可用来划分气体射流速度的不同特性范围。声速(a)也称为音速,是介质(包括流体和固体)受到任意扰动时在介质中引起的压力增量,以波的形式向四周传播,这种微弱的扰动波传递的速度即为声速。根据研究表明,当地声速可采用下式计算[174]:

$$a=\sqrt{k\bar{R}T} \tag{3.24}$$

式中　k——绝热系数;

　　　$\bar{R}$——个别气体常数,$\bar{R}=8\ 314/M$,J/(K·mol);

　　　T——气体温度,K,如海平面的空气温度为 288.15 K,空气的气体常数为 287.06 J/(K·mol);

　　　k——绝热系数,取 1.4,可计算得到海平面声速为 340.3 m/s。

马赫数(M)实际上是保证气流压缩性相似的无量纲相似参数,马赫数的平方和气流的动能与内能之比成正比,可用于衡量气体宏观流动动能与分子随机热运动能量比值的大小,可采用下式计算[259]:

$$M=V/a \tag{3.25}$$

式中　V——流场中任一点处的流速;

　　　a——流场中同一点的声速,即当地声速。

一般认为,当 $M\cong0$,即 V 远远小于 a 时,气体为不可压缩流体;当 $M<1$,即 $V<a$ 时,称为亚音速流动;当 $M=1$,即 $V=a$ 时,称为声速流动;当 $M>1$,即 $V>a$ 时,称为超声速流动;当 M 远远大于 1,即 V 远远大于 a 时,称为超声速流动。

3.4.2 液态 CO_2 相变高压气体冲击射流出口速度及质量流量理论模型

液态 CO_2 相变射流形成的力学作用是进行煤岩体致裂的主要作用力,而喷嘴出流速度的大小直接关系到液态 CO_2 相变射流打击压力大小。由气体的一维定常等熵能量方程[260]:

$$\frac{V_0^2}{2}+\frac{k}{k-1}\frac{p_0}{\rho_0}=\frac{V^2}{2}+\frac{k}{k-1}\frac{p}{\rho} \tag{3.26}$$

式中　V_0,V——进口及出口高压气体射流速度；

　　　　ρ_0,ρ——进口及出口高压气体密度。

由于出口速度远大于喷嘴内气体速度，且存在：

$$\rho=\rho_0(p_0/p)^{-1/k},pM=\rho RT \tag{3.27}$$

可以得到喷嘴出口与压强 p 对应截面上的气流速度为：

$$V=\sqrt{2k/(k-1)\cdot RT_0\left[1-(p/p_0)^{(k-1)/k}\right]} \tag{3.28}$$

式中　V——出口排气速度；

　　　　p——喷嘴出口高压气体压强。

由式（3.28）可以看出，RT_0（火药力）越大，V 越大；p/p_0（膨胀比）越小，V 越大；此外，k 值的变化对 V 的影响很小。

结合式（3.27）与式（3.28）可以得到喷嘴出口任意截面单位时间内流过的质量流量 Q 为[261]：

$$Q=\rho VA=pMA/\sqrt{RT}\cdot\sqrt{2k/(k-1)\cdot(p/p_0)^{2/k}\left[1-(p/p_0)^{(k-1)/k}\right]} \tag{3.29}$$

式（3.29）反映了质量流量与高压气体射流膨胀比的关系，适用于亚声速、声速、超声速气体射流过程。

而在实际工程计算过程中，往往需要结合射流流速状态进行合理选择计算。因此，要确定泄漏时气体流动属于声速流动（临界流）还是亚声速流动（次临界流），可以用临界压力比来判断[257, 261]：

$$\beta=p_0/p_c=\left[2/(k+1)\right]^{k/(k-1)} \tag{3.30}$$

式中　β——临界压力比；

　　　　p_0——环境绝对压力，MPa；

　　　　p_c——喷嘴处高压气体临界压力，MPa；

　　　　k——热容比，$k=(i+2)/i$，i 为自由度，对于单原子气体取 $i=3$，双原子气体取 $i=5$，多原子气体取 $i=6$。

①当 $\dfrac{p}{p_0}\leqslant\beta$ 时，二氧化碳射流过程为超音速流动，且 $\beta=p/p_0=\left[2/(k+1)\right]^{k/(k-1)}$，由式（3.29）即可得到喷嘴内任意截面单位时间内流过的质量流量 Q：

$$Q=pA\sqrt{\frac{kM}{RT}\left(\frac{2}{k+1}\right)^{\frac{k+1}{k-1}}}=Cp \tag{3.31}$$

式中　C——流量系数，$C=A\sqrt{\dfrac{kM}{RT}\left(\dfrac{2}{k+1}\right)^{\frac{k+1}{k-1}}}$。

②当 $\dfrac{p}{p_0}>\beta$ 时，二氧化碳射流过程为亚音速流动，则 Q 满足下式：

$$Q = YpA\sqrt{\frac{kM}{RT}\left(\frac{2}{k+1}\right)^{\frac{k+1}{k-1}}} \qquad (3.32)$$

式中，Y 为气体膨胀因子，可由下式计算得到：$Y = \sqrt{\left(\frac{p}{p_0}\right)^{\frac{2}{k}} \cdot \left[1 - \left(\frac{p}{p_0}\right)^{\frac{k-1}{k}}\right] \cdot \left[\left(\frac{2}{k-1}\right) \cdot \left(\frac{k+1}{2}\right)^{\frac{k+1}{k-1}}\right]}$；

当 $\frac{p}{p_0} \leqslant \beta$ 时，$Y = 1$。

由上述分析综合可得到液态二氧化碳射流煤岩体致裂过程中，喷嘴出口处单位时间内流过的质量流量 Q 为：

$$Q = YpA\sqrt{\frac{kM}{RT}\left(\frac{2}{k+1}\right)^{\frac{k+1}{k-1}}}, \begin{cases} \frac{p}{p_0} \leqslant \beta \text{ 时}, Y = 1 \\ \frac{p}{p_0} > \beta \text{ 时}, Y = \sqrt{\left(\frac{p}{p_0}\right)^{\frac{2}{k}}\left[1 - \left(\frac{p}{p_0}\right)^{\frac{k-1}{k}}\right]\left[\left(\frac{2}{k-1}\right)\left(\frac{k+1}{2}\right)^{\frac{k+1}{k-1}}\right]} \end{cases} \qquad (3.33)$$

3.4.3 定量液态 CO_2 相变高压气体冲击射流出口压力理论模型

储液管内一定质量的液态 CO_2 受热相变膨胀产生高压气体，射流过程中气体流量是随时间变化的连续量，且射流强度和射流致裂增透系统内气体压力也是随射流时间而改变的连续量。为了获得该过程中射流强度随时间的变化关系，以质量守恒、动量守恒和能量守恒定律为基础，不考虑重力的影响，且认为高压气体由储液管内喷出形成射流的瞬间不存在热量交换，则储液管内破裂片破坏瞬间产生的 CO_2 高压气体射流的质量流量可用储液管内初始压力代入式（3.33）获得。随着储液管内气体压力的减小，泄漏强度也随之不断减小，直至最后系统压力减小到与环境温度相应的定值而不再发生变化。

分析认为整个过程中，随时间 t 变化的参数有致裂单元内高压 CO_2 气体的压力 P，单位为 MPa；射流质量流量 Q，单位为 kg/s；射流损失气体量 m_s，则 m_s 与 Q 之间存在关系如下：

$$m_s = \int_0^t Q\mathrm{d}t \qquad (3.34)$$

由于致裂单元内高压 CO_2 气体初始质量为 m_0，则射流损失气体量 m_s 后，致裂单元内高压 CO_2 气体剩余质量为 $m_0 - m_s$，其所占的体积为 $(m_0 - m_s)V/m_0$，压力为 P_e，射流后所占体积为 V，压力为 P_0。假设质量 $m - m_s$ 的气体在经过喷嘴出口截面前后（即射流前后瞬间）均满足理想气体状态方程，即存在[261]：

$$\begin{cases} P_0 \dfrac{(m_0 - m_s)}{m_0}V = \dfrac{(m_0 - m_s)}{M}RT \\ PV = \dfrac{(m_0 - m_s)}{M}RT \end{cases} \qquad (3.35)$$

联立式（3.33）至式（3.35）得到液态 CO_2 储液管气体射流损失模型为：

$$
\begin{cases}
Q = YpA\sqrt{\dfrac{kM}{RT}\left(\dfrac{2}{k+1}\right)^{\frac{k+1}{k-1}}} \\[4mm]
P_0\,\dfrac{(m_0-m_s)}{m_0} = P \\[4mm]
m_s = \displaystyle\int_0^t Q\,\mathrm{d}t \\[4mm]
t = 0,\ m_s = 0
\end{cases}
\tag{3.36}
$$

因此,CO_2 射流过程中 $Q = YpA\sqrt{\dfrac{kM}{RT}\left(\dfrac{2}{k+1}\right)^{\frac{k+1}{k-1}}} = YCp$,则存在:$m_s = \displaystyle\int_0^t Q\,\mathrm{d}t = \int_0^t YCp\,\mathrm{d}t = \int_0^t YCp_0\,\dfrac{(m_0-m_s)}{m_0}\,\mathrm{d}t$,可得 $\dfrac{\mathrm{d}m_s}{\mathrm{d}t} = YCP_0 - \dfrac{YCP_0}{m_0}m_s$,即:

$$
\frac{\mathrm{d}m_s}{\mathrm{d}t} + \frac{YCP_0}{m_0}m_s = YCP_0
\tag{3.37}
$$

令 $\dfrac{YCP_0}{m_0} = A$,$YCP_0 = B(A、B$ 为定值$)$,则式(3.37)可简写为:$\dfrac{\mathrm{d}m_s}{\mathrm{d}t} + Am_s = B$,可以得到:$m_s = De^{-At} + e^{-At}m_0e^{At} = De^{-At} + m_0$。由于当 $t=0$ 时,$m_s=0$,故存在 $D = -m_0$,得到超音速射流时射流量等各个参数的理论解为:

$$
\begin{cases}
m_s = -m_0e^{-At} + m_0 \\[2mm]
Q_s = \mathrm{d}m_s/\mathrm{d}t = m_0Ae^{-At} \\[2mm]
P = P_0(m_0-m_s)/m_0 = P_0e^{-At}
\end{cases}
\tag{3.38}
$$

本研究中,液态 CO_2 相变射流致裂装置的储液管在现场应用过程中 CO_2 灌装量为 2.7 kg,射流孔道为圆柱形,直径为 1.2 cm,有关参数取值为 $C = 0.75$,$S = 1.13 \times 10^{-4}\,\mathrm{m}^2$,$Z = 1$,$P_0 = 276\ \mathrm{MPa}$,$M = 44 \times 10^{-3}\ \mathrm{kg/mol}$,$R = 8.314\ \mathrm{J/(mol \cdot K)}$,$T = 300\ \mathrm{K}$,$k = 1.33$,可以计算得到:$c = 1.949 \times 10^{-7}$,$A = 19.92$,则 $P = 276e^{-19.92t}$。分析认为储液管内剩余 CO_2 气体压力与大气压相同,即为 0.1 MPa,则可计算得到该系统射流致裂时间 $t = 0.397\ 7\ \mathrm{s}$。整个过程中 CO_2 射流量为 $m_s = 2.699\ 6\ \mathrm{kg}$,得到液态 CO_2 相变射流致裂过程中射流出口压力随时间变化曲线如图 3.5 所示。

3.4.4　高压 CO_2 气体冲击射流形态分区结构特征

射流的结构特性一般指其射流速度和压力分布特征,高速流体射入静止的空气中,之后击打到煤岩体上。由于高压 CO_2 气体粘性作用,这造成冲击射流流场内流体微团与空气发生能量交换,引起周围空气的卷吸流动,会使得高压 CO_2 气体射流直径不断扩大,射流本身速度衰减,从而影响冲击区高压气体流速,导致作用在静止煤岩体上的打击压力减小。因此,高压 CO_2 气体射流结构及其特征参数对作用于静止煤岩体上的打击压力大小具有重要的影响。

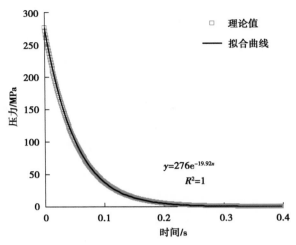

图 3.5　射流出口压力随时间变化曲线

目前的研究认为单股气体冲击射流流场,按其流动特性可以分为 3 个区域(图 3.6),分别为:

①自由射流区,该区域流动特性与自由射流相同;

②冲击区,该区域流动改变方向,并且有很大的压力梯度;

③壁面射流区。

其中最基本的流动区域为自由射流区,该区域可以分为 3 个部分,即射流核心段(起始段)、过渡段和消散段,如图 3.7 所示[257]。

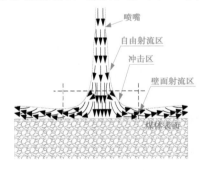

图 3.6　单股冲击射流分区

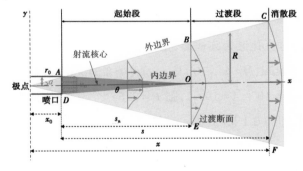

图 3.7　自由射流区流场结构图

①射流核心段(起始段):当高压 CO_2 气体以初始速度离开喷嘴后,射流外周吸入空气形成紊动面一起向前运动,同时射流边界逐渐向外扩散。高速状态下射流面积为射流核心段面积,随着喷射距离的增加,核心段面积逐渐减小,直至完全消失。

②过渡段:随着喷射距离的增加,射流核心断面逐渐消失,射流从轴线向两侧逐渐扩散,CO_2 气团逐渐减少,且射流的轴向动压逐渐衰减,衰减规律与雷诺数有关。

③消散段:高压 CO_2 气体射流中的气团完全破碎消散,射流轴心动压继续衰减,且衰减

规律与雷诺数无关。

　　长期以来,为了获得高速流体射流沿径向与轴向的分区特征,研究人员采用高速摄像等方法,对流体射流形成瞬间的图形进行捕捉、分析研究。研究表明,圆形喷嘴流体射流在断面上的流速分布呈现出轴线最大、沿 y 方向逐渐减小的趋势,各个截面的流速分布表现出明显的相似性,即具有自模性;且流体射流自出口喷出后,射流外边界不断扩展,直径逐渐增大,直至最后流体完全消散。已有研究表明,射流截面半径 R 与该断面至极点的距离 x 成正比,即存在:

$$R = x \tan \alpha \tag{3.39}$$

式中　α——流体射流扩散角,其与流体射流紊流系数 a 有关,经验认为 $\tan \alpha = 3.4a$,且圆柱形喷嘴的射流紊流系数 $a = 0.08$,射流扩散角 α 为 $14.5°$。

3.4.5　高压 CO_2 气体冲击射流速度分布特征

　　由本章 3.3.2 节理论研究可得到容器内定量液态 CO_2 相变高压气体冲击射流出口速度理论方程。在高压 CO_2 高压气体射流形成并离开喷嘴截面后,流体受空气阻力影响,会存在一定的速度衰减,并在射流空间形成如图 3.7 所示的空间结构形态。试验及理论研究表明,在射流截面上自射流轴心线向外边界的流速分布符合高斯分布,即存在[262]:

$$\frac{V_y}{V_x} = \exp\left[-\left(\frac{y}{R}\right)^2\right] \tag{3.40}$$

式中　R——射流截面的半径,m。

　　为了得到射流速度沿轴向方向的变化特征,假设射流自喷嘴喷出自由发展过程不受重力、摩擦阻力等外力影响,并忽略流体密度变化,根据能量守恒原理存在:

$$\int \rho v_1^2 dA_1 = \int \rho v_2^2 dA_2 = \int \rho v_3^2 dA_3 = \cdots = \int \rho v_n^2 dA_n = \rho v_0^2 \pi r^2 \tag{3.41}$$

式中　$v_1, v_2, v_3, \cdots, v_n$——射流截面 $1, 2, 3, \cdots, n$ 的速度分布;

　　　　$A_1, A_2, A_3, \cdots, A_n$——射流截面 $1, 2, 3, \cdots, n$ 的面积。

　　将式(3.40)代入式(3.41),并忽略流体密度,可得:

$$\int_0^1 \left(\frac{V_y}{V_x}\right)^2 \frac{y}{R} d\left(\frac{y}{R}\right) = \frac{1}{2} \frac{V_0^2}{V_x^2} \frac{r^2}{R^2} \tag{3.42}$$

式中　r——喷嘴半径。

　　由式(3.39)结合式(3.42)可得:

$$\frac{V_x}{V_0} = \frac{\sqrt{2}\,e}{\tan \alpha \sqrt{e^2-1}} \frac{r}{x} \tag{3.43}$$

　　当 $V_x = V_0$ 时,可以得到射流初始段长度 x_0 为:

$$x_0 = \frac{\sqrt{2}\,e}{\tan \alpha \sqrt{e^2-1}} r \tag{3.44}$$

由于射流核心部分轴线速度不变,则射流轴线上的速度分布表达式为:

$$\begin{cases} V_x = V_0 = \sqrt{\dfrac{2k}{k-1}RT_0\left[1-\left(\dfrac{p}{p_0}\right)^{\frac{k-1}{k}}\right]} & (x \leqslant x_0) \\[4mm] V_x = V_0 \dfrac{\sqrt{2}\,\mathrm{e}}{\tan\alpha\sqrt{\mathrm{e}^2-1}}\dfrac{r}{x} & (x > x_0) \end{cases} \tag{3.45}$$

3.4.6　高压 CO_2 气体冲击射流动压分布特征

动压是射流内单位体积的流体所具有的动能,受射流密度及射流速度的综合影响,是高压水射流结构特性中最基本、最重要的参数之一,可由下式表示:

$$p = \frac{1}{2}\rho v^2 \tag{3.46}$$

式中　p——CO_2 高压气体射流所携带的动压;

　　　ρ——射流密度,kg/m^3;

　　　v——射流的速度,m/s。

（1）喷嘴出口处动压分布

CO_2 高压气体在喷嘴内流动的能量损失会使得喷嘴出口处的动压小于喷嘴入口动压,采用下式可以计算得到射流喷嘴出口处射流动压[262]:

$$p_0 = \frac{1}{2}\rho_0 v_0^2 = \frac{1}{2}\rho_0\varphi^2\frac{2p_i}{\rho_0} = p_i\varphi^2 \tag{3.47}$$

式中　p_0——喷嘴出口动压,MPa;

　　　p_i——喷嘴入口的动压,MPa;

　　　φ——速度系数。

（2）射流基本段动压分布

由式(3.46)可以看出,流体射流动压受射流密度及速度的影响。由于 CO_2 射流密度受空气温度、湿度等影响较大,目前多数学者根据试验得到射流基本段各个截面上的动压分布(图3.8),得到射流基本段截面动压沿径向分布的经验公式为:

$$\frac{p}{p_m} = f(\eta) = (1-\eta^{1.5})^2 \tag{3.48}$$

式中　p——CO_2 高压气体射流截面上任一点的动压值,MPa;

　　　p_m——CO_2 高压气体射流截面轴心上的动压值,MPa;

　　　η——无量纲径向距离,$\eta = \dfrac{y}{R}$,其中 R 为射流截面的半径,m;

　　　y——该点至射流轴线的径向距离,m。

结合方程式(3.38)及式(3.48),可以得到液态 CO_2 相变射流致裂装置在相变射流致裂过程中高压气体射流截面上的动压分布规律满足下式：

$$P_r = P(1-\eta^{1.5})^2 = 276(1-\eta^{1.5})^2 e^{-19.92t} \tag{3.49}$$

式中　　P_r——射流截面上任一点的动压，MPa；

　　　　P——射流截面轴心上的动压，MPa；

　　　　η——射流截面任一点 r 与射流截面半径 R 的比值，无量纲。

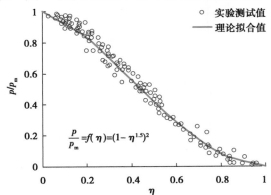

图 3.8　射流基本段各个截面上的动压分布

计算得到不同时间点、射流截面上任一点动压随射流截面位置的变化曲线，如图 3.9 所示。

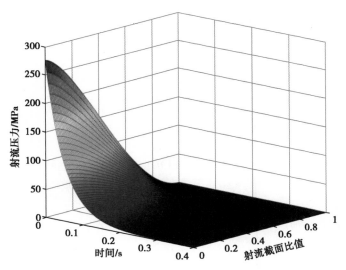

图 3.9　任意截面压力随时间、截面位置变化曲线

（3）射流基本段轴心动压衰减特征

由本章 3.3.4 节分析可知，射流轴心动压在核心段内基本保持稳定，在射流基本段后才开始发生动压衰减。因此，这里仅对射流基本段内轴向动压的衰减进行研究。首先做出以下 5 个假设：

①射流基本段轴心不存在射流卷吸引起的多相混合；

②射流边界上的静压为大气压力；

③喷嘴出口的射流为均匀流；

④不存在影响射流的外力；

⑤射流与周围气体之间不存在摩擦损失等能量损耗。

基于上述假设，通过射流动量守恒可以分析得到射流轴心上的动压衰减规律，并求出其初始段长度。

若喷嘴出口处动量通量 J_0 和基本段某一截面动量通量 J_x，根据动量守恒定律，存在[257]：

$$\begin{cases} J_0 = J_x \\ J_0 = \pi R^2 \rho_0 v_0^2 \\ J_x = 2\pi \int_0^R \rho v^2 y \mathrm{d}y \end{cases} \tag{3.50}$$

由于 $y = \eta R$，则存在 $\mathrm{d}y = R\mathrm{d}\eta$，代入上式并化简得到：

$$2R^2 \frac{\rho_m v_m^2}{\rho_0 v_0^2} \int_0^1 \frac{\rho v^2}{\rho_m v_m^2} \eta \mathrm{d}\eta = R_0^2 \tag{3.51}$$

因为在基本段内存在 $R = x \tan \alpha$，所以由上式可以得到：

$$\frac{\rho_m v_m^2}{\rho_0 v_0^2} = \frac{R_0^2}{2x^2 \tan^2 \alpha \int_0^1 \frac{\rho v^2}{\rho_m v_m^2} \eta \mathrm{d}\eta} \tag{3.52}$$

假设在初始段长度 x_0 上，$\rho_m v_m^2 = \rho_0 v_0^2$，则存在：

$$R_0^2 = 2x_0^2 \tan^2 \alpha \int_0^1 \frac{\rho v^2}{\rho_m v_m^2} \eta \mathrm{d}\eta = 2x_0^2 \tan^2 \alpha \int_0^1 f(\eta)_{x=x_0} \eta \mathrm{d}\eta \tag{3.53}$$

将式（3.53）带入式（3.52）可得：

$$\frac{\rho_m v_m^2}{\rho_0 v_0^2} = \frac{x_0^2}{x^2} \frac{\int_0^1 f(\eta)_{x=x_0} \eta \mathrm{d}\eta}{\int_0^1 f(\eta)_x \eta \mathrm{d}\eta} \tag{3.54}$$

由于射流截面上的动压分布具有一定的相似性，则存在：

$$\frac{p_m}{p_0} = \frac{\rho_m v_m^2}{\rho_0 v_0^2} = \frac{x_0^2}{x^2} \tag{3.55}$$

由此，可得射流轴心动压满足下式：

$$\frac{p_m}{p_0} = \begin{cases} 1 & (x \leqslant x_0) \\ x_0^2/x^2 & (x \geqslant x_0) \end{cases} \tag{3.56}$$

对式（3.53）中 $\int_0^1 f(\eta) \eta \mathrm{d}\eta$ 进行积分可以得到：$\int_0^1 f(\eta) \eta \mathrm{d}\eta = \int_0^1 (1-\eta^{1.5})^2 \eta \mathrm{d}\eta = \dfrac{9}{70}$，则可得到射流初始段长度为：

$$x_0 = \frac{\sqrt{35}}{3} \frac{R_0}{\tan \alpha} \tag{3.57}$$

3.4.7 高压 CO_2 气体冲击射流打击力理论模型

为了得到高压 CO_2 气体冲击射流打击力理论模型,做如下假设:

①射流在研究范围内不与空气发生能量交换,不卷吸空气、不发散;

②在高速流体打击到靶体表面时,靶体为刚性材料、没有弹性变形。

图 3.10(a)、(b)分别为高压 CO_2 气体冲击射流冲击对称靶体与倾斜平板靶体的作用力示意图[257]。

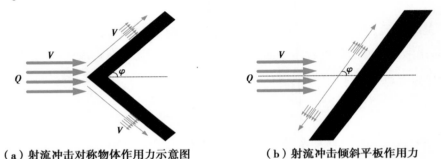

(a)射流冲击对称物体作用力示意图　　**(b)射流冲击倾斜平板作用力**

图 3.10　高压 CO_2 气体冲击射流作用力示意图

假设高压 CO_2 气体冲击射流在击打靶体之前的速度为 V。基于上述两个假设,流体在击打靶体后,产生方向改变的前后的动能保持不变,即速度大小仍为 V。则高压 CO_2 气体冲击射流打击力可由下式计算得到:

$$F = \rho QV - \rho QV \cos \varphi = \rho QV (1 - \cos \varphi) \tag{3.58}$$

式中　ρ——高压 CO_2 气体冲击射流打击靶体前气体密度,kg/m³;

　　　Q——流体的流量,m³/s;

　　　V——高压 CO_2 气体冲击射流打击靶体前射流速度,m/s;

　　　φ——高压 CO_2 气体冲击射流打击靶体后速度方向与原方向之间的夹角,(°)。

可以得到作用在靶体上的法向打击力 F_n 为:

$$F_n = \rho QV \sin \varphi \tag{3.59}$$

在射流方向上的打击力 F 为:

$$F = F_n \rho QV \sin \varphi = \rho QV \sin^2 \varphi \tag{3.60}$$

由式(3.37)、式(3.60)可知,结合图 3.11 可以看出,在高压气体以垂直方向开始作用于煤岩体上时,$\varphi = 90°$,射流打击力 $F = F_n = \rho QV$;随着煤岩体破坏形成剪切拉伸破坏区后,φ 在 $90° \sim 180°$ 范围内增大,$\sin \varphi$ 减小,V 会有一定程度的衰减,即法向打击力 F_n 减小,$1 - \cos \varphi$ 增大,受速度减小影响总的打击力并不一定增大;随着 φ 的持续增大,当高压 CO_2 气体冲击射流后流体方向与原方向相反,即 $\varphi = 180°$ 时,射流打击力 $F = 2\rho QV$。

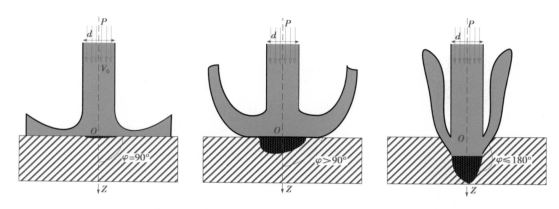

图 3.11　高压 CO_2 气体冲击射流煤岩体致裂过程

如图 3.11 所示,当高压 CO_2 气体冲击射流作用在煤岩体后,当高压射流压力小于煤岩体临界压力时,流体冲击到煤岩体表面后,将迅速向两侧扩展,在扩展区内的煤岩体单元受到向内的作用力,在扩展区以内的煤岩体单元受到向外的作用力。李晓红等研究表明,岩石表面上的压力分布为:

$$P(r) = P_0 e^{-(ar_1)^2} \tag{3.61}$$

式中　P_0——高压 CO_2 气体冲击射流作用在靶体表面的压力,MPa;

　　　a——由动量方程决定的常数,取值为 $a = \dfrac{1}{\sqrt{2}R}$,R 为射流半径;

　　　r_1——射流在靶体表面的作用半径,mm,按经验公式 $r_1 = 2.6R$。

3.5　液态 CO_2 相变射流煤岩体致裂试验装置研发

3.5.1　系统主要结构组成

液态 CO_2 相变射流煤岩体致裂试验装置主要由液态 CO_2 相变射流系统、加载系统(包括真三轴加载系统、围压三轴加载系统)、打击压力测试系统、控制与数据采集系统、声发射监测系统、高速摄像机监测系统等组成。

(1)液态 CO_2 相变射流系统

液态 CO_2 相变射流系统主要由空气压缩机、CO_2 气瓶、气体增压液化系统、液态 CO_2 增压系统、液态 CO_2 射流系统及数据采集系统组成。图 3.12 为系统实物图,图 3.13 为系统结构示意图。该系统的作用原理为:空气压缩机产生的高压空气驱动气动增压系统工作,对 CO_2 气瓶内气体进行增压液化,存储至液态 CO_2 储罐中,经过液态 CO_2 增压系统对其进行进一步增压,储存至系统内高压液态 CO_2 储罐内,直至达到目标压力。之后,通过控制与数据采集系统打开数控气动阀,使得储罐内高压液态 CO_2 瞬间卸压,膨胀相变形成高压 CO_2 气体射流。该系统中高压液态 CO_2 储存罐最大压力为 80 MPa,工作压力为 0~60 MPa;高压液态 CO_2 储存罐容积为 5 L;气动增压系统的增压比为 1:80,空压机输出压力为 0.8 MPa;破裂片的破裂压力根据试验条件选择。

图 3.12　液态 CO_2 相变射流系统实物图

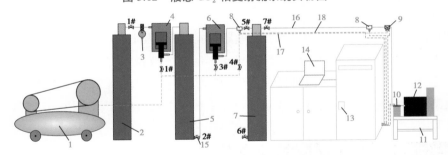

图 3.13　液态 CO_2 相变射流系统结构示意图

1—空气压缩机;2—CO_2 气瓶;3—气水分离器;4—CO_2 气体液化增压泵;5—液态 CO_2 储罐;
6—液态 CO_2 增压泵;7—高压储液罐;8—压力传感器;9—数控气动阀;10—喷嘴;11—试件夹持器
12—煤样;13—数据采集系统;14—电脑;15—手动阀;16—CO_2 管路;17—高压气体管路;18—数据采集线路

（2）加载系统

加载系统有真三轴、围压三轴两种加载系统。其中,真三轴加载系统主要由反力框架、手动液压千斤顶等组成,用于试件给施加真实三维应力,如图 3.14 所示。该系统可满足边长 200 mm 和 100 mm 的立方体煤岩试件的真三轴加载;X 向载荷 $\leqslant$ 10 MPa,Y 向载荷 $\leqslant$ 10 MPa,Z 向载荷 $\leqslant$ 10 MPa,精度为 $\pm$1.0%;在上部压板留有液态 CO_2 相变高压气体喷嘴,可满足真三轴地应力条件下液态 CO_2 相变射流煤岩体致裂裂隙扩展规律试验研究需求。围压三轴加载系统主要由煤岩体试件夹持器、轴压及围压增压系统、流量监测系统等组成。试件夹持器围压及轴压最大可达 60 MPa,试件尺寸 ϕ50 mm$\times$100 mm,可用于围压三轴应力条件下煤岩体试件渗透率测试及围压三轴应力条件下液态 CO_2 相变射流煤岩体致裂及其渗透率测试。

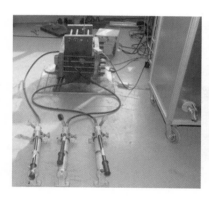

图 3.14　试验装置真三轴加载系统实物图

（3）声发射监测系统

煤岩体材料在液态 CO_2 相变射流致裂过程中会产生能量的局部释放,产生瞬态弹性应力波,即声发射(Acoustic Emission)。研究认为,材料内部损伤过程产生的声发射信号,与材料位错运动、裂纹萌生与扩展、断裂等密切相关,因此根据声发射信号振铃计数及波形频谱分析可深入了解煤岩体液态 CO_2 相变射流致裂过程内部损伤机制。

本次试验采用的声发射监测系统为美国 PAC 公司生产的 PCI-2 声发射系统(图 3.15)。该系统具有内置的 18 位 A/D 转换器和处理器、内置波形及 HIT 处理器,更适用于低幅度、低门槛值声发射信号的采集,具有 4 个高通、6 个低通滤波器,通过软件控制可选择滤波范围;PCI-2 上装并行多个 FPGA 处理器和 ASIC IC 芯片,可提供非常高的性能和更低的成本,可用于监测液态 CO_2 相变射流煤岩体致裂过程中声发射撞击数、撞击频率等,并进行裂隙损伤演化过程定位研究。

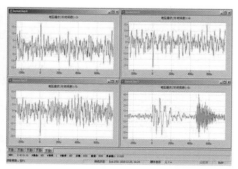

图 3.15　PCI-2 声发射系统及测试所得波形图

（4）高速摄像机监测系统

高速摄像机监测系统采用日本 Photron 生产的 FASTCAM Mini UX100 型高速摄像机,具有小型轻化的特点(图 3.16)。与之前相关产品相比,其体积减小 75%,质量减少 75%,最大分辨率为 1 280×1 024,最高拍摄速度为 4 000 fps,最短曝光时间为 3.9 μs,具有开始、中心、结束、手动、随机多种触发模式,配置有 Photron FASTCAM Viewer 高品质相机操作软件及其分析软件,可用于液态 CO_2 相变射流过程空气动力学特征研究,分析高压 CO_2 射流分区结构特征等。

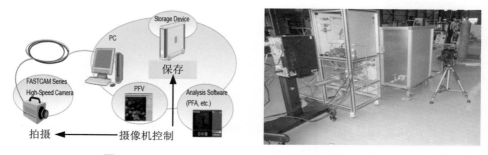

图 3.16   FASTCAM Mini UX100 型高速摄像机监测系统

（5）打击压力测试系统

打击压力测试系统由动态应力传感器及数据采集软件组成，动态应力传感器直径为 50 mm，量程为 1 000 kg，数据采集卡采集频率为 60 次/s，灵敏度为 1.5±0.2 mV/V，工作温度范围为−20~70 ℃，可用于试验室测定液态 CO_2 相变射流打击压力特征及其影响因素，如图 3.17所示。

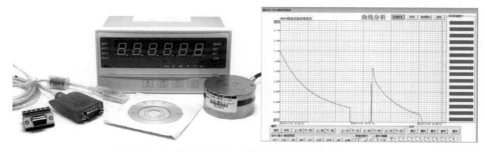

图 3.17   打击压力测试系统及其数据采集软件界面

（6）控制与数据采集系统

控制与数据采集系统主要用于该系统气动阀及相关传感器控制，并采集试验系统储罐压力、管路压力、喷嘴出口压力、温度、流量等参数，为相关试验研究提供数据支持，如图 3.18所示。

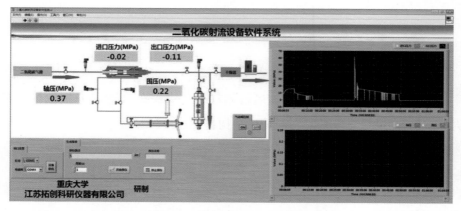

图 3.18   液态 CO_2 相变射流煤岩体致裂试验系统数据采集及控制系统软件

3.5.2　主要技术参数

系统主要技术参数如下：

①最大射流压力为 $0 \sim 60$ MPa；

②真三轴加载尺寸及载荷为 150 mm×150 mm×150 mm，X 向载荷 $\leqslant 10$ MPa、Y 向载荷 $\leqslant 10$ MPa、Z 向载荷 $\leqslant 10$ MPa；

③打击压力测试范围及采集频率为 $0 \sim 1\,000$ kg，采集频率为 120 次/s；

④射流压力测试范围及采集频率为 $0 \sim 80$ MPa，采集频率为 120 次/s；

⑤高速摄像机采集时长为 $0 \sim 120$ s；

⑥系统工作温度为 $-8 \sim 40$ ℃。

3.5.3　系统主要功能及特点

综上所述，液态 CO_2 相变射流煤岩体致裂试验装置主要功能如下：

①形成液态 CO_2 相变高压气体射流，结合高速摄像机、打击压力测试系统、压力传感器等相关监测及数据采集系统，进行液态 CO_2 相变射流气体冲击动力学研究，主要包括液态 CO_2 相变高压气体射流出口压力衰减试验研究、液态 CO_2 相变高压气体射流流场结构特征及其影响因素试验研究、液态 CO_2 相变高压气体打击压力及其影响因素试验研究等。

②结合真三轴加载系统，可满足真三轴地应力条件下液态 CO_2 相变射流煤岩体致裂裂隙扩展规律试验研究，并结合压汞（MIP）测试、扫描电镜（SEM）测试等分析液态 CO_2 相变射流致裂前后煤岩体宏细观孔隙、裂隙发育情况，为后续机理理论研究及现场试验研究提供数据支持。

③结合声发射监测系统，可满足液态 CO_2 相变射流煤岩体致裂过程声发射规律研究，实现真三轴地应力条件下液态 CO_2 相变射流煤岩体致裂裂隙扩展实时监测。

3.6　液态 CO_2 相变高压气体射流冲击动力特征试验研究

3.6.1　试验方案

采用自主研发的液态 CO_2 相变射流煤岩体致裂试验装置，结合高速摄像机监测系统及打击压力测试系统，进行高压 CO_2 射流分区结构特征、射流压力-速度关系分析、射流打击压力及其影响因素等动力学特征研究，为后续的试验及理论研究提供数据支持。具体试验方案如下：

①自由射流条件下液态 CO_2 相变射流结构及其影响因素研究，主要考虑出口压力对高压 CO_2 射流结构特征，包括流速、流体形态、分区结构的影响，如表 3.4 所示。

表 3.4 高压 CO_2 射流结构特征试验研究方案

试验条件	考虑因素	参数值/MPa	研究目的
自由射流	出口压力	10,15,20,25,30,35,40,45,50	高压 CO_2 射流结构特征,包括流速、流体形态、分区结构

②液态 CO_2 相变射流打击力及其影响因素研究,主要研究液态 CO_2 相变射流打击靶体过程中高压 CO_2 射流结构特征及打击压力受出口压力、出口尺寸、靶体距离、靶体角度等相关参数影响,为后续试验及技术研究提供数据支持。具体的试验方案如表 3.5 所示。

表 3.5 液态 CO_2 相变射流打击力及其影响因素研究试验方案

试验条件	考虑因素	参数值	研究目的
射流打击	出口压力/MPa	靶体距离:3 mm 出口压力:10,15,20,25,30,35,40	液态 CO_2 相变射流打击压力及其影响因素
	靶体距离/mm	出口压力:16 MPa 靶体距离:1,3,5,7,9,11,13,15,17,20	
		出口压力:10 MPa 靶体距离:1,3,5,7,9,11,13,15,17,20	
	靶体法向夹角/(°)	出口压力:10 MPa 夹角:0,5,10,15,20	

3.6.2 液态 CO_2 相变高压气体射流形态特征试验研究

根据液态 CO_2 相变高压气体自由射流过程中高速摄像机测试及本章 3.3.4 节理论分析结果,对 CO_2 高压气体射流形成过程中流体形态特征进行深入研究。如图 3.19(a)、(b)所示,分别为高速摄像机测试得到的初始压力 25 MPa、40 MPa 条件下,液态 CO_2 相变高压气体射流形成过程中不同时刻气体形态演化图。

由图 3.19 可以看出,在气动阀打开后 0.004 s,由喷嘴开始形成的"柳叶状"初始高压气体射流,可以明显地看到,在靠近喷嘴附近的流体颜色呈现乳白色,且流体具有比较清晰的轮廓线;射流中部流体的颜色逐渐雾化暗淡,其轮廓线逐渐朦胧化,但仍能通过肉眼分辨;射流尾部流体的颜色呈浅灰色,呈现出一定的燕尾状分叉,且尾部轮廓线难以通过肉眼观察。

随着射流过程的继续发展,流体发展的长度逐渐增大。由图 3.19 可以看出,不同时间点靠近喷嘴附近的 CO_2 高压气体射流形态及颜色类似,均呈现出一定的"柳叶状"形态,即喷嘴端为轮廓线清晰的圆弧状、尾部为尖状,认为该区域即为 CO_2 高压气体射流核心段。该区域内流体具有较大的速度,CO_2 气体还未充分膨胀,由于与空气接触时间较短,几乎没有与空气进行能量及物质交换。可以明显地看到,在该"柳叶状"区域的中部,其宽度开始缩减,外部轮廓较喷嘴处模糊,且呈现出一定的高低起伏波动,认为该段为 CO_2 高压气体射流起始段,即"柳叶状"的核心段中部高速 CO_2 气体受空气阻力影响,速度开始衰减并吸收空气热量产生热膨胀,造成核心段宽度逐渐减小、外围膨胀宽度增大。随着高速 CO_2 气体继续向前流动,受空气阻力影响,气体速度加速衰减,"柳叶状"核心段的尾部完全膨胀,流体颜色变淡,与起始段轮廓线处流体颜色类似,且外部轮廓线宽度进一步增大,直至流体尾部轮廓线突然增大,该阶段即为过渡段。由于该阶段流体热膨胀增大、扩散加剧,造成其外部轮廓线的波动起伏加剧。由图可以明显地看到,射流核心段、起始段、过渡段的外部轮廓线呈现近似处射线状。而在射流流体尾部,轮廓线开始产生较大的波动,如图 3.19(a)中 0.024 s、图 3.19(b)中 0.022 s 时流体状态图所示,认为该段为消散段。

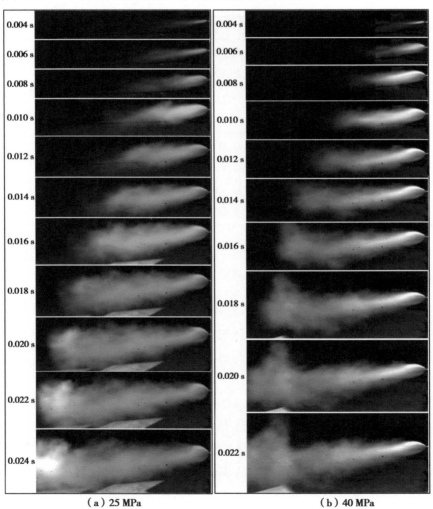

图 3.19 液态 CO_2 相变高压气体射流形态图

3.6.3 液态 CO_2 相变高压气体射流速度与压力规律研究

根据自由射流条件下液态 CO_2 相变射流结构研究过程中,试验系统监测得到的射流出口压力及高速摄像机监测得到的射流高速气体流态结构特征,得到不同出口压力条件下(10~50 MPa),气体压力随时间衰减变化曲线及射流瞬间高压气体轨迹动态发展过程素描图。由此可以计算得到高压气体射流速度及马赫数等,进而分析得到射流速度与试验系统内初始压力之间的关系曲线,如图 3.20 所示。

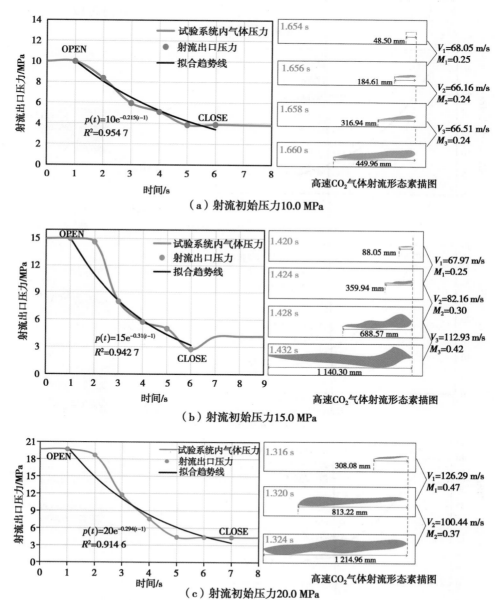

（a）射流初始压力10.0 MPa

（b）射流初始压力15.0 MPa

（c）射流初始压力20.0 MPa

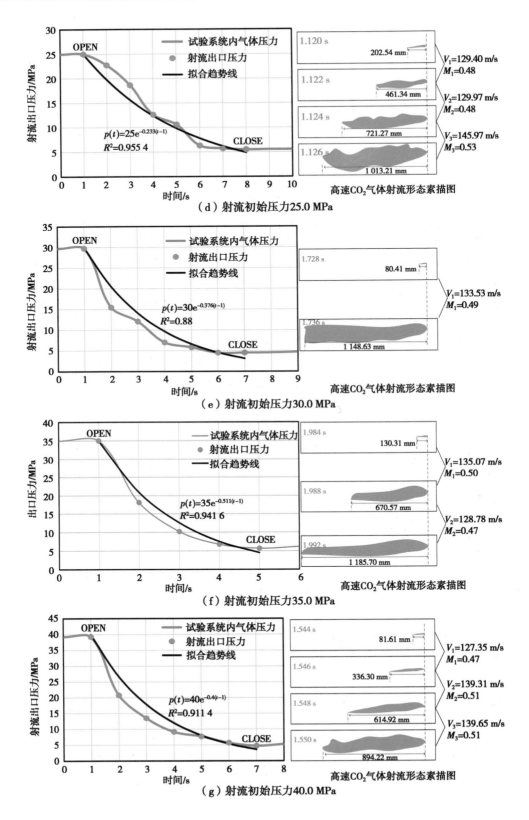

（d）射流初始压力25.0 MPa

（e）射流初始压力30.0 MPa

（f）射流初始压力35.0 MPa

（g）射流初始压力40.0 MPa

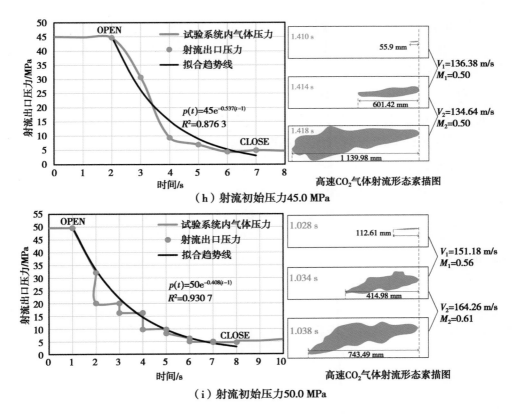

（h）射流初始压力45.0 MPa

（i）射流初始压力50.0 MPa

图3.20　高压 CO_2 气体射流速度与出口压力规律

图3.20（a）所示为初始压力在10.0 MPa条件下，射流压力随时间变化曲线及高速摄像机捕捉到的不同时刻高速 CO_2 气体射流形态素描图。由图可以看出，在 $t=1$ s液态 CO_2 相变射流系统气动阀打开瞬间，系统内压力下降，喷嘴形成高速气流。对图中射流出口压力随时间变化曲线进行指数拟合，得到初始压力在10 MPa条件下液态 CO_2 相变射流气体压力随时间变化关系方程为 $p(t)=10\mathrm{e}^{-0.215(t-1)}$（式中， t 为试验数据采集时间， $t=1$ s时气动阀打开开始形成射流）。 $R^2=0.954\ 7$ ，表明上述试验数据符合指数方程，且该拟合方程符合本章3.4.3节分析所得理论所得定量液态 CO_2 相变高压气体冲击射流出口压力理论模型，即方程式（3.38）。

通过分析图3.20（a）高速 CO_2 气体射流形态素描图可以看出，在 $t=1.654$ s时，射流气体长度为48.50 mm。随着气体继续释放，在 $t=1.656$ s时，射流气体长度为184.61 mm，由此可计算得到射流形成瞬间的气体出口速度为68.05 m/s。同理得到， $t=1.685$ s、 $t=1.660$ s时高压 CO_2 气体射流速度分别为66.16 m/s、66.51 m/s，平均射流速度为66.91 m/s。为了分析高压气体射流速度情况，根据本章3.4.1节式（3.24）、式（3.25），取 CO_2 气体的气体常数 $\overline{R}=188.95$ J/（K·mol），绝热系数 $k=1.33$ ，环境温度 $T=295$ K，可计算得到试验场地当地声速为271.36 m/s，计算得到射流形成瞬间气体出口马赫数为0.25，即在初始压力为10.0 MPa条件

下液态 CO_2 相变射流系统形成的射流为亚音速射流。且由射流形态素描图可以看出,在初始压力为 10 MPa 时,液态 CO_2 相变高压气体射流运动轨迹周边轮廓线较光滑,宽度相对较小,没有明显的气体卷吸现象。

图 3.20(b)为初始压力 15.0 MPa 条件下,射流压力及高速 CO_2 气体射流形态素描图,同理得到液态 CO_2 相变射流气体压力随时间变化关系方程为 $p(t) = 15e^{-0.31(t-1)}$,$R^2 = 0.942\ 7$,符合指数方程。在 $t = 1.420$ s 时,射流形态图长度为 88.05 mm;$t = 1.424$ s 时,射流形态图长度为 335.94 mm,得到 $t = 1.424$ s 时射流速度为 67.97 m/s,马赫数为 0.25。同理得到 $t = 1.428$ s、1.432 s 时高压气体流动速度分别为 82.16 m/s、112.93 m/s,马赫数分别为 0.3、0.42,平均速度为 87.69 m/s,平均马赫数为 0.32,为亚音速射流。将射流形态素描图与初始压力为 10.0 MPa 条件下液态 CO_2 相变射流相比,可以看出:射流运动轨迹周边轮廓线依旧较光滑清晰,但发生部分弯曲,即存在微弱卷吸现象,且其射流形态宽度明显增大。

图 3.20(c)为初始压力 20.0 MPa 条件下,射流压力及高速 CO_2 气体射流形态素描图,该条件下液态 CO_2 相变射流气体压力随时间变化规律仍较好地符合指数方程形式。同理,得到该压力条件下气体射流速度与马赫数的平均值分别为 113.37 m/s、0.42,较 10 MPa 及 15 MPa 时均有较大提高。且在 $t = 1.324$ s 时,射流运动轨迹明显发生多次弯曲,且射流形态宽度出现明显的宽窄交替变化,表明在初始压力为 20 MPa 时,形成的高压气体射流已产生明显的卷吸现象,呈现出紊流特征。

同理,对图 3.20(d)—(i)试验数据进行分析,得到不同初始压力条件下液态 CO_2 相变射流速度与马赫数规律曲线,如图 3.21 所示。由图可以看出,随射流初始压力的增长,射流速度与马赫数具有相同的变化趋势,即随着射流初始压力的增长而增长;由图表明,在射流初始压力为 10~25 MPa 时,射流速度与马赫数随着射流初始压力的增长发生明显的增长;而在射流初始压力为 25~45 MPa 时,射流速度与马赫数增长趋势变缓;在射流初始压力为 50 MPa 时,射流速度与马赫数发生明显增长,达到试验过程中的最大值,射流速度与马赫数分别为 157.72 m/s、0.585,表明该室内试验系统气体射流过程为亚音速流动。

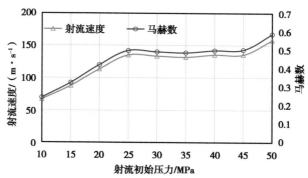

图 3.21　射流速度与马赫数随射流初始压力变化规律曲线

根据图 3.20(a)—(i)中不同初始压力条件下高速 CO_2 气体射流形态素描图,可以看出,随着初始射流压力的增加,流体形态结构发生明显的变化,当初始压力为 10 MPa 时,流体轮廓线较光滑,且没有明显的弯曲;随着初始压力的逐渐增大,流体轮廓线逐渐变宽,且产生一定的弯曲波动,尤其在初始压力为 45 MPa、50 MPa 时,射流形态产生明显的波动扭曲,表现出明显的紊流卷吸现象。这种现象表明,随着试验系统初始压力的增大,射流速度及马赫数增大,高压气体射流会逐渐由层流向紊流发展。

对图中不同初始压力条件下试验数据拟合所得射流出口压力随时间拟合曲线进行统计分析(表3.6),表明射流出口压力随时间变化均符合指数方程。试验过程中环境温度为 295.15 K,低于临界点温度,根据本章 3.1.3 节图 3.2(a)所示曲线,并根据射流前试验系统内压力可以确定射流前系统内 CO_2 处于液态状态,射流结束时 CO_2 处于气体状态,即射流过程中存在相变过程。

表3.6 不同初始压力条件下射流出口压力随时间拟合曲线

初始压力/MPa	拟合方程式	R^2	拟合参数
10	$p(t) = 10e^{-0.215(t-1)}$	0.954 7	0.215
15	$p(t) = 15e^{-0.31(t-1)}$	0.942 7	0.31
20	$p(t) = 20e^{-0.294(t-1)}$	0.914 6	0.294
25	$p(t) = 25e^{-0.233(t-1)}$	0.955 4	0.233
30	$p(t) = 30e^{-0.376(t-1)}$	0.880 0	0.376
35	$p(t) = 35e^{-0.511(t-1)}$	0.941 6	0.511
40	$p(t) = 40e^{-0.4(t-1)}$	0.911 4	0.4
45	$p(t) = 45e^{-0.537(t-1)}$	0.876 3	0.537
50	$p(t) = 50e^{-0.408(t-1)}$	0.930 7	0.408

3.6.4 高压 CO_2 气体射流打击力随系统初始压力变化规律研究

为了获得液态 CO_2 相变高压气体射流对静止靶体的打击力大小随初始压力变化规律及打击靶体过程中射流流态变化特征,采用液态 CO_2 相变射流系统、打击压力测试系统、高速摄像机监测系统等,对不同初始压力液态 CO_2 相变所形成高压气体射流击打到压力传感器上所得压力参数进行分析,得到不同初始压力条件下射流打击力、射流出口压力随时间变化曲线及其打击静止靶体瞬间的流体形态图(图3.22)。

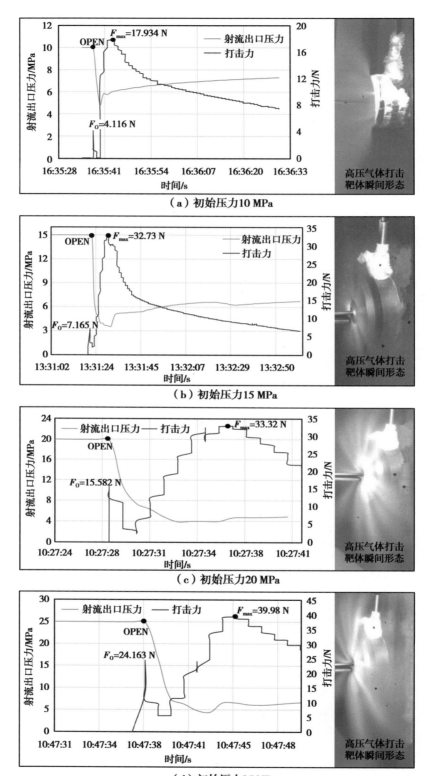

（a）初始压力10 MPa

（b）初始压力15 MPa

（c）初始压力20 MPa

（d）初始压力25 MPa

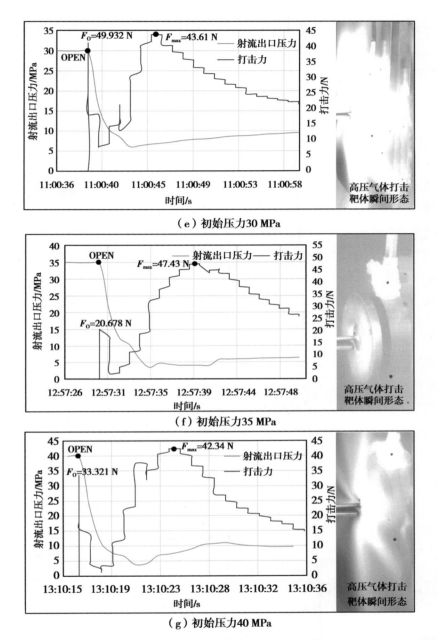

图 3.22 射流打击力、射流出口压力随时间变化曲线及其打击静止靶体瞬间流体形态图

图 3.22(a) 所示为初始压力 10 MPa 条件下射流打击力、射流出口压力随时间变化关系曲线。由图可以看出,在高压气体射流打击瞬间,高速流体对静止靶体的打击力瞬间提高至 $F_0 = 4.116$ N,之后又迅速减小;随着高压气体射流的持续打击,打击力产生连续增长,且增长的趋势慢于射流瞬间,但在该阶段测试得到的最大打击力 $F_{max} = 17.934$ N,大于射流瞬间打击力。由此表明,初始压力 10 MPa 条件下,射流产生的最大打击压力没有产生在射流出口压力最大的时刻,而产生在后续持续射流阶段。结合前文 3.5.3 节分析认为,造成该现象的原因在于:气动阀打开瞬间,试验系统内 CO_2 以液态形式形成射流作用于静止靶体上,产生

瞬态打击力 F_0,之后系统内压力瞬间释放,系统内 CO_2 产生相变膨胀使得液态 CO_2 介质不能及时补充,造成靶体打击力传感器回弹,测试得到的打击力减小;待系统内 CO_2 完全相变汽化后,产生持续高压 CO_2 气体射流长时间作用在静止靶体上,使得靶体打击力持续上升,产生最大打击力 F_{max}。根据图 3.22(a)高压 CO_2 射流打击靶体瞬间流体形态,可以看出高压射流作用在静止靶体上后,流体产生反向飞溅,并雾化形成碗状非平面形态。

由图 3.22(b)可以看出,初始压力 15 MPa 条件下,产生的射流瞬间打击力为 $F_0 = 7.165$ N,最大打击力 $F_{max} = 32.73$ N,最大打击力 F_{max} 为射流瞬间打击力 F_0 的 4.57 倍。由高压 CO_2 射流打击靶体瞬间流体形态,可以看出初始压力 15 MPa 条件下,CO_2 气体射流打击在静止平面靶体后,射流方向改变,由靶体与射流出口间隙向四周飞溅形成平面簇状形态。

结合图 3.22(c)—(g)可以看出,在初始压力为 $20\sim40$ MPa 时,瞬间打击压力均小于最大打击力,与图 3.22(a)、(b)具有相同的规律,且高压 CO_2 射流打击靶体瞬间流体形态飞溅的激烈程度不断增大。将图 3.22 中瞬间打击力 F_0、最大打击力 F_{max} 进行统计,得到 F_0、F_{max} 与射流初始压力关系曲线,如图 3.23 所示。采用对数拟合方式,得到瞬间打击力 F_0 随射流初始压力变化的方程式为:

$$F_0 = 22.654 \ln(P_0) - 49.297$$

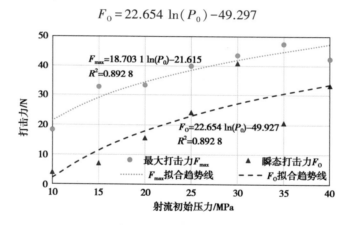

图 3.23 打击力与射流初始压力关系曲线

最大打击力 F_{max} 与射流初始压力关系式为:

$$F_{max} = 18.7031 \ln(P_0) - 21.615$$

3.6.5 高压 CO_2 气体射流打击力随靶体距离变化规律研究

为了获得液态 CO_2 相变高压气体射流对静止靶体的打击力大小随距离变化规律,采用液态 CO_2 相变射流系统、打击压力测试系统、高速摄像机监测系统等,对初始压力为 16 MPa、10 MPa 两种条件下液态 CO_2 相变高压气体射流击打到不同距离(距离为 1 mm,3 mm,5 mm,…,20 mm)靶体测试得到的打击力参数进行分析。

图 3.24 为初始压力 16 MPa 条件下,静止靶体距离射流出口不同距离时,应力传感器测试得到的打击力随时间变换曲线。图 3.24(a)为静止靶体距离射流出口 1 mm 时,应力传感器测试到的打击力随时间变化曲线。由图可以看出,在射流瞬间形成瞬间打击力 $F_0 = 7.546$ N,在射流压力降低至最低点时,形成最大打击力 $F_{max} = 45.472$ N。由图 3.24 可以看出,靶体距离射流出口 3 mm 时,瞬间打击力 $F_0 = 8.624$ N,最大打击力 $F_{max} = 43.022$ N;靶体距离射流出口 5 mm 时,瞬间打击力 $F_0 = 20.09$ N,最大打击力 $F_{max} = 42.336$ N;直至靶体距离射流出口 20 mm 时,瞬间打击力 $F_0 = 0$ N,最大打击力 $F_{max} = 34.722$ N。由此,可以看出靶体距离射流出口 1 mm 时形成的最大打击力 F_{max} 为靶体距离射流出口 20 mm 时的 1.31 倍,且随着靶体距离射流出口的增大,液态 CO_2 相变形成的高压气体射流作用在靶体上的打击压力逐渐减小。

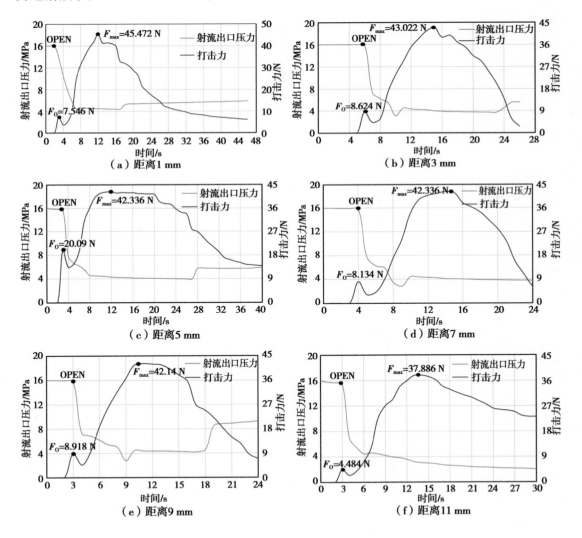

（a）距离 1 mm

（b）距离 3 mm

（c）距离 5 mm

（d）距离 7 mm

（e）距离 9 mm

（f）距离 11 mm

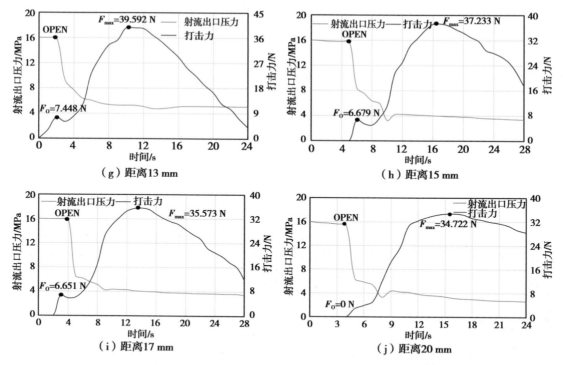

图 3.24 初始压力 16 MPa 条件下打击力随靶体距离变化规律曲线

图 3.25 所示为初始压力 10 MPa 条件下，静止靶体距离射流出口不同距离时，应力传感器测试得到的打击力随时间变化曲线。与图 3.24 类似，静止靶体距离射流出口 1 mm 时，瞬间打击力 $F_0 = 12.685$ N，最大打击力 $F_{max} = 42.728$ N。静止靶体距离射流出口 20 mm 时，瞬间打击力 $F_0 = 5.109$ N，最大打击力 $F_{max} = 24.986$ N。由此可以看出，初始压力 10 MPa 条件下，靶体距离射流出口 1 mm 时形成的最大打击力 F_{max} 为靶体距离射流出口 20 mm 时的 1.71 倍。

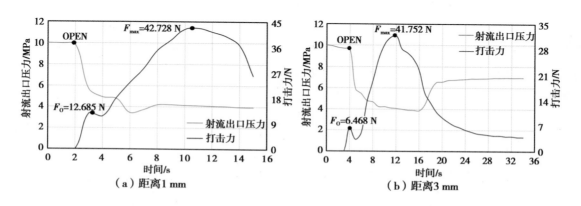

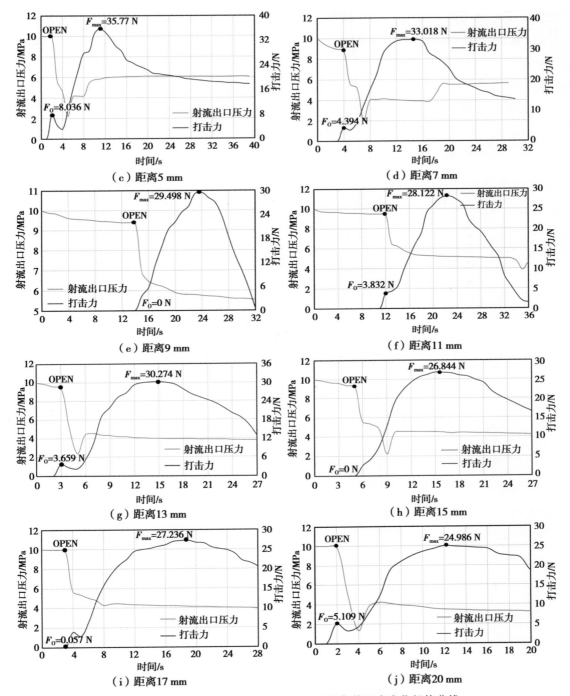

图 3.25 初始压力 10 MPa 条件下打击力随靶体距离变化规律曲线

图 3.26 为初始压力 16 MPa、10 MPa 条件下,液态 CO_2 相变形成的高压气体射流作用在静止靶体上的最大打击力随靶体距离射流出口距离的变化曲线。由图可以看到,在初始压力一定条件下,随着靶体距离射流出口距离的增大,液态 CO_2 相变形成的高压气体射流作用在靶体上的打击压力逐渐减小。在靶体距离射流出口距离一定的条件下,初始压力 16 MPa

的液态 CO_2 相变高压气体射流形成的最大打击压力均大于初始压力 10 MPa,即靶体距离一定时,随着初始压力的增大,最大打击压力增大。采用线性拟合方式,得到初始压力 16 MPa 条件下打击力随靶体距离的拟合方程为:

$$y = -0.550\ 9x + 45.595, R^2 = 0.926\ 3$$

初始压力 10 MPa 条件下打击力随靶体距离的拟合方程为:

$$y = -0.924\ 5x + 41.36, R^2 = 0.856\ 5$$

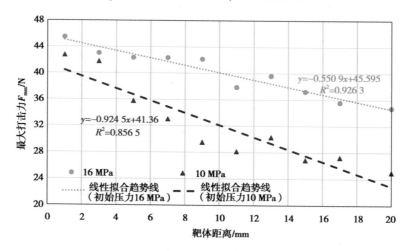

图 3.26　最大打击力随靶体距离变化规律

3.6.6　高压 CO_2 气体射流打击力随打击角度变化规律研究

为了研究液态 CO_2 相变高压气体射流冲击靶体角度对射流打击力影响,采用液态 CO_2 相变射流系统、打击压力测试系统、高速摄像机监测系统等,在一定射流初始压力(10 MPa)、靶体距离射流出口距离(3 mm)的条件下,改变高压 CO_2 气体射流冲击靶体的角度(0°,5°,10°,15°,20°,如图 3.27 所示),获得射流打击力随打击角度变化关系曲线,如图 3.28 所示。

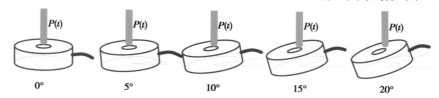

图 3.27　不同角度下高压 CO_2 气体射流冲击靶体示意图

由图 3.28 可以看到,射流方向与靶体法线夹角为 0° 时,靶体上的应力传感器监测得到的最大打击力为 41.752 N;夹角为 20° 时,最大打击力为 38.594 N,前者为后者的 1.081 倍。对图 3.28 不同角度条件下,最大打击力进行统计分析,得到最大打击力随靶体角度变化规律如图 3.29(a)所示。由图表明,随着靶体法线夹角的增大,靶体上的应力传感器监测得到的最大打击力逐渐减小,且符合二次多项式发展趋势,拟合方程式为: $F_{max} = -0.008\ 65\theta^2 + 0.018\ 3\theta + 41.716, R^2 = 0.994$。取射流方向与靶体法线夹角的余弦值,得到最大打击力随靶体角度余弦值变化规律如图 3.29(b)所示。分析表明,最大射流打击压力随着余弦值的增大而增大,显示出明显的线性关系,拟合方程式为:$F_{max} = 51.176\cos\theta - 9.4, R^2 = 0.992\,6$。

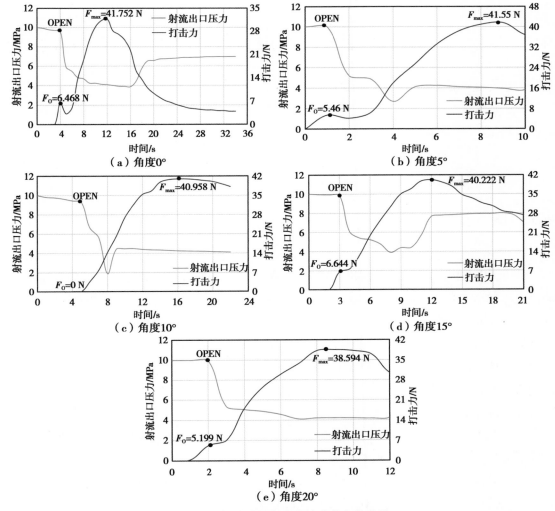

图 3.28　打击力随打击角度变化规律曲线

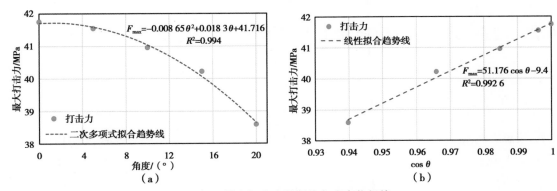

图 3.29　最大打击力随靶体角度变化规律

4 液态 CO_2 相变射流冲击致裂裂隙扩展机理及数值模拟研究

4.1 概　述

　　液态 CO_2 相变射流冲击致裂增透过程中,孔壁煤岩体先后受到高压气体瞬间射流形成的冲击作用力及气体膨胀形成的孔内作用力。对上述两种作用力如何促使煤岩体破坏,并形成有利于瓦斯渗流的宏观裂隙,目前还没有学者对此展开系统研究。且针对水力压裂、水力割缝、深孔预裂爆破等低渗煤层增透措施机理的研究结果均显示,地应力、天然裂隙等因素均对煤体内压(致)裂裂隙的扩展具有重要影响。因此,为了获得煤岩体液态 CO_2 相变射流冲击致裂裂隙扩展机理,指导现场优化设计,本章在煤岩赋存原岩应力测试及液态 CO_2 相变射流气体冲击动力学特征研究基础上,主要采用理论研究、数值模拟研究方法,对煤岩体液态 CO_2 相变射流冲击起裂压力及起裂模型、液态 CO_2 相变射流冲击破岩力学机理、地应力条件下含瓦斯煤岩体裂纹扩展机理及压剪断裂判断依据等展开系统深入研究,揭示液态 CO_2 相变射流冲击致裂裂隙扩展力学机理,并基于数值模拟研究方法,进行不同地应力条件、不同射流压力条件下液态 CO_2 相变射流破岩及裂隙分布特征研究。

4.2 液态 CO_2 相变射流冲击煤岩体起裂压力、起裂模型

4.2.1 液态 CO_2 相变射流冲击煤岩体起裂准则研究

　　液态 CO_2 相变射流冲击煤岩体破裂过程实质上包括两个过程[263],即致裂孔孔壁在高压 CO_2 气体冲击作用下的起裂、高压气体作用下的裂隙扩展。为了获得液态 CO_2 相变射流冲击煤岩体致裂及裂隙扩展力学机理,首先需要了解液态 CO_2 相变射流冲击煤岩体起裂准则。一般认为,材料之所以发生屈服或断裂失效,是应力、应变或应变能密度等因素中某一

因素引起的,与应力状态无关。由于对材料起裂破坏认识差异和观察研究角度不同,目前已提出了多种材料起裂准则,学术界接受度较高的起裂破坏准则主要有 4 种:

①最大拉应力理论——第一强度理论[264]。该理论认为脆性材料的破坏是断裂形式,且在该过程中拉应力是引起材料起裂破坏的主要因素,即认为复杂应力状态下,只要材料受到的最大主应力 σ_1 达到材料的极限抗拉强度 σ_b,材料即发生破坏,即:

$$\sigma_1 > \sigma_b \tag{4.1}$$

该理论在应用过程中存在以下问题:一是,该理论只考虑最大主应力作用,忽略了中间主应力与最小主应力的作用;二是,当最大主应力小于 0,即没有拉应力的应力状态时,它不能对材料的压缩破坏作出合理解释。试验表明,该理论与岩石、混凝土、陶瓷等脆性材料的拉断试验结果相符,这些材料在轴向拉伸时的断裂破坏发生于拉应力最大的横截面上。

②最大伸长拉应变理论——第二强度理论[265]。该理论认为最大伸长拉应变是引起材料起裂破坏的主要因素,即认为无论是单向或复杂应力状态,只要最大伸长线应变 ε_1 达到单向拉伸断裂时应变的极限值 ε_u,材料即发生破坏起裂,即:

$$\varepsilon_1 > \varepsilon_u = \frac{\sigma_b}{E} \tag{4.2}$$

试验表明,此理论对于一拉一压的二向应力状态、且压应力较大的脆性材料的断裂较符合。该理论存在问题主要有:一般认为应变由应力引起,但拉应变并不一定由拉应力引起,因此在轴向压缩、二向压应力状态、三向压应力状态时不适合用该理论。由于地层一般处于三向地应力作用下,因此该理论应用较少。

③最大剪应力理论——第三强度理论[266]。该理论认为最大剪应力是引起材料屈服破坏起裂的主要因素。即孔壁上只要有一点的最大剪应力 τ_{max} 达到单向拉伸屈服剪应力 τ_s,材料就在该处出现明显起裂破坏,其起裂破坏条件为:

$$\tau_{max} > \tau_s \tag{4.3}$$

该理论能够很好地解释塑性材料的屈服破坏,并能解释材料在三向均压下不发生塑性变形或断裂的事实。该理论的不足表现在:该理论没有考虑中间主应力的影响,但带来的最大误差较小。第三强度理论曾被许多塑性材料的试验结果所证实,且稍偏于安全。这个理论所提供的计算式比较简单,故它在工程设计中得到了广泛的应用。不能解释三向均值拉应力作用下可能发生断裂的现象。

④形状改变比能理论——第四强度理论[267]。该理论由胡贝尔(M. T. Huber)研究提出,由米泽斯、H.亨奇做了进一步发展并加以解释。该理论认为形状改变比能 u_d 是引起材料屈服破坏的主要因素,即认为无论是单向或复杂应力状态,u_d 是主要破坏因素。即复杂应力状态下材料的形状改变比能达到单向拉伸时使材料屈服的形状改变比能时,材料即会发生屈服,其起裂破坏条件为:

$$\sqrt{\frac{1}{2}\left[(\sigma_1-\sigma_2)^2 + (\sigma_2-\sigma_3)^2 + (\sigma_3-\sigma_1)^2\right]} > \sigma_s \tag{4.4}$$

对于塑性材料,该理论比第三强度理论更符合试验结果,且考虑到了 σ_1、σ_2、σ_3 3 个主应力共同的影响,在工程中具有广泛的应用前景。

4.2.2 地应力条件下倾斜钻孔孔壁起裂压力及起裂模型研究

在液态 CO_2 相变射流冲击煤岩体致裂阶段初期,在高压气体冲击作用下钻孔孔壁某一位置产生将裂缝起裂。受成煤环境及施工扰动影响孔壁煤岩体可能存在裂隙,造成液态 CO_2 相变射流致裂起裂位置,有可能发生在煤岩本体中,也有可能沿煤层天然裂隙剪切或张性破裂。因此在分析过程中,首先分析了三维地应力条件下孔壁应力分布状态,之后分别研究了液态 CO_2 相变射流致裂由孔壁煤岩本体起裂、由天然裂隙剪切破坏起裂及由天然裂隙张性破坏起裂 3 种起裂模式[268]。

1)地应力条件下倾斜钻孔孔壁应力分布

在研究过程中,为获得三维地应力作用下液态 CO_2 相变定向射流致裂增透钻孔孔壁应力分布规律,假设孔壁为均质、各向同性、线弹性煤岩体,采用弹性力学理论建立地应力作用下射流致裂孔壁破裂压力计算模型。首先对 (X,Y,Z) 坐标系内的主应力 $(\sigma_1,\sigma_2,\sigma_3)$ 进行钻孔孔眼坐标系 (x,y,z) 转换[24],如图 4.1 所示。先将 (X,Y,Z) 以 OZ 轴按照右手定则旋转角 α,变为坐标系 (x',y',z');再将 (x',y',z') 坐标系以 Oy' 轴,按右手定则旋转角 β,变为坐标系 (x,y,z)。其中,α 为钻孔相对 σ_1 方向的相对方位角,即钻孔相对方位角。β 为钻孔孔眼方向线与铅垂线的夹角,即孔斜角。

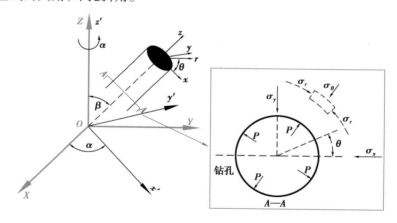

图 4.1 钻孔孔轴的坐标变换示意图

采用式(4.5),将第 2 章 2.2.6 节测试得到的三维地应力换算到钻孔笛卡尔坐标系[269]。

$$\begin{cases} \sigma_H = (\sigma_2 - \sigma_1)\cos^2\alpha \sin^2\beta + (\sigma_1 - \sigma_3)\cos^2\alpha + \sigma_3 \\ \sigma_h = (\sigma_1 - \sigma_2)\sin^2\beta + \sigma_2 \\ \sigma_v = (\sigma_2 - \sigma_1)\sin^2\alpha \sin^2\beta + (\sigma_3 - \sigma_1)\cos^2\alpha + \sigma_1 \\ \tau_{xy} = (\sigma_2 - \sigma_1)\cos\alpha \sin\beta \cos\beta \\ \tau_{xz} = [\sigma_1 - \sigma_3 - (\sigma_1 - \sigma_2)\sin^2\beta]\sin\alpha \cos\alpha \\ \tau_{yz} = (\sigma_2 - \sigma_1)\sin\alpha \sin\beta \cos\beta \end{cases} \tag{4.5}$$

式中　$\sigma_H, \sigma_h, \sigma_v$——钻孔笛卡尔坐标系 X, Y, Z 方向的应力分量,MPa;

　　　$\tau_{xy}, \tau_{xz}, \tau_{yz}$——剪应力分量,MPa;

　　　$\sigma_1, \sigma_2, \sigma_3$——最大、中间、最小主应力,MPa;

　　　α, β——钻孔相对方位角及孔斜角,(°)。

考虑地应力及射流应力的叠加作用,可以获得钻孔孔壁围岩 r 处应力分布[24]为:

$$\begin{cases} \sigma_r = \dfrac{\sigma_H + \sigma_h}{2}\left(1 - \dfrac{R^2}{r^2}\right) + \dfrac{\sigma_H - \sigma_h}{2}\left(1 + \dfrac{3R^2}{r^2} - \dfrac{4R^2}{r^2}\right)\cos 2\theta + \tau_{xy}\left(1 + \dfrac{3R^2}{r^2} - \dfrac{4R^2}{r^2}\right)\sin 2\theta + p_{wf}\dfrac{R^2}{r^2} \\[3mm] \sigma_\theta = \dfrac{\sigma_H + \sigma_h}{2}\left(1 + \dfrac{R^2}{r^2}\right) - \left(\dfrac{\sigma_H - \sigma_h}{2}\cos 2\theta + \tau_{xy}\sin 2\theta\right)\left(1 + \dfrac{3R^2}{r^2}\right) - p_{wf}\dfrac{R^2}{r^2} \\[3mm] \sigma_{zz} = \sigma_v - v\left[2(\sigma_H + \sigma_h)\dfrac{R^2}{r^2}\cos 2\theta + 4\tau_{xy}\dfrac{R^2}{r^2}\sin 2\theta\right] \\[3mm] \sigma_{r\theta} = \left(\dfrac{\sigma_h - \sigma_H}{2}\sin 2\theta + \tau_{xy}\cos 2\theta\right)\left(1 - \dfrac{3R^4}{r^4} + \dfrac{2R^2}{r^2}\right) \\[3mm] \sigma_{\theta z} = (\tau_{yz}\cos\theta - \tau_{xz}\sin\theta)\left(1 + \dfrac{R^2}{r^2}\right) \\[3mm] \sigma_{zr} = (\tau_{xz}\cos\theta + \tau_{yz}\sin\theta)\left(1 - \dfrac{R^2}{r^2}\right) \end{cases} \tag{4.6}$$

式中　R、r——钻孔直径和极坐标半径,m;

　　　p_{wf}——孔内射流压力,MPa;

　　　$\sigma_r, \sigma_\theta, \sigma_{zz}, \sigma_{r\theta}, \sigma_{\theta z}, \sigma_{zr}$——距离钻孔轴心 r 且与 σ_H 呈 θ 角处的径向、切向、轴向正应力及剪应力分量,MPa。

由式(4.6)可以得到钻孔孔壁($R = r$)处应力分布为:

$$\begin{cases} \sigma_r = p_{wf} \\ \sigma_\theta = (\sigma_H + \sigma_h) - 2(\sigma_H - \sigma_h)\cos 2\theta - 4\tau_{xy}\sin 2\theta - p \\ \sigma_z = \sigma_v - 2v(\sigma_H - \sigma_h)\cos 2\theta - 4v\tau_{xy}\sin 2\theta \\ \sigma_{\theta z} = 2\tau_{yz}\cos\theta - 2\tau_{xz}\sin\theta \\ \sigma_{r\theta} = \sigma_{zr} = 0 \end{cases} \tag{4.7}$$

钻孔孔壁上任意点的主应力满足 $\begin{vmatrix} \sigma_r-\sigma & \sigma_{r\theta} & \sigma_{zr} \\ \sigma_{\theta r} & \sigma_\theta-\sigma & \sigma_{\theta z} \\ \sigma_{zr} & \sigma_{z\theta} & \sigma_z-\sigma \end{vmatrix}=0$，由此结合式（4.7）可以得到

钻孔孔壁上任意点的主应力为：

$$\begin{cases} \sigma_1=\sigma_r \\ \sigma_2=\left[(\sigma_\theta+\sigma_z)+\sqrt{(\sigma_\theta-\sigma_z)^2+4\sigma_{\theta z}^2}\right]/2 \\ \sigma_3=\left[(\sigma_\theta+\sigma_z)-\sqrt{(\sigma_\theta-\sigma_z)^2+4\sigma_{\theta z}^2}\right]/2 \end{cases} \tag{4.8}$$

根据弹性力学理论结合式（4.8），可以得出钻孔孔壁最大拉应力为：

$$\sigma_{max}(\theta)=\sigma_3=\left[(\sigma_\theta+\sigma_z)-\sqrt{(\sigma_\theta-\sigma_z)^2+4\sigma_{\theta z}^2}\right]/2 \tag{4.9}$$

2）地应力条件下倾斜钻孔孔壁煤岩本体起裂模型

射流致裂过程中，钻孔孔壁破裂的条件为孔壁最大拉应力 $\sigma_{max}(\theta)$ 大于孔壁围岩的最大抗拉强度 σ_t，则射流致裂孔壁破裂的临界条件为：

$$\sigma_3=\left[(\sigma_\theta+\sigma_z)-\sqrt{(\sigma_\theta-\sigma_z)^2+4\sigma_{\theta z}^2}\right]/2=\sigma_t \tag{4.10}$$

将式（4.7）代入式（4.10）可以得到：

$$p=(\sigma_H+\sigma_h)-2(\sigma_H-\sigma_h)\cos 2\theta-\frac{4(\tau_{yz}\cos\theta-\tau_{xz}\sin\theta)^2-\sigma_t^2}{\sigma_v+\sigma_t-2v(\sigma_H-\sigma_h)\cos 2\theta-4v\tau_{xy}\sin 2\theta}-$$

$$\frac{\sigma_t[\sigma_v-2v(\sigma_H-\sigma_h)\cos 2\theta-4v\tau_{xy}\sin 2\theta]}{\sigma_v+\sigma_t-2v(\sigma_H-\sigma_h)\cos 2\theta-4v\tau_{xy}\sin 2\theta}-4\tau_{xy}\sin 2\theta \tag{4.11}$$

由方程式（4.11）可以看出，液态 CO_2 相变射流致裂孔壁破裂压力与三维地应力、射流角度、井壁煤岩体泊松比等有关。

3）地应力条件下倾斜钻孔沿天然裂隙剪切破坏起裂压力及起裂模型研究

为了简化计算，此处将煤岩体中天然裂隙看作力学性质较差的结构面，根据耶格（Jaeger）提出的单结构面理论，结构面强度曲线服从库伦准则[225]，即：

$$\tau=c_w+\sigma\tan\phi_w \tag{4.12}$$

式中　c_w,ϕ_w——结构面的黏结力和内摩擦角；

　　　τ——结构面上的剪应力，$\tau=\frac{1}{2}(\sigma_{max}-\sigma_{min})\sin 2\zeta$；

　　　σ——结构面上的法向应力，$\sigma=\frac{1}{2}(\sigma_{max}+\sigma_{min})+\frac{1}{2}(\sigma_{max}-\sigma_{min})\cos 2\zeta$，其中 ζ 为结构

　　　面与最大主应力之间的夹角，σ_{max}、σ_{min} 为结构面最大主应力与最小主应力。

将 τ、σ 表达式代入式（4.12），可以得到沿结构面产生剪切破坏的条件为：

$$\frac{\sigma_{max}-\sigma_{min}}{2}\left[\sin 2\zeta-\tan\phi_w\cos 2\zeta\right]=c_w+\frac{\sigma_{max}+\sigma_{min}}{2}\tan\phi_w \tag{4.13}$$

或

$$\sigma_{max} = \sigma_{min} + \frac{2(c_w + \sigma_{min} \tan \phi_w)}{(1 - \tan \phi_w \cot \zeta) \sin 2\zeta} \qquad (4.14)$$

对于裂缝性地层,裂缝表面黏结力 $c_w = 0$,则液态 CO_2 相变射流致裂沿天然裂隙剪切破坏的条件为:

$$\sigma_{max} = \sigma_{min} + \frac{2\sigma_{min} \tan \phi_w}{(1 - \tan \phi_w \cot \zeta) \sin 2\zeta} \qquad (4.15)$$

当 $\zeta = \phi_w$ 或 $\frac{\pi}{2}$ 时,结构(裂隙)面产生剪切破坏所需主应力 σ_1 趋向于无穷大,此时煤岩体不会沿裂隙面破坏,而是沿煤岩体内某一方向破坏。因此,液态 CO_2 相变射流致裂过程中煤岩体沿结构(裂隙)面剪切破坏的条件是:

$$\phi_w < \zeta < \frac{\pi}{2} \qquad (4.16)$$

由式(4.14)、式(4.15)可知,液态 CO_2 相变射流致裂过程中天然裂隙发生剪切破坏除了与自身力学性质有关,还与作用在天然裂隙上的最大主应力、最小主应力及最大主应力与裂隙面夹角有关。因此,在含裂隙煤层起裂模型建立过程中,除了要了解应力条件外,还需要确定煤层天然裂隙与地应力相对位置关系。

为了获得地应力在结构(裂隙)面坐标系上的主应力分布情况,同"1)地应力条件下倾斜钻孔孔壁应力分布",需要根据裂隙面与钻孔相对方位角、倾角等参数,对孔壁坐标系主应力进行坐标转换。赵金洲等[270]研究给出了孔壁最大主应力 σ_i 与孔壁裂隙面法线夹角的统一表达式为:

$$\zeta_i = \arccos \frac{|a_1 b_1(\sigma_i) + a_2 b_2(\sigma_i) + a_3 b_3(\sigma_i)|}{\sqrt{a_1^2 + a_2^2 + a_3^2} \cdot \sqrt{b_1(\sigma_i)^2 + b_2(\sigma_i)^2 + b_3(\sigma_i)^2}} \quad (i=1,2,3) \qquad (4.17)$$

式中　a_1, a_2, a_3——天然裂隙法线在大地坐标系中的方向矢量,其中 $a_1 = -\sin(D_{ip}) \cos(N_e)$、$a_2 = \sin(D_{ip}) \sin(N_e)$、$a_3 = \cos(D_{ip})$,$D_{ip}$ 为天然裂隙倾角,N_e 为天然裂隙走向与大地坐标系的相对夹角;

　　　　$b_1(\sigma_1)$、$b_2(\sigma_1)$、$b_3(\sigma_1)$——坐标转换后主应力 σ_1 在大地坐标系中的方向矢量,$b_1(\sigma_1) = \cos(H_a + \theta) \cos \phi$、$b_2(\sigma_1) = \sin(H_a + \theta) \cos \phi$、$b_3(\sigma_1) = \sin \phi$,其中 H_a 为水平最大地应力与大地坐标系的相对夹角,ϕ 为主应力旋转至天然裂缝与钻孔壁面相交点所需旋转角度,θ 为钻孔方位与水平最大地应力方向的夹角;

　　　　$b_1(\sigma_2)$、$b_2(\sigma_2)$、$b_3(\sigma_2)$——坐标转换后主应力 σ_2 在大地坐标系中的方向矢量,$b_1(\sigma_2) = \sin(H_a + \psi + \theta) \cdot \sqrt{\cos^2 \gamma + \sin^2 \gamma \sin^2 \phi}$,$b_2(\sigma_2) = -\cos(H_a + \psi + \theta) \sqrt{\cos^2 \gamma + \sin^2 \gamma \sin^2 \phi}$,$b_3(\sigma_2) = -\cos \phi \sin \gamma$,其中 $\psi = \arctan \sin \phi \tan \gamma$;

$b_1(\sigma_3)$、$b_2(\sigma_3)$、$b_3(\sigma_3)$——坐标转换后主应力 σ_3 在大地坐标系中的方向矢量,

$$b_1(\sigma_3) = \sin(H_a+\omega+\theta) \cdot \sqrt{\sin^2\gamma+\cos^2\gamma\,\sin^2\phi}、b_2(\sigma_3) =$$

$$-\cos(H_a+\omega+\theta) \cdot \sqrt{\sin^2\gamma+\cos^2\gamma\,\sin^2\phi}、b_3(\sigma_3) = -\cos\phi$$

$\cos\gamma$,其中 $\omega=\arctan(-\sin\phi\cot\gamma)$。

由式(4.14)、式(4.15)可以看出,在实际应用过程中,还需要得到裂隙面最大主应力 σ_{max} 和最小主应力 σ_{min}。在已知天然裂隙面与钻孔孔壁交点的坐标时,可通过式(4.6)、式(4.8)计算得到该点主应力 σ_1,σ_2,σ_3,通过相对大小关系可以得到交点的最大主应力与最小主应力为:

$$\begin{cases} \sigma_{max} = \max(\sigma_1,\sigma_2,\sigma_3) \\ \sigma_{min} = \min(\sigma_1,\sigma_2,\sigma_3) \end{cases} \tag{4.18}$$

由式(4.18)即可计算得到最大主应力和最小主应力值,在代入式(4.17)得到最大主应力与天然裂隙面法向的夹角 ζ_i,代入式(4.15)即可计算得到液态 CO_2 相变射流致裂过程中沿天然裂隙发生剪切破坏的可能性。

4)地应力条件下倾斜钻孔沿天然裂隙张性破坏起裂压力及起裂模型研究

当天然裂隙内 CO_2 气体压力大于裂隙面有效应力时,液态 CO_2 相变射流致裂裂隙沿天然裂隙面产生张性破坏[225],即:

$$P_{nf} > \sigma_n - \alpha p_p \tag{4.19}$$

式中 P_{nf}——天然裂隙内 CO_2 气体压力,MPa;

σ_n——作用在裂隙面上的法向应力,MPa;

α——有效应力系数;

p_p——裂隙水压力。

由天然裂隙与钻孔孔壁交点三维主应力,可以计算得到天然裂隙受到的正应力为:

$$\sigma_n = \cos^2\zeta_1\sigma_1 + \cos^2\zeta_2\sigma_2 + \cos^2\zeta_3\sigma_3 \tag{4.20}$$

将式(4.6)、式(4.8)及式(4.17)代入式(4.19)、式(4.20)即可判断天然裂隙发生张性破坏的可能性。

4.3　地应力条件下倾斜钻孔优势致裂方向判断方法研究及应用

由本章4.2节研究结果可以看到,地应力条件下倾斜钻孔孔壁起裂压力受地应力大小与方位、钻孔方位角与倾角及射流压力影响较大,且在试验及工程实践过程中发现煤岩体液态 CO_2 相变定向射流致裂裂隙扩展过程具有一定的方向性,即在三维地应力作用下煤岩体液态 CO_2 相变定向射流致裂存在优势的起裂方向。因此,该部分基于第2章2.3节地应力测试结果,忽略煤层原生裂隙影响,结合本章4.2.2节理论分析获得煤层液态 CO_2 相变定向

射流致裂起裂压力与钻孔方位角、倾角、射流角度之间的理论关系,采用 MATLAB 计算方法得到煤层液态 CO_2 相变定向射流致裂起裂压力随钻孔方位角、倾角变化曲线及变化云图,提出了地应力条件下倾斜钻孔优势致裂方向判断方法,并将其应用于白皎煤矿 238 底板道液态 CO_2 相变定向射流致裂增透工程中。

4.3.1 地应力条件下倾斜钻孔优势致裂方向判断方法

忽略钻孔孔壁天然裂隙,由本章 4.2.2 节方程式(4.5)、式(4.11)可以看出孔壁破裂压力和地应力大小、孔壁抗拉强度、泊松比及钻孔方位角、倾角等有关;确定地点的孔壁破裂压力受方位角、倾角控制,且在特定方位及倾角的孔内,射流角度不同起裂应力也具有一定差异,因此在地应力作用下存在射流致裂优势方向,分析提出了地应力作用下液态 CO_2 相变定向射流优势方向判断方法,其流程如图 4.2 所示。

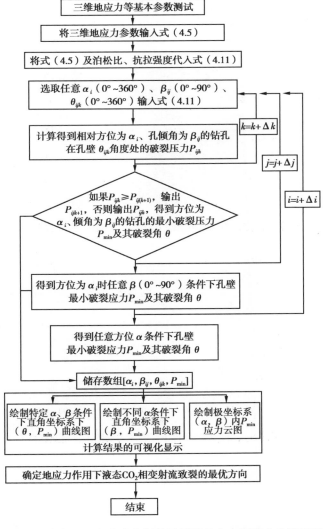

图 4.2 液态 CO_2 相变定向射流致裂优势方向判断方法流程图

该液态 CO_2 相变定向射流优势方向判断方法实质上是在第 4 章 4.2.2 节方程式(4.5)、式(4.11)的基础上,在测试得到地应力参数、抗拉强度、泊松比之后,得到孔壁破裂压力 P 与钻孔方位角 α、钻孔倾角 β、射流角 θ 相关的理论方程,采用 MATLAB 计算钻孔方位角 α(取值范围为 $0° \sim 360°$)、钻孔倾角 β(取值范围为 $0° \sim 180°$)、射流角 θ(取值范围为 $0° \sim 360°$),取任意值时孔壁破裂压力,并绘制其压力云图与曲线,由此分析得到破裂压力最小时对应的钻孔方位角与倾角,指导现场钻孔施工。

4.3.2 白皎煤矿液态 CO_2 相变定向射流优势方向确定

根据表 2.9 白皎煤矿地应力测试结果及文献[86]中白皎煤矿煤岩泊松比、抗拉强度等参数,取煤岩泊松比为 0.25,孔壁煤岩抗拉强度为 5 MPa。代入第 4 章 4.2.2 节方程式(4.6)、式(4.12),得到白皎煤矿试验区域孔壁破裂压力与钻孔方位角及倾角、孔内射流角度等相关的理论方程。基于图 4.2,采用 MATLAB 数值计算程序,计算获得不同钻孔方位角、倾角、射流角下孔壁破裂压力云图与变化曲线,如图 4.3 所示。

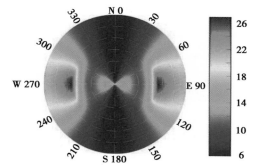

（a）不同方位角、倾角条件下破裂压力云图（极坐标系）

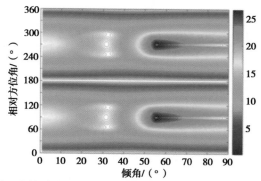

（b）不同方位角、倾角条件下破裂压力云图（直角坐标系）

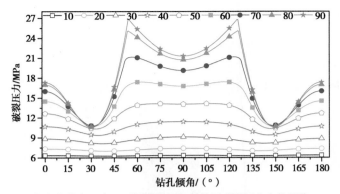

（c）方位角一定、不同钻孔倾角条件下破裂压力变化规律

图 4.3 孔壁破裂压力变化规律

由图 4.3（a）可以看出，孔壁的最小破裂压力 P_{min} 随钻孔相对方位角 α、孔倾角 β 的变化而表现出较大的差异性。在（α,β）为（271°,56°）时 $P_{min}=26.7$ MPa，而在（α,β）为（180°,30°）时 $P_{min}=6$ MPa，前者为后者的 4.45 倍。且由图 4.3（a）可以看出，在钻孔相对方位角 α 为[0°,30°]、[150°,210°]、[330°,360°]时，P_{min} 相对较低。由图 4.3（b）、（c）可以看出，尤其在 α 为 0°（360°）和 180°时，任意倾角钻孔的 P_{min} 均取得最小值；在 α 为[30°,150°]、[210°,330°]，且 β 为[45°,90°]、[0°,25°]时，P_{min} 相对较大。由图 4.3（c）可以看出，在方位角 α 一定的条件下，倾角在[0°,45°]和[135°,180°]破裂压力 P_{min} 取值相对较小，在倾角为 30°、150°时 P_{min} 取得最小值，在倾角为 54°、125°时 P_{min} 取得最大值。

综合上述分析可以看出，在钻孔致裂增透过程中，孔壁起裂应力随钻孔方位角及倾角的改变而改变。因此，在上述液态 CO_2 相变定向射流优势方向确定过程中，应结合现场巷道与煤层位置关系进行优化布置。且孔壁起裂首先从相对方位角 α 为[0°,30°]、[150°,210°]、[330°,360°]区间段，即最大主应力近似平行的方向，这与以往的研究结果类似[22]，获得白皎煤矿试验区域液态 CO_2 相变定向射流最优方向区间为 $\alpha \in [0°,30°] \cup [150°,210°] \cup [330°,360°]$。若受应用现场巷道与煤层位置关系或其他特殊因素影响，钻孔相对方位角须布置在 $\alpha \in [30°,150°] \cup [210°,330°]$ 时，钻孔倾角 β 应设置为[25°,45°]。

4.4 液态 CO_2 相变高速气体冲击煤岩体起裂破坏力学机理研究

4.4.1 液态 CO_2 相变高速气体冲击煤岩体应力分布

为了分析得到液态 CO_2 相变射流冲击过程中岩石内部应力场分布特征及其冲击载荷下粉碎区半径理论值，将液态 CO_2 相变射流冲击载荷作用下的岩石视为半空间弹性体，则在 CO_2 射流冲击点下方某一位置会产生拉应力及剪应力作用。由于煤岩体的力学性质在一定程度上接近准脆性材料，其抗剪及抗拉强度远远低于抗压强度[150,174,271-272]。所以，虽然 CO_2

冲击射流产生的压力可能未达到煤岩体的抗压强度,但由射流冲击产生的剪应力及拉应力已经大于煤岩体的抗拉强度,从而导致岩石内部产生拉伸及剪切破坏。分析认为,岩石受冲击载荷可以等效为接触瞬间半球体表面受到大小等于射流压力的应力作用,且应力波从半球体表面向煤岩体内部半无限大岩体内传播[272],高压 CO_2 气体射流冲击破岩示意如图 4.4 所示。

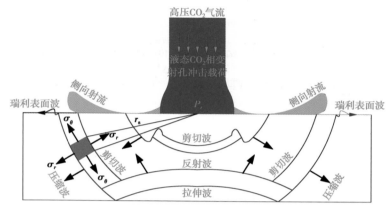

图 4.4 高压 CO_2 气体射流冲击破岩示意图[273]

根据胡克定律可以得到弹性限度范围内煤岩体中液态 CO_2 相变射流冲击波产生的动应力为[274]:

$$\begin{cases} \sigma_r = \dfrac{E}{(1+\nu)(1-2\nu)}\left[(1-\nu)\varepsilon_r + \nu\varepsilon_\theta\right] \\ \sigma_\theta = \dfrac{E}{(1+\nu)(1-2\nu)}\left[\nu\varepsilon_r + (1-\nu)\varepsilon_\theta\right] \end{cases} \tag{4.21}$$

式中 σ_r——液态 CO_2 相变射流冲击波产生的径向动应力,MPa;

σ_θ——液态 CO_2 相变射流冲击波产生的切向动应力,MPa;

E——煤岩体的弹性模量,MPa;

ν——泊松比;

ε_r——径向应变,$\varepsilon_r = \partial u/\partial r_s$;

ε_θ——切向应变,$\varepsilon_\theta = u/r_s$。

分析认为液态 CO_2 相变射流冲击煤岩体产生的应力波和冲击波类似,则不同位置煤岩体单元的径向位移 $u(r_s,t)$ 为[274]:

$$u(r_s,t) = \frac{1}{c_r}\left(\frac{\partial[u]}{\partial t'}\right)_{r_c}\frac{r_s^2 - r_c^2}{r_s} \tag{4.22}$$

式中 $[u]$——t' 时刻的位移;

c_r——应力波在煤岩体中传播的速度,$c_r = \sqrt{\dfrac{(1-\nu)E}{\rho_r(1+\nu)(1-2\nu)}}$;

ρ_r——煤岩体的密度;

r_s——应力波达到位置距离球心的距离,mm;

r_c——射流冲击压力的作用半径,mm,根据 Bowden 等研究结果,射流冲击固体时的作用半径为 $r_c=2.6r_w$,其中 r_w 为液态 CO_2 相变射流冲击射流半径。

由式(4.22)计算得到径向应变 ε_r 和切向应变 ε_θ 为:

$$\begin{cases} \varepsilon_r=\dfrac{\partial u(r_s,t)}{\partial r_s}=\dfrac{1}{c_r}\left(\dfrac{\partial[u]}{\partial t'}\right)_{r_c}\left(1+\dfrac{r_c^2}{r_s^2}\right) \\ \varepsilon_\theta=\dfrac{u(r_s,t)}{r_s}=\dfrac{1}{c_r}\left(\dfrac{\partial[u]}{\partial t'}\right)_{r_c}\left(1-\dfrac{r_c^2}{r_s^2}\right) \end{cases} \quad (4.23)$$

将式(4.23)代入式(4.21)可得:

$$\begin{cases} \sigma_r=\dfrac{E}{c_r(1+\nu)(1-2\nu)}\left(\dfrac{\partial[u]}{\partial t'}\right)_{r_c}\left[1+(1-2\nu)\dfrac{r_c^2}{r_s^2}\right] \\ \sigma_\theta=\dfrac{E}{c_r(1+\nu)(1-2\nu)}\left(\dfrac{\partial[u]}{\partial t'}\right)_{r_c}\left[1-(1-2\nu)\dfrac{r_c^2}{r_s^2}\right] \end{cases} \quad (4.24)$$

当 $r_s=r_c$,即应力波达到位置距离球心的距离等于射流冲击压力的作用半径时,存在:

$$\sigma_r=P_r \quad (4.25)$$

因此,由式(4.24)和式(4.25)可计算得到:

$$\left(\dfrac{\partial[u]}{\partial t'}\right)_{r_c}=\dfrac{P_r c_r(1+\nu)(1-2\nu)}{2E(1-\nu)} \quad (4.26)$$

将式(4.26)代入式(4.24),可得:

$$\begin{cases} \sigma_r=\dfrac{P_r}{2(1-\nu)}\left[1+(1-2\nu)\dfrac{r_c^2}{r_s^2}\right] \\ \sigma_\theta=\dfrac{P_r}{2(1-\nu)}\left[1-(1-2\nu)\dfrac{r_c^2}{r_s^2}\right] \end{cases} \quad (4.27)$$

根据文献[274]研究,煤岩体内动态剪应力与径向动应力及切向动应力之间存在如下关系:

$$\tau_c=\dfrac{\sigma_r-\sigma_\theta}{2}=\dfrac{P_r(1-2\nu)}{2(1-\nu)}\dfrac{r_c^2}{r_s^2} \quad (4.28)$$

由式(4.27)、式(4.28)可以看出,液态 CO_2 相变射流冲击波产生的径向动应力、切向动应力及动态剪应力的大小与液态 CO_2 相变射流压力 P_r、煤岩体泊松比 ν、作用区域半径 r_c 等因素有关。

4.4.2 液态 CO_2 相变高速气体冲击煤岩体剪切及拉伸破碎区半径

(1)液态 CO_2 相变射流冲击剪切破碎区半径

根据煤岩体的最大剪应力强度理论,煤岩体在液态 CO_2 相变射流冲击载荷作用下的破坏条件为：

$$\tau_c = [\tau] \tag{4.29}$$

式中　$[\tau]$——煤岩体的最大剪切强度，MPa。

将式(4.29)代入式(4.28)，认为$\tau_c = [\tau]$时，$r_s = R_s$为煤岩体在液态CO_2相变射流冲击载荷P_r作用下产生的剪切破碎区半径。

根据本书3.4.6节定量液态CO_2相变高压气体冲击射流出口压力理论方程式(3.49)，即$P_r = P(1-\eta^{1.5})^2 = 276(1-\eta^{1.5})^2 e^{-19.92t}$，联立方程式(4.28)、式(4.29)可以得到煤岩体内液态CO_2相变射流冲击剪切破碎区半径为：

$$R_s = r_c\sqrt{\frac{P_r(1-2\nu)}{2[\tau](1-\nu)}} = 2.6r_w\sqrt{\frac{276(1-\eta^{1.5})^2 e^{-19.92t}(1-2\nu)}{2[\tau](1-\nu)}} \tag{4.30}$$

令式中$[\tau]$取值为4 MPa，泊松比ν取值为0.25，r_w取值为0.6 mm，可以计算得到冲击剪切破碎区半径随射流时间及射流截面的变化规律如图4.5所示。

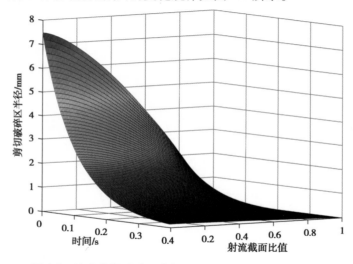

图4.5　冲击剪切破碎区半径随时间及射流截面变化规律

（2）液态CO_2相变射流冲击拉伸损伤区半径

假设动态拉伸强度为$[\sigma]$，根据煤岩体的最大拉应力强度理论，煤岩体在液态CO_2相变射流冲击载荷作用下的破坏强度条件为：

$$\sigma_\theta = [\sigma] \tag{4.31}$$

由岩石动力学理论可得，煤岩体内圆弧应力波的径向分量和切向分量之间存在以下关系：

$$\sigma_\theta = \frac{\nu}{1-\nu}\sigma_r \tag{4.32}$$

根据应力波在煤岩体中的传播特性，煤岩体中应力波随传播距离的衰减规律为：

$$\sigma_r = P_r\left(\frac{r_c}{r_s}\right)^{\alpha_s} \tag{4.33}$$

式中　α_s——压缩波衰减指数，$\alpha_s = 2 - \dfrac{\nu}{1-\nu}$。

联立式（3.49）、式（4.31）至式（4.33）可以得到煤岩体内液态 CO_2 相变射流冲击拉伸损伤区半径为：

$$R_d = 2.6 r_w \left[\frac{276(1-\eta^{1.5})^2 e^{-19.92t} \nu}{[\sigma](1-\nu)} \right]^{\frac{1-\nu}{2-3\nu}} \tag{4.34}$$

令式中 $[\sigma]$ 取值为 5 MPa，泊松比 ν 取值为 0.25，r_w 取值为 0.6 mm，计算得到冲击剪切破碎区及拉伸损伤区半径随射流时间及射流截面的变化规律如图 4.6 所示。

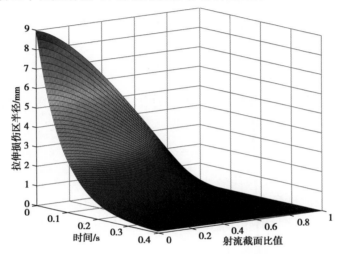

图 4.6　拉伸损伤区半径随时间及射流截面变化规律

4.5　煤岩体液态 CO_2 相变射流致裂裂隙扩展及转向力学机理研究

4.5.1　含瓦斯煤岩体液态 CO_2 相变射流作用下裂隙扩展规律研究

液态 CO_2 相变射流冲击致裂煤岩体后，在液态 CO_2 相变射流冲击应力波作用下，煤岩体中形成剪切破碎区及拉伸损伤区域。随着应力波的衰减，高压 CO_2 气体楔入煤岩体剪切破碎区内的裂隙中，与煤体内高压瓦斯气体共同作用下在裂隙尖端产生应力集中，使得煤岩体内裂隙进一步扩展。所以，根据煤岩体的受力情况，认为液态 CO_2 相变射流冲击致裂形成的宏观裂隙在原岩应力、高压 CO_2 气体和瓦斯压力 3 种应力作用下产生裂隙扩展。

分析认为液态 CO_2 相变射流冲击致裂煤岩体过程中，在原岩应力作用下符合断裂力学中的双向压缩条件下的裂纹扩展模型，宏观裂纹面上的正应力 σ_n 和剪应力 τ_α 分别为[275]（图 4.7）：

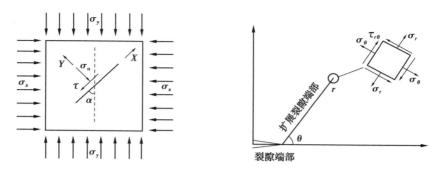

图 4.7　宏观裂纹面上应力分布

$$\begin{cases} \sigma_n = -\dfrac{1}{2}\big[(\sigma_x+\sigma_y)-(\sigma_y-\sigma_x)\cos 2\alpha\big] \\ \tau_\alpha = -\dfrac{1}{2}(\sigma_y-\sigma_x)\sin 2\alpha \end{cases} \tag{4.35}$$

将液态 CO_2 相变射流冲击在煤岩体中形成的宏观裂隙,视为无限大平面内的平面问题,则原岩应力作用下裂隙尖端的应力强度因子为:

$$\begin{cases} K_I = \sigma\sqrt{\pi a} \\ K_{II} = \tau\sqrt{\pi a} \end{cases} \tag{4.36}$$

考虑到液态 CO_2 相变射流冲击形成初始宏观裂纹后,高压 CO_2 气体充满整个宏观裂纹并以内压方式作用于裂纹表面上,且煤层内瓦斯压力作用,则裂纹面上的有效正应力 σ 为[271]:

$$\sigma=\sigma_n+p_r+p_g=p_r+p_g-\frac{1}{2}\big[(\sigma_x+\sigma_y)-(\sigma_y-\sigma_x)\cos 2\alpha\big] \tag{4.37}$$

将式(4.37)代入式(4.36),可以得到考虑高压 CO_2 气体压力及煤层瓦斯压力的裂纹尖端 I 型应力强度因子为:

$$K_I = \sigma\sqrt{\pi a} = \left\{ p_r+p_g-\frac{1}{2}\big[(\sigma_x+\sigma_y)-(\sigma_y-\sigma_x)\cos 2\alpha\big] \right\}\sqrt{\pi a} \tag{4.38}$$

由式(4.38)可以看出,裂隙内的高压 CO_2 气体及瓦斯压力对裂纹尖端处的应力强度因子 K_I 有较大的影响。当 $(p_r+p_g)>|\sigma_n|$ 时,宏观裂隙张开,产生拉伸破坏;随着 p_r 的减小,当 $(p_r+p_g)<|\sigma_n|$ 时,宏观裂隙在原岩应力作用下产生压缩破坏并进一步扩展。

分析认为液态 CO_2 相变射流冲击过程中裂纹处于非闭合阶段,则裂隙内高压 CO_2 气体压力对裂纹面上的剪切应力没有影响,此时 $\tau=\tau_\alpha$,裂纹尖端应力强度因子 K_{II} 为:

$$K_{II} = \tau\sqrt{\pi a} = -\frac{1}{2}(\sigma_y-\sigma_x)\sin 2\alpha\sqrt{\pi a} \tag{4.39}$$

由式(4.39)可以看出,对于未闭合的裂纹,裂纹内 CO_2 气体压力对裂纹尖端的应力强度因子 K_{II} 没有影响。

根据最大周向应力判据,可得 I-II 型复合裂纹应力强度因子的关系式为:

$$K_I \sin \theta + K_{\Pi}(3 \cos \theta - 1) = 0 \tag{4.40}$$

将式(4.38)、式(4.39)代入式(4.40)可得地应力条件下含瓦斯煤岩体中张开性裂纹在液态 CO_2 相变射流作用下的扩展规律。

$$\frac{3 \cos \theta - 1}{\sin \theta} = \frac{p_r + p_g - \dfrac{1}{2}\left[(\sigma_x + \sigma_y) - (\sigma_y - \sigma_x)\cos 2\alpha\right]}{-\dfrac{1}{2}(\sigma_y - \sigma_x)\sin 2\alpha} \tag{4.41}$$

由式(4.41)可以看出,I、II 型复合裂纹的扩展角 θ 的变化,不仅与宏观裂纹的倾角 α、裂隙表面法向应力、剪应力有关,还与裂隙内 CO_2 气体压力的大小有关。

4.5.2 含瓦斯煤岩体液态 CO_2 相变射流作用下压剪断裂判断依据

对于液态 CO_2 相变射流冲击形成的初始宏观裂纹,在原岩应力作用下裂纹尖端的应力状态为:

$$\begin{cases} \sigma_r = \dfrac{1}{2\sqrt{2\pi r}}\left[K_I(3 - \cos \theta)\cos \dfrac{\theta}{2} + K_{\Pi}(3 \cos \theta - 1)\sin \dfrac{\theta}{2}\right] \\[3mm] \sigma_\theta = \dfrac{1}{2\sqrt{2\pi r}}\cos \dfrac{\theta}{2}\left[K_I(1 + \cos \theta) + 3K_{\Pi}\sin \theta\right] \\[3mm] \tau_\theta = \dfrac{1}{2\sqrt{2\pi r}}\cos \dfrac{\theta}{2}\left[K_I \sin \theta + K_{\Pi}(3 \cos \theta - 1)\right] \end{cases} \tag{4.42}$$

假设地应力条件下含瓦斯煤岩体液态 CO_2 相变射流致裂裂隙扩展符合最大拉应力准则,则满足下述基本假设:裂缝沿环向拉应力 σ_θ 取得极大值的方向扩展,且此方向的拉应力达到临界断裂值时裂缝失稳扩展。

为了确定开裂角 θ_0,由 $\partial \sigma_\theta / \partial \theta = 0$ 得 $\cos \dfrac{\theta}{2} \cdot \left[K_I \sin \theta + K_{\Pi}(3 \cos \theta - 1)\right] = 0$,则由式(4.36)得:

$$\begin{cases} \sigma_1 = (\sigma_\theta)_{\max} = \dfrac{1}{2\sqrt{2\pi r}}\cos \dfrac{\theta_0}{2}\left[K_I(1 + \cos \theta_0) - 3K_{\Pi}\sin \theta_0\right] \\[3mm] \sigma_3 = (\sigma_r)_{\min} = \dfrac{1}{2\sqrt{2\pi r}}\left[K_I(3 - \cos \theta_0)\cos \dfrac{\theta_0}{2} + K_{\Pi}(3 \cos \theta_0 - 1)\sin \dfrac{\theta_0}{2}\right] \end{cases} \tag{4.43}$$

根据摩尔-库伦准则,裂纹沿 θ_0 方向扩展满足下式:

$$|\tau| - \sigma \tan \varphi = c_0 \tag{4.44}$$

将式(4.35)、式(4.37)代入式(4.44)得:

$$|\tau| - \sigma \tan \varphi = \frac{\sigma_1 - \sigma_3}{2}(\sin 2\alpha - \cos 2\alpha \tan \varphi) + \frac{\sigma_1 + \sigma_3}{2}\tan \varphi - (p_r + p_g)\tan \varphi \tag{4.45}$$

对式(4.45)求导,并令 $\dfrac{\partial(|\tau| - \sigma \tan \varphi)}{\partial \alpha} = 0$ 可得:

$$(|\tau|-\sigma \tan \varphi)_{\max} = \frac{\sigma_1-\sigma_3}{2}(1+\tan \varphi)^{\frac{1}{2}}+\frac{\sigma_1+\sigma_3}{2}\tan \varphi-(p_r+p_g)\tan \varphi \qquad (4.46)$$

当$(|\tau|-\sigma \tan \varphi)<c_0$,煤岩体不会破坏;当$(|\tau|-\sigma \tan \varphi)=c_0$,则处于临界状态,即:

$$C_0 = \frac{\sigma_1-\sigma_3}{2}(1+\tan \varphi)^{\frac{1}{2}}+\frac{\sigma_1+\sigma_3}{2}\tan \varphi-(p_r+p_g)\tan \varphi \qquad (4.47)$$

联立式(4.43)、式(4.47)可得:

$$K_I\left[2(\cos \theta_0-1)\cos \frac{\theta_0}{2}(1+\tan \varphi)^{\frac{1}{2}}-4\cos \frac{\theta_0}{2}\tan \varphi\right]-K_{\mathrm{II}}\left[3\left(\sin \frac{3\theta_0}{2}-\sin \frac{\theta_0}{2}\right)(1+\tan \varphi)^{\frac{1}{2}}+6\sin \frac{\theta_0}{2}\tan \varphi\right]$$
$$=4\sqrt{2\pi r}\left[c_0-(p_r+p_g)\tan \varphi\right] \qquad (4.48)$$

当含瓦斯煤岩体液态CO_2相变射流致裂裂隙扩展为 I 型断裂时,$K_{\mathrm{II}}=0$,$\theta_0=0$时,则其断裂韧度K_{Ic}为:

$$K_{Ic}=-\sqrt{2\pi r}\left[c_0-(p_r+p_g)\tan \varphi\right]\cot \varphi \qquad (4.49)$$

当含瓦斯煤岩体液态CO_2相变射流致裂裂隙扩展为 II 型断裂时,$K_I=0$时,则其断裂韧度K_{IIc}为:

$$K_{IIc}=-\frac{4\sqrt{2\pi r}\left[c_0-(p_r+p_g)\tan \varphi\right]}{3\left(\sin \frac{3\theta_0}{2}-\sin \frac{\theta_0}{2}\right)(1+\tan \varphi)^{\frac{1}{2}}+6\sin \frac{\theta_0}{2}\tan \varphi} \qquad (4.50)$$

由式(4.49)得$c_0=(p_r+p_g)\tan \varphi-\dfrac{K_{Ic}}{\sqrt{2\pi r}\cot \varphi}$,代入式(4.48)即可得 I、II 型复合裂纹断裂判据为:

$$K_I\left[2(\cos \theta_0-1)\cos \frac{\theta_0}{2}(1+\tan \varphi)^{\frac{1}{2}}-4\cos \frac{\theta_0}{2}\tan \varphi\right]-K_{\mathrm{II}}\left[3\left(\sin \frac{3\theta_0}{2}-\sin \frac{\theta_0}{2}\right)(1+\tan \varphi)^{\frac{1}{2}}+6\sin \frac{\theta_0}{2}\tan \varphi\right]$$
$$=-4K_{Ic}\tan \varphi \qquad (4.51)$$

4.5.3　地应力条件下煤岩体液态CO_2相变射流致裂裂隙转向机理研究

在液态CO_2相变射流致裂煤岩体增透过程中,其裂隙扩展过程研究主要包括裂缝生成、裂缝的扩展方向研究。上述研究分析建立了煤岩体液态CO_2相变射流致裂起裂模型,研究揭示了高压CO_2气体冲击作用下煤岩体剪切及拉伸破坏力学机理,进行地应力条件下含瓦斯煤岩体液态CO_2相变射流作用下裂隙扩展规律理论研究,建立了地应力条件下含瓦斯煤岩体液态CO_2相变射流作用下压剪断裂判断依据,揭示了地应力条件下含瓦斯煤岩体液态CO_2相变射流致裂裂缝生成力学机理。本节主要针对地应力条件下煤岩体液态CO_2相变射流致裂裂缝扩展方向问题,开展相关理论研究,分析完整煤岩体及含天然裂隙煤岩体液态CO_2相变射流致裂裂隙转向机理。

1)孔壁煤岩体液态CO_2相变射流致裂裂隙转向机理

根据第 4 章 4.2.2 节分析若孔壁为完整煤岩体,则液态CO_2相变射流致裂在孔壁最大拉

应力处起裂,即其破坏初始位置位于孔壁最大拉应力点,且最大拉应力为:

$$\sigma_{\max}(\theta) = [(\sigma_\theta + \sigma_z) - \sqrt{(\sigma_\theta - \sigma_z)^2 + 4\sigma_{\theta z}^2}]/2$$

将式(4.6)中 σ_θ,σ_z,$\sigma_{\theta z}$ 代入上式可得到地应力条件下孔壁最大拉应力为:

$$\sigma_{\max}(\theta) = \frac{1}{2}\{[(\sigma_H + \sigma_h + \sigma_v) - 2(1+v)(\sigma_H - \sigma_h)\cos 2\theta - 4(1+v)\tau_{xy}\sin 2\theta - P]$$

$$-\sqrt{[(\sigma_H + \sigma_h - \sigma_v) - 2(1+v)(\sigma_H - \sigma_h)\cos 2\theta - 4(1+v)\tau_{xy}\sin 2\theta - P]^2 + 16(\tau_{yz}\cos\theta - \tau_{xz}\sin\theta)^2}\}$$

$$(4.52)$$

为了得到孔壁起裂位置,令 $\dfrac{\partial \sigma_{\max}(\theta)}{\partial \theta} = 0$,得到最大拉应力对应的 θ 值,则可得到直角坐标系中,起裂点的位置为:

$$\begin{cases} x_0 = -R\sin\alpha\sin\theta + R\cos\beta\cos\alpha\cos\theta + z\sin\beta\cos\alpha \\ y_0 = -R\cos\beta\sin\alpha\cos\theta + z\sin\beta\sin\alpha + R\cos\alpha\sin\theta \\ z_0 = -R\sin\beta\cos\theta + z\cos\beta \end{cases} \quad (4.53)$$

式中　R——距钻孔轴线的半径;

　　　α——钻孔的相对方位角;

　　　β——钻孔孔斜角。

得到孔壁起裂方位角为:

$$\lambda = \frac{1}{2}\tan^{-1}\frac{2\sigma_{\theta z}}{\sigma_\theta - \sigma_z} \quad (4.54)$$

在计算得到孔壁初始起裂位置坐标 (x_0, y_0, z_0) 后,可以进一步计算得到裂缝再次扩展的位置 (x_1, y_1, z_1),一直循环计算即可得到液态 CO_2 相变射流致裂裂隙扩展的空间曲线。

2)裂隙煤岩体液态 CO_2 相变射流致裂裂隙转向机理

式(4.42)给出了裂隙尖端应力分布表达式,根据最大拉应力破坏理论,裂隙沿周向拉应力最大值的方向开始开展,因此,对 σ_θ 求导,并令其一阶导数值为 0,得到:

$$\partial \sigma_\theta / \partial \theta = -\frac{3}{4\sqrt{2\pi r}}\cos\frac{\theta}{2}[K_{\mathrm{I}}\sin\theta + K_{\mathrm{II}}(3\cos\theta - 1)] = 0 \quad (4.55)$$

计算得到 I、II 型复合裂纹裂隙扩展角为:

$$\theta = 2\arctan\frac{K_{\mathrm{I}}/K_{\mathrm{II}} - \sqrt{(K_{\mathrm{I}}/K_{\mathrm{II}})^2 + 8}}{4} \quad (4.56)$$

由式(4.56)可以看出,当 θ 趋向于 90°时,等式右边为无穷大,因此,认为裂隙扩展角度发展至 90°时停止转向。基于此,在裂缝扩展稳定阶段,当指定一定的扩展长度后,计算得到该方向裂隙尖端应力计 K_{I}、K_{II} 值后,即可计算得到裂隙下一步扩展延伸方向,直至 θ_i 趋近于 90°时为止。

4.6 液态 CO_2 相变射流煤岩体致裂及裂隙扩展数值模拟研究

前文理论研究分析表明,液态 CO_2 相变射流致裂技术破岩及裂隙扩展过程主要受 CO_2 射流压力、地应力、煤岩力学性质、瓦斯压力等因素影响。由于煤层瓦斯压力相对射流压力、地应力分布对裂隙扩展影响较小,且地应力及射流压力对于致裂钻孔优化设计及施工工艺参数确定有较大影响,因此,采用 PFC2D 离散元颗粒流分析软件进行数值模拟研究,分析地应力分布、射流压力对液态 CO_2 相变射流破岩及裂隙扩展影响。

4.6.1 数值模拟软件及原理介绍

PFC(Partical Flow Code)数值计算软件是由美国 ITASCA 公司开发的一款基于颗粒流离散单元法的高级通用计算分析程序。与有限元法最大的区别在于,PFC 计算方法是从材料微观结构角度研究介质的力学特性和破坏行为,该软件特别适用于从细观力学角度描述和分析散体或胶结材料的受力变形及破坏过程。

PFC 数值计算软件最基本的两大功能为固体介质破裂和破裂扩展研究、散体状颗粒的流动研究。因此,该计算方法被广泛应用于机械零件破坏失效分析、建筑物主要结构破坏及裂隙扩展、大地断裂构造及其发展过程、切削或爆破导致的材料裂隙扩展等,已在岩土工程、采矿工程、石油工程、机械工程等工业生产领域得到极为广泛的应用。在采矿和石油开采领域的代表性研究课题涵盖节理岩体和土体的稳定性评价、地下水流动与耦合分析、支护结构模拟和水压致裂研究等[276]。

采用 PFC 数值计算软件进行煤岩体液态 CO_2 相变射流致裂及裂隙扩展数值模拟研究的优点在于:能更深入地理解煤岩体颗粒物质在破坏过程中的破碎与裂隙发育等内在复杂行为特征,能够避免物理试验过程中煤岩体材料内部各向异性和非均质造成的结果误差,对研究地应力、射流压力等对煤岩体裂隙发育、扩展过程影响具有重要意义[277]。因此,该方法已被学者广泛应用于岩石爆破裂隙扩展、煤岩体水力压裂裂隙扩展、单轴压缩裂隙扩展分析过程中。本节主要应用 PFC2D 数值计算软件进行不同地应力、射流压力条件下煤层液态 CO_2 相变射流破岩及裂隙扩展规律研究,其一般计算流程如图 4.8 所示。

PFC 数值计算模型的基本单位为球(Ball),且分为两种形式:球形(Sphere)或圆盘(Disk),通过球体基本单元的组合,可以模拟任意形状刚性块体(Clump),通过多个球体基本单元的黏结,能够模拟具有弹性属性在接触断裂时破碎的颗粒簇(Cluster of Particle)。该软件还定义了代表边界的墙(Wall),通过墙体施加应力边界条件,实现球体单元组合体的压实及模拟边界压力。在球体单元之间、球体与墙体之间通过接触力(Contact Force)产生力学作用,且单元之间满足牛顿运动定律,即单元之间接触力消失后,单元成为可以自由运动的自由单元。因此,在该计算方法建模过程中主要通过单元之间的接触方式和接触强度控制模型的基本力学性质[278]。

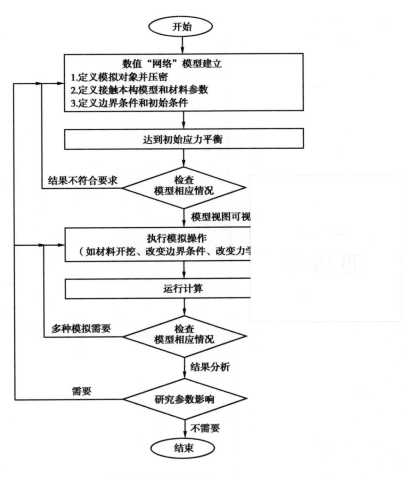

图 4.8　计算流程图

因此,接触的本构模型对于模型建立至关重要,PFC 计算方法单元之间的接触本构模型主要有 3 类:

①刚度接触模型(Contact-Stiffness Model),包括线性接触模型(Linear Contact Model)、赫兹-明德林模型(Hertz-Mindlin Contact Model),主要用于描述单元之间的弹性应变关系;

②滑动模型(Slip Model),主要用于模型中实体相对滑动模拟研究,如岩石沿节理面滑动破坏等;

③黏结模型(Bonding Model),包括接触黏结模型(Contact-Bond Model)、平行黏结模型(Parallel-Bond Model),黏结模型仅适用于颗粒与颗粒接触[276-278]。

同时,PFC 可通过动态链接库支持用户自编本构模型,研究过程中主要采用线性接触模型。

4.6.2　模型建立及研究方案

本研究以白皎煤矿 238 底板道为研究对象,煤岩力学性质、液态 CO$_2$ 相变射流参数等均基于白皎煤矿现场试验数据。释放管上单孔高压 CO_2 气体煤岩体致裂,建立的模型尺寸为 20 m×20 m,如图 4.9 所示,相关微观球体单元参数如表 4.1 所示,且高压 CO_2 气体压力 $P(t) = 276e^{-19.92t}$(第 3 章 3.3.3 节研究结果),其随时间变化关系如图 3.5 所示。

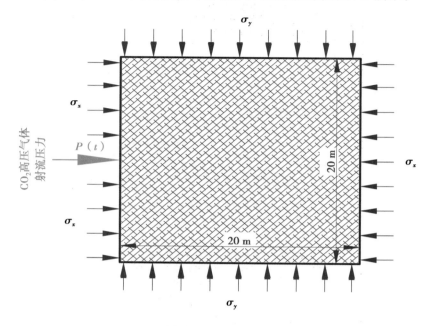

图 4.9　数值模拟模型

表 4.1　球体单元物理力学参数取值

参　数	参数值	参　数	参数值
粒径比	1.1	平行键的黏聚强度/Pa	$13×10^6$
粒子密度 ρ/(kg·m^{-3})	2 500	平行键摩擦角/(°)	21
粒子单元间接触模量 E_c/GPa	1.4	平行黏结半径乘子 λ	0.8
粒子单元间剪切刚度比 K_n/K_s	1.3	正常临界阻尼比	0.5
颗粒间刚度比	1.3	平行键有效模量 $\bar{E_c}$/GPa	1.4
颗粒间摩擦系数 u	0.3	平行键法向抗剪刚度比 $\bar{k_n}/\bar{k_s}$	1.3

为验证模型参数是否符合白皎煤矿煤岩力学性质,建立物理模型进行煤岩三轴压缩模拟,采用重庆大学煤岩热流固耦合试验系统进行试验验证[279-280],得到数值模拟和试验两种条件下试件的应力-应变曲线及其破坏形态(图 4.10)。通过破坏形态、应力应变曲线分析表明,表 4.1 所选参数建立的煤岩体模型符合真实煤岩力学特性。

研究过程中,为了获得地应力分布、射流压力对液态 CO_2 相变射流破岩及裂隙扩展的影响规律,设定两个方案进行定性研究:

方案一:射流压力为 $P(t)$,保持其他参数不变,分别进行了 4 种边界应力条件下的数值模拟计算,分别为(5 MPa:5 MPa)、(5 MPa:10 MPa)、(5 MPa:15 MPa)、(5 MPa:20 MPa)。

方案二:边界应力条件设置为(5 MPa:5 MPa),保持其他参数不变,分别进行了4种液态 CO_2 相变射流压力条件下的计算研究,分别为 $P(t)$、$0.8\,P(t)$、$0.6\,P(t)$、$0.4\,P(t)$。

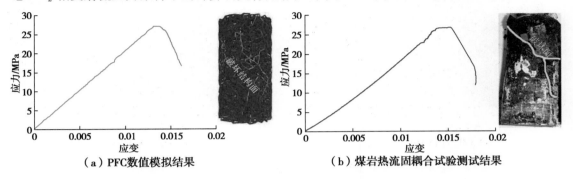

(a)PFC数值模拟结果　　　　　　**(b)煤岩热流固耦合试验测试结果**

图4.10　数值模拟与试验测试验证

经过PFC2D离散元颗粒流分析软件分析计算,得到不同边界应力条件下,液态 CO_2 相变射流破岩位移、离散裂隙网络、张拉应力分布云图、破坏形态图等。

4.6.3　不同地应力条件下液态 CO_2 相变射流破岩及裂隙分布特征研究

（1）煤岩体变形规律研究

图4.11(a)—(d)所示分别为方案一4种边界应力条件下液态 CO_2 相变射流破岩后煤岩体位移云图。由图可以看出,经过液态 CO_2 相变射流作用,射流孔口附近存在部分与气流方向相反的剥落颗粒物,在孔口附近形成复杂裂隙网络破碎区,伴随有沿水平方向及垂直方向延伸的张拉裂隙产生,且随着垂直方向应力的增大,煤岩体致裂裂隙扩展方向及尺寸产生明显变化。分析不同条件下液态 CO_2 相变射流致裂煤岩体最大位移,得到最大位移随边界应力变化关系曲线如图4.12所示,表明随着垂直应力的增加,液态 CO_2 相变射流致裂煤岩体变形量逐渐减小。

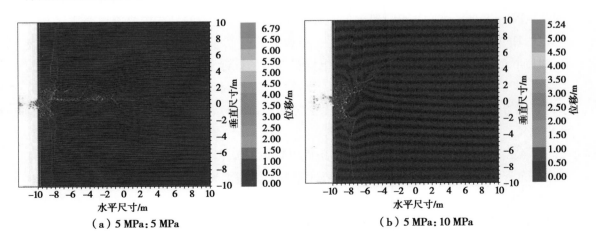

（a）5 MPa:5 MPa　　　　　　**（b）5 MPa:10 MPa**

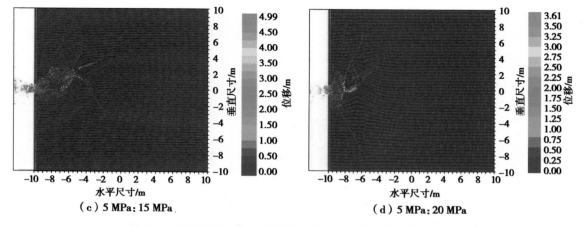

（c）5 MPa：15 MPa   （d）5 MPa：20 MPa

图 4.11 不同边界应力条件下液态 CO_2 相变射流致裂位移云图

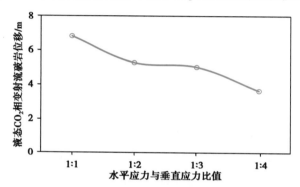

图 4.12 液态 CO_2 相变射流致裂最大位移随边界应力变化关系曲线

（2）煤岩体离散裂隙网络（DFN）分布特征

离散裂隙网络（Discrete Fracture Network，DFN）[281-282] 产生于 20 世纪 80 年代，是在 Baecher & Einstein（MIT）、Priest & Hudson（Imperial College）、La Pointe & Hudson（U. Wis）等开发的裂缝几何地质统计模型基础上，经过 Jang Long（UCBerkeley）、Bill Dershowitze（MIT）、Peter Robinson（Oxford）等出色的研究提出并广泛应用的。与传统等效介质多孔模型相比，DFN 模型明确定义了模拟区域每一条裂缝的位置、产状、几何形态、尺寸、宽度以及孔渗性质等，同时对裂缝进行分组，每一组均有各自的统计学共性。因此，所有裂缝在空间上既被相互独立地随机放置，又分别属于不同发育特征的裂缝组。PFC2D 数值计算软件可以得到煤岩体液态 CO_2 相变射流致裂离散裂隙网络（DFN），对分析其破坏特征及尺寸具有重要意义。

图 4.13 所示为方案一 4 种边界应力条件下液态 CO_2 相变射流致裂后煤岩体离散裂隙网络分布云图。由图 4.13（a）可以看出，在水平和竖向应力为 1 : 1 时，水平方向主裂隙与水平加载方向平行，位于试件中部，最远扩展至距离射流孔口 17.4 m 处，具有形成贯通裂隙的趋势，煤岩体模型离散裂隙单元最大为 27 800，且裂隙方向没有明显的扭转趋势。由图 4.13（b）可以看出，在水平和竖向应力为 1 : 2 时，破坏主裂隙仍位于模型中部与水平方向平行位

置,但其距射流孔口的水平距离仅为 12.7 m,较第一种条件减少了 27.0%,且周边裂隙有明显的方向扭转趋势。在图 4.13(c)中,破坏主裂隙主要位于模型左侧,多数与垂直加载方向平行,位于模型中间与水平加载方向平行的裂隙尺寸明显减小,裂隙距离射流孔口的水平距离减少为 12.3 m,较第二种条件相比,裂隙扩展方向扭转趋势更加明显。由图 4.13(d)可以看出,当水平和竖向应力比为 1∶4 时,致裂裂隙沿水平方向扩展的最大距离为 10.4 m,较第一种条件减少了 40.2%,与第三种条件类似,该条件下致裂裂隙主要分布于模型左侧,同样裂隙扩展方向具有明显的扭转特征,但该模型裂隙数量明显少于第三种条件,模型离散裂隙单元最大为 21 400,仅为第一种条件的 78%。基于数值模拟结果分析不同边界应力条件下液态 CO₂ 相变射流致裂煤岩体离散裂隙网络单元数量及裂隙扩展沿水平方向的距离,得到裂隙单元数量及水平方向裂隙尺寸与边界应力关系曲线如图 4.14 所示。由图 4.13、图 4.14表明,随着垂直应力的不断增大,裂隙沿水平方向扩展的距离减小,且煤岩体裂隙扩展方向逐渐有水平方向向垂直方向扭转,但煤岩体内形成的裂隙单元数量没有减小的趋势,表明地应力大小及方向对液态 CO₂ 相变射流破岩裂隙扩展方向具有较大的影响。

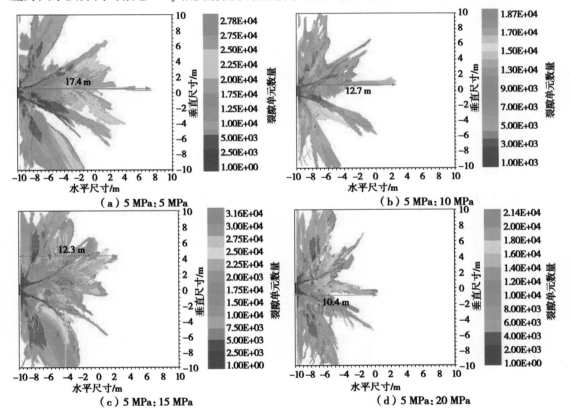

图 4.13 不同边界应力条件下液态 CO₂ 相变射流致裂离散裂隙网络分布特征

图 4.15 为 PFC2D 数值模拟软件分析得到的不同边界应力条件下液态 CO₂ 相变射流致裂离散裂隙节理走向玫瑰花图。其半径表示每组节理数量,角度表示节理走向,用于表明致裂裂隙场节理方位和条数,以反映煤岩体致裂裂隙场内各个方向节理大发育程度。由图

4.15（a）可以看出在，第一种边界应力条件下，致裂裂隙场最大节理走向为 70°~90°，且该范围内节理数量达到了 6 641 个；其次为 90°~110°，其数量为 5 756 个，表明液态 CO_2 相变射流

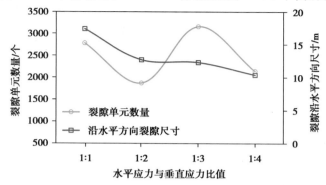

图 4.14　裂隙单元数量及水平方向裂隙尺寸与边界应力关系曲线

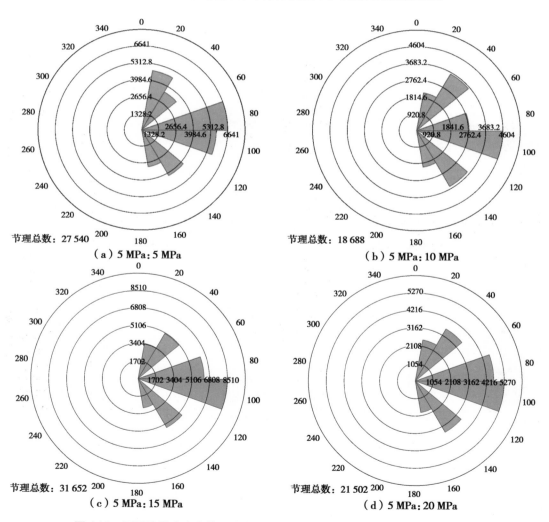

图 4.15　不同边界应力条件下液态 CO_2 相变射流致裂离散裂隙节理玫瑰花图

致裂作用下煤体内裂隙扩展方向主要为 70°～110°，即 90°左右，以射流方向一致。根据图 4.15 分析得到了不同边界应力条件下致裂裂隙场节理走向分布及其数量百分比，如图 4.16 所示。由图 4.16 可以看到 4 种边界应力条件下，液态 CO_2 相变射流致裂裂隙场节理平均走向均在 80°、100°占比最大，表明 4 种边界应力条件下裂隙场节理走向与射流方向近似一致。

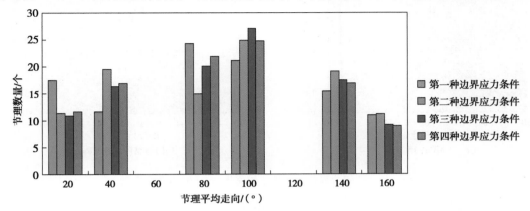

图 4.16　不同边界应力条件下致裂裂隙场节理走向分布及其数量

（3）煤岩体张拉应力分布云图

图 4.17 所示为方案一 4 种边界应力条件下液态 CO_2 相变射流致裂后煤岩体拉应力与压应力分布云图。由图可以看出，在地应力及高压 CO_2 气体作用下模型大部分区域为压应力，而在致裂裂隙尖端两侧均分布有拉伸应力场，表明液态 CO_2 相变射流破岩过程中，裂纹的扩展主要是高压 CO_2 气体产生的拉伸应力作用结果。

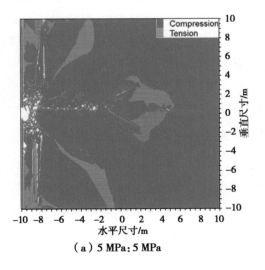
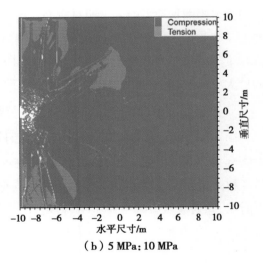

（a）5 MPa：5 MPa　　　　　　　　（b）5 MPa：10 MPa

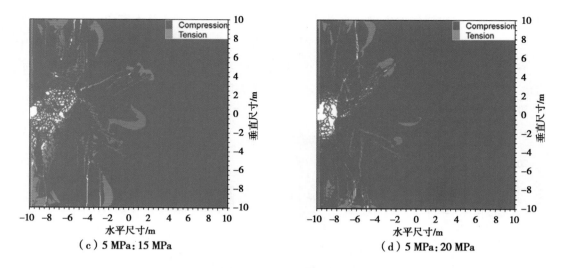

（c）5 MPa：15 MPa   （d）5 MPa：20 MPa

图4.17　不同边界应力条件下煤岩体拉/压应力分布云图

4.6.4　不同射流压力条件下液态 CO_2 相变射流破岩及裂隙分布特征研究

（1）煤岩体变形规律研究

图4.18所示为方案二4种射流压力条件下液态 CO_2 相变射流破岩煤岩体位移云图。由图可以看出在射流压力为 $P(t)$ 时，煤岩体最大变形量为6.79 m；当射流压力为 $0.8P(t)$ 时，其最大变形量仅为3.39 m，较第一种压力条件减小了50.07%。且由图可以明显看到，第一种射流压力条件下煤岩体裂隙主要分布于模型的中部平行于水平加载方向，而第二种应力条件下裂隙扩展方向发生明显改变。这表明液态 CO_2 相变射流压力大小，对煤岩体致裂变形及裂隙扩展均具有一定的影响。根据数值模拟结果，分析得到液态 CO_2 相变射流致裂位移量随射流压力变化关系曲线，如图4.19所示。曲线表明随着射流压力的减小，煤岩体的最大变形量减小。

（2）煤岩体离散裂隙网络（DFN）分布特征

图4.20所示为方案二4种射流应力条件下液态 CO_2 相变射流致裂后煤岩体离散裂隙网络分布云图。由图4.20（a）可以看出，在射流压力为 $P(t)$ 时，煤岩体裂隙最大扩展距离为17.4 m，扩展尺寸最大的裂隙位于煤岩体模型中部且与水平加载方向平行。由图4.20（b）可以看出，在射流压力减小到 $0.8P(t)$ 时，煤岩体模型离散裂隙单元数为19 200个，较第一种条件减小了30.94%，致裂裂隙沿水平方向的最大扩展尺寸为12.0 m，较第一种条件减少了31.03%。与第一种条件煤岩体致裂裂隙相比，射流压力为 $0.8P(t)$ 时，可以明显地看到模型中部的致裂裂隙明显减少，沿垂直方向裂隙增加。由图4.20（c）可以看到，当射流压力为 $0.6P(t)$ 时，煤岩体模型内裂隙单元数量进一步减少，裂隙场沿水平方向的扩展距离减少为10.7 m，试件中部裂隙占比明显减少。由图4.20（d）可以看到，当射流压力为 $0.4P(t)$ 时，致裂裂隙沿水平方向扩展的最大距离为10.6 m，较第一种条件减少了39.08%，沿水平及垂直

方向致裂裂隙均明显减少,离散裂隙单元总数仅有 9 640 个,较第一种条件减少了 65.32%。

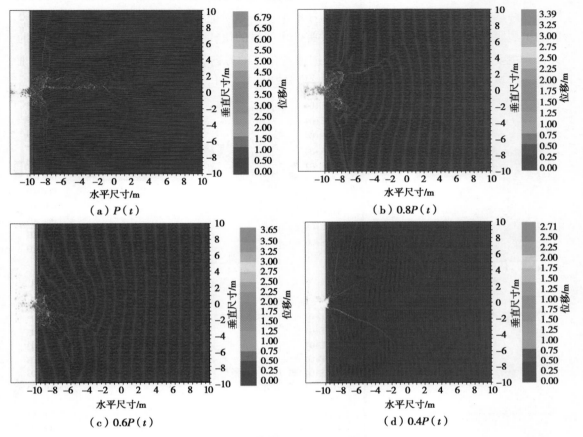

（a）$P(t)$　　　　　　　　　　　　　　（b）$0.8P(t)$

（c）$0.6P(t)$　　　　　　　　　　　　　（d）$0.4P(t)$

图 4.18　不同射流压力条件下液态 CO_2 相变射流致裂位移云图

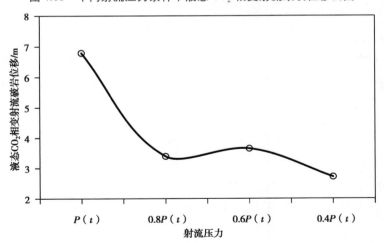

图 4.19　液态 CO_2 相变射流致裂位移量随射流压力变化关系曲线图

　　基于数值模拟结果分析不同射流应力条件下液态 CO_2 相变射流致裂煤岩体离散裂隙网络单元数量及裂隙扩展沿水平方向的距离,得到裂隙单元数量及水平方向裂隙尺寸与射流压力关系曲线,如图 4.21 所示。由图 4.20、图 4.21 表明,随着射流压力的减小,水平方向及竖直方向煤岩体裂隙均明显减小,且煤岩体内形成的裂隙单元数量明显减小,裂隙沿水平方向的扩展距离减小,但形成的裂隙网络没有产生明显的扭转现象。结合前文分析认为,地应力分布主要影响液态 CO_2 相变射流裂隙扩展及分布的方向,而裂隙数量没有明显影响。射流压力主要影响液态 CO_2 相变射流裂隙扩展的数量及尺寸。

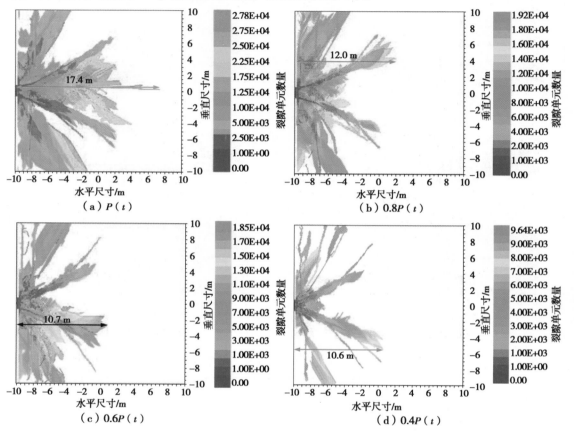

图 4.20　不同射流压力条件下液态 CO_2 相变射流致裂离散裂隙网络分布云图

（3）煤岩体张拉应力分布云图

图 4.22 所示为方案二 4 种射流压力条件下液态 CO_2 相变射流致裂后煤岩体拉应力与压应力分布云图。与方案一结果类似,由图可以明显地看出在地应力及高压 CO_2 气体作用下,模型大部分区域为压应力,而在致裂裂隙尖端两侧均分布有拉伸应力场,表明液态 CO_2 相变射流破岩过程中,裂纹的扩展主要是高压 CO_2 气体产生的拉伸应力作用结果。

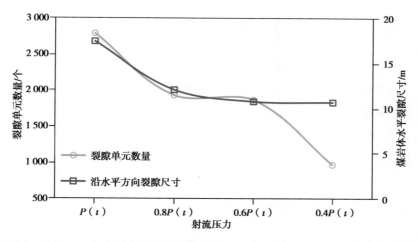

图 4.21 液态 CO_2 相变射流致裂离散裂隙单元数量及水平距离随射流压力变化规律

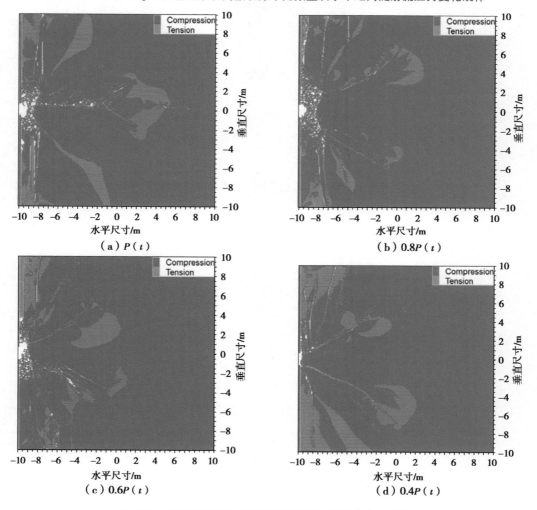

图 4.22 不同射流应力条件下煤岩体拉/压应力分布云图

4.6.5 液态 CO_2 相变射流致裂裂隙扩展基本形态规律研究

根据本章4.5.3节、4.5.4节中液态 CO_2 相变射流破岩 PFC2D 数值模拟分析所得煤岩体破坏形态图结合本章4.3节、4.4节分析及前人类似研究[279-280]，将液态 CO_2 相变射流煤岩体破坏区域及裂隙形态分为剥落破碎区、裂隙网络破碎区、锥形裂纹，如图 4.23 所示。其中，剥落破碎区是靠近射流孔口附近，在射流剪切及拉伸应力作用下形成的离散煤岩体颗粒在高压 CO_2 作用下剥离，并且反向飞溅形成的破坏区域（图 4.11、图 4.18）；裂隙网络破碎区是在高压 CO_2 相变射流剪切及拉伸应力作用下形成的由径向及周向裂隙组成的网状破坏区域；锥形裂纹是在高压 CO_2 相变射流拉伸应力作用下，煤岩体内形成的拉伸破坏裂隙。

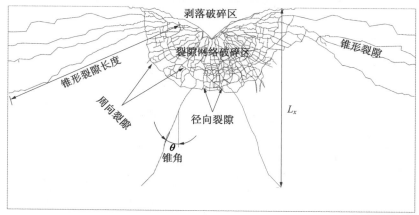

图 4.23　液态 CO_2 相变射流破岩裂隙分布特征

5 液态 CO_2 相变射流冲击致裂裂隙扩展规律试验研究

5.1 概 述

基于前述液态 CO_2 相变射流气体冲击动力学特征、液态 CO_2 相变射流冲击致裂裂隙扩展力学机理等理论、试验及数值模拟研究成果,表明液态 CO_2 相变射流技术可产生高速 CO_2 气体射流,且作用于孔壁煤岩体上能够产生较大的打击压力,在煤体表面形成拉伸及剪切破坏区;孔内高压气体作用于煤体内形成拉伸应力,在煤体内部形成宏观裂隙。为了验证该技术在煤岩体致裂增透应用方面的可行性及致裂裂隙扩展规律,采用自主研发的液态 CO_2 相变射流煤岩体致裂试验系统进行煤岩体冲击破坏试验研究,分析了煤岩体液态 CO_2 相变射流冲击破坏宏微观特征;进行类煤岩体试件三轴应力条件下液态 CO_2 相变射流致裂及裂隙扩展规律研究,分析射流初始压力、边界主应力比、材料力学强度、内部层理及节理对试件裂隙扩展规律的影响,结合声发射测试技术,研究煤岩体液态 CO_2 相变射流致裂及裂隙扩展过程中声发射特征。

5.2 煤岩体液态 CO_2 相变射流冲击破坏宏微观特征试验研究

5.2.1 试验方案

为了研究液态 CO_2 相变射流冲击煤岩体破坏宏微观特征,采用液态 CO_2 相变射流煤岩体致裂试验系统,对白皎煤矿采集加工的煤样进行冲击试验,将煤样由夹持装置固定,并放置在试验系统高压气体喷嘴处,通过气动增压系统对气瓶内的 CO_2 气体进行增压,储存至高压容器中。容器内压力达到试验设定压力后,关闭增压系统及系统进气阀,通过计算机打开气动阀,形成高压 CO_2 气体瞬间作用于煤岩体上,造成煤岩体破坏,具体的试验步骤如下。

(1)不同初始压力条件下液态 CO_2 相变射流冲击煤岩体宏观破坏特征研究

首先,将白皎煤矿同一地点采集得到的块煤加工为边长 100 mm 的正方体煤样,选取其中 6 个煤样进行不同初始压力条件下液态 CO_2 相变射流冲击破坏试验研究。其中,没有进行液态 CO_2 相变射流冲击破坏的煤样标记为 C_0,其余标记为 $C_1 \sim C_5$。然后,为了测试获得煤样破坏的射流破坏阈值压力,采用初始压力 15 MPa 的试验条件对 C_1 煤样进行高压气体射流冲击。如果试件没有发生破坏,则初始压力增加 1 MPa,继续对 C_1 进行射流冲击破坏,直至煤样产生破坏,则认为煤样破坏时对应的初始压力即为白皎煤矿煤岩的射流破坏阈值压力。最后,为了研究不同 CO_2 气体射流压力下煤样的宏微观破坏特征,进行了煤样在不同 CO_2 气体射流压力下的冲击破坏试验研究。对不同初始压力条件下液态 CO_2 相变射流冲击作用下 C_1—C_5 煤样宏观损伤面积进行统计分析,研究 CO_2 气体射流煤岩体破坏面积大小与射流压力关系。

(2)液态 CO_2 相变射流冲击煤岩体微观特征研究

煤岩体作为一种含有裂隙及孔隙的多孔介质,其内部孔隙和裂隙结构的表征是评价煤的透气性和储气性的基础。为了研究液态 CO_2 相变射流冲击煤岩体破坏微观形态特征,采用 Tescan Mira3 场发射扫描电子显微镜和 Quantachrome PoreMaster-33 全自动孔径分析仪对原煤样品(C_0)和射流冲击煤样($C_1 \sim C_5$)破坏区域碎屑进行表面微观形态及内部孔隙、孔径、比表面积等进行测试分析,进行液态 CO_2 相变射流冲击煤岩体微观特征研究。

5.2.2 试验结果分析

(1)不同初始压力条件下液态 CO_2 相变射流冲击煤岩体破坏宏观特征

在煤岩体液态 CO_2 相变高压气体射流冲击破坏试验过程中,测试得到不同初始压力条件下 CO_2 气体射流压力时程曲线及煤样破坏情况,如图 5.1 所示。

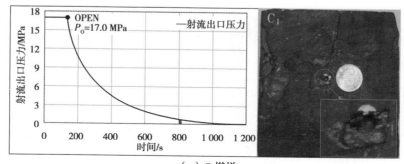

(a)C_1 煤样

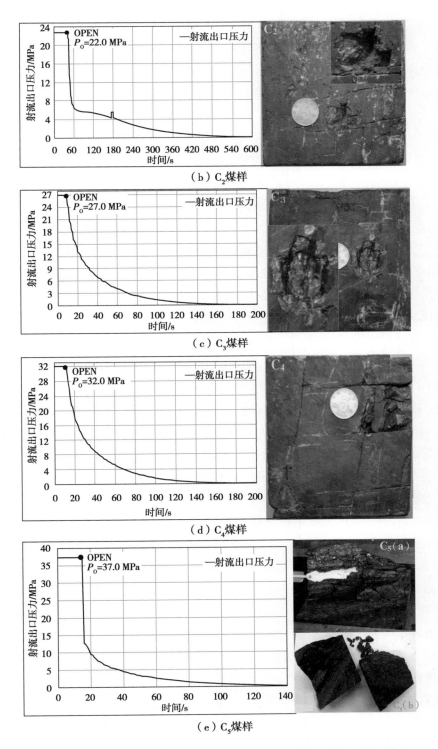

（b）C_2 煤样

（c）C_3 煤样

（d）C_4 煤样

（e）C_5 煤样

图 5.1　不同初始压力条件下 CO_2 气体射流压力时程曲线及煤样破坏情况

图 5.1 所示为不同初始压力条件下液态 CO_2 相变高压气体射流压力时程曲线及其破坏情况。为了确定液态 CO_2 相变高压气体射流能量大小,假设液态 CO_2 相变高压气体射流破碎煤的过程中,高压气体储罐内能量全部转换为破碎煤岩体的能量,可采用下式计算得到不同初始压力条件下液态 CO_2 相变高压气体射流能量[148]:

$$E = \frac{PV}{K-1} \left[1 - \left(\frac{0.101\ 3^{\frac{K-1}{K}}}{P} \right) \right] \times 10^3 \tag{5.1}$$

式中　E——液态 CO_2 相变高压气体射流能量,kJ;

V——CO_2 液体储罐的体积,m³,取值为 0.005 m³;

P——系统中气体的初始压力,MPa;

K——气体膨胀系数,取值为 1.295。

根据式(5.1)可以计算得到当射流初始压力分别为 17.0,22.0,27.0,32.0 MPa 和 37.0 MPa 时,相应的能量分别为 278.07,362.82,447.57,532.31 kJ 和 617.06 kJ。

由图 5.1(a)可以看到,射流初始压力达到 17 MPa 时,C_1 煤样开始产生明显的射流破坏区域,即白皎煤矿试验区域煤样在液态 CO_2 相变高压气体射流作用下的破坏阈值为 17 MPa,通过测量得到破坏区域面积为 75.26 mm²,且破坏区域表面较光滑。当射流初始压力为 22 MPa 时,C_2 煤样破坏区域面积为 414.33 mm²,破坏区域内部高低起伏不定;当射流初始压力为 27 MPa 时,C_3 煤样破坏区域面积为 450.77 mm²,破碎区的深度增加,且破碎区中心深度明显大于外围;射流初始压力为 32 MPa 时,C_4 煤样破坏区域面积为 1 313.06 mm²,为 C_1 煤样的 17.44 倍,为 C_3 煤样的 2.91 倍,且破坏区域存在大块碎裂煤粒,可以明显地看出,煤样由原始裂隙断裂,产生破碎区。当射流初始压力为 37 MPa 时,C_5 煤样在高压 CO_2 气体射流冲击作用下,产生整体破坏,如图 5.1(e)所示。由图 5.1(e)中 C_5(a)可以看到,煤岩体断裂面上存在明显的断裂裂痕,并产生碎裂煤屑。

结果表明,在液态 CO_2 相变高压气体射流作用下,随着射流冲击压力的增大,射流破坏区域的面积逐渐增大,如图 5.2 所示。结合第 4 章液态 CO_2 相变射流气体冲击动力学研究可知,射流打击力于射流初始压力呈线性关系。因此,随着射流初始压力的增大,作用于静止煤岩体表面上的作用力及作用面积增大,产生的破坏区域增大,造成的煤岩体破碎程度越高,煤岩体裂纹越多。该过程的力学机理可解释为,在高压 CO_2 气体射流冲击作用下,在煤岩体表面形成拉应力和剪应力,由于煤岩的力学性能在一定程度上接近准脆性材料,其抗剪、抗拉强度远低于其抗压强度。因此,尽管高压 CO_2 气体射流产生的冲击压力可能没有达到煤岩的抗压强度,但是由射流冲击产生的剪切应力和拉伸应力已远远大于其抗剪、抗拉强度,导致煤岩体内部产生拉伸及剪切破坏,形成射流冲击破坏区。

（2）扫描电镜（SEM）微观形态特征测试结果分析

采用 Tescan Mira3 场发射扫描电子显微镜对原始煤样及液态 CO_2 相变高压气体射流破坏煤样碎屑进行微观形态特征扫描分析。图 5.3 为放大 2 000 倍时的测试结果。

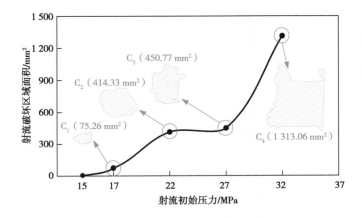

图 5.2　煤样上 CO_2 气体射流破坏区的示意图和面积大小

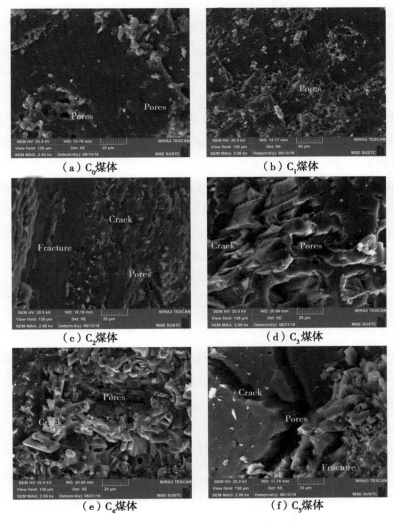

图 5.3　不同射流压力下煤样的 SEM 测试结果

图 5.3(a)所示为原煤样品 C_0 的表面微观形貌扫描结果。由图可以看出,原始煤样表面相对比较光滑,含有少量较小的孔隙,无明显裂隙。图 5.3(b)—(f)为 $C_1 \sim C_5$ 煤样射流破坏区域碎屑煤粒的微观形貌。图 5.3(b)所示为初始压力 17 MPa 时破碎区域煤样碎屑的表面微观形态。由图可以看出,经过液态 CO_2 相变高压气体射流冲击煤体表面孔隙数量明显增加,但没有明显的裂隙产生,且表面仍较光滑。由图 5.3(c)可以看出,在初始压力 22 MPa 液态 CO_2 相变高压气体射流冲击作用下,破碎区域煤样表面具有明显的断痕,有细小裂隙发育,且在图像的右下角发育有较大的孔隙。图 5.3(d)所示为初始压力 27 MPa 时,破碎区域煤样的表面微观形态,图中显现出明显的断裂痕迹,其表面大孔隙数量明显多于 C_0、C_1、C_2 煤样,表面粗糙程度明显高于 C_0、C_1、C_2 煤样。图 5.3(e)所示为初始压力 32 MPa 时,C_4 煤样破碎区域的表面微观形态图,可以看到煤样表面有大量断裂后的碎粒状煤基质堆积,图像中心发育有"鸟巢状"孔隙,其宽度约 57 μm,另外下部发育有长度约 90 μm 的大孔隙,其表面粗糙程度大于 C_3 煤样。图 5.3(f)所示为 C_5 煤样在初始压力 37 MPa 时,液态 CO_2 相变高压气体射流冲击作用下破坏区域煤样表面微观形态,由图可以看到在其左半边发育有 3 条宽度约 12 um 的裂隙,最终交汇于中心宽约 24 mm 的孔隙处,在图像的右半边有大量碎屑装基质堆积。

上述分析表明,与原煤样品相比,液态 CO_2 相变高压气体射流破碎煤样的 SEM 图像具有较多的孔隙和裂纹(或裂缝),且随着射流初始压力的增大,煤样表面孔隙及裂隙数量增加,表面粗糙程度增大。分析认为造成该结果的原因是:在液态 CO_2 相变高压气体射流冲击应力作用下,在煤体中形成剪切和拉伸破坏,在煤体中形成大量的毛孔和裂缝;同时,高压气体通过原始孔隙使煤岩体发生膨胀变形,造成原始孔隙裂隙贯通,造成煤样表面粗糙度和孔隙结构增加,且随着射流初始压力的增大,煤样中的孔隙和裂隙越多,其粗糙程度增大,而随着煤层孔隙数和裂隙尺寸的增加能有效地提高煤层气储层的透气性。因此,液态 CO_2 相变高压气体射流技术是一种有意义的低渗透 ECBM 方法。

(3)MIP 孔隙结构测试结果分析

为了深入了解液态 CO_2 相变高压气体射流对 $C_1 \sim C_5$ 煤样内部孔隙结构的影响,包括孔隙度、孔径分布、比表面积、孔隙联通性等,采用压汞法(MIP)等方法对 $C_1 \sim C_5$ 煤样破坏区域碎屑煤样进行分析。根据煤岩孔隙大小分布的结果,采用霍多特分类方法[283]将煤岩内部孔隙分为 5 类:微孔(<0.01 μm)、过渡孔(0.01~0.1 μm)、中孔(0.1~1 μm)、大孔(1~100 μm)和可见孔(>100 μm),如表 5.1 所示。

由表 5.1 可以看出,原始煤样 C_0 主要以大孔为主,总孔容为 65.3 mm^3/g,大孔容量为 51.7 mm^3/g,大孔占到总孔的 79.17%,可见孔占比仅为 14.08%,总孔隙率为 11.03%。射流初始压力为 17 MPa 时,C_1 破碎煤样总孔容为 78.6 mm^3/g,其中,大孔占比为 71.37%,可见孔占比为 26.59%,总孔隙率为 13.28%,与原始煤样 C_0 相比其总孔增加了 20.37%,可见孔占比增加了 88.85%,总孔隙率增加了 20.40%。当射流初始压力达到 22 MPa 时,C_2 煤样总孔容为

91.41 mm^3/g，较原始煤样增加了 39.98%；总孔隙率为 15.67%，较原始煤样增加了 42.07%；大孔孔容占比为 75.71%，可见孔占总孔比的例为 22.97%；可见孔占比较原始煤样提高了 63.14%。在射流初始压力达到 27 MPa 时，C_3 煤样总孔容较原煤增加了 72.74%，总孔隙率增加了 75.34%，可见孔占总孔比例为 19.95%，较原煤相比增加了 41.69%。C_4 煤样的总孔容为 149.7 mm^3/g，较 C_0 增加了 129.25%；总孔隙率为 23.05%，较 C_0 增加了 108.98%，可见孔占总孔比例为 21.44%，较原煤相比增加了 52.27%。当射流初始压力达到 37 MPa 时，C_5 煤样的总孔容为 188.84 mm^3/g，接近原始煤样的 3 倍；总孔隙率为 29.01%，为原始煤样的 2.63 倍；可见孔占总孔的比例为 17.41%，较原煤相比增加了 23.65%。

表 5.1 煤样孔隙结构参数表

煤样编号	孔隙类型及其孔容/($mm^3 \cdot g^{-1}$)				总孔体积/($mm^3 \cdot g^{-1}$)	孔隙率/%
	过渡孔	中孔	大孔	可见孔		
C_0	3.4	1	51.7	9.2	65.3	11.03
C_1	1.1	0.5	56.1	20.9	78.6	13.28
C_2	0.6	0.6	69.21	21	91.41	15.67
C_3	0.6	0.2	89.5	22.5	112.8	19.34
C_4	0.6	0	117	32.1	149.7	23.05
C_5	3.5	0	152.1	32.8	188.4	29.01

上述分析表明，试验煤样的孔隙主要以大孔为主，其次为可见孔；$C_1 \sim C_5$ 煤样品经液态 CO_2 相变高压气体射流冲击后，孔隙率和孔隙体积均有不同程度的变化，CO_2 高压气体射流冲击煤样的孔隙率均高于原始煤样 C_0，且随着射流初始压力的增大，破碎煤样的总孔隙率、总孔容明显增大。

图 5.4 所示为全自动孔径分析仪测试得到的煤样孔径分布曲线及汞侵入总体积随时间变化规律曲线。其中图 5.4(a) 为 $C_0 \sim C_5$ 煤样的孔径分布曲线，测试结果表明，孔径分布曲线的主峰出现在大孔隙范围内，表明试验煤样的孔隙均以大孔为主，其次为可见孔。此外，可以清楚地看到，随着射流压力的增加，大孔和可见孔的体积增大。图 5.4(b) 所示为压汞试验过程中，煤样汞侵入累积体积随压力变化曲线，由此可以反映煤样的总孔体积情况。图 5.4(b) 表明，经液态 CO_2 相变高压气体射流冲击后煤样的累计孔隙体积均大于原煤样品，且随着射流初始压力的增大，其累积孔隙体积增大。

图 5.5 所示为 $C_0 \sim C_5$ 煤样的孔隙结构中不同类型孔隙的容量分布图。结果表明，与原煤样品相比，经液态 CO_2 相变高压气体射流冲击后煤样的大孔隙体积明显增长，且随着射流压力的增大，大孔的体积也随之增大。前述 MIP 分析结果与 SEM 结果基本一致。图 5.5 也显示了随着射流初始压力的增加，过渡孔和中孔的体积没有显著增加。结果表明，液态 CO_2 相变高压气体射流冲击可显著提高煤样中的大孔和可见孔容量，因为大孔构成了煤层中瓦

斯的层流渗流通道、可见孔构成了煤层中层流和紊流流动并存的渗流通道。因此,煤层中大孔与可见孔的增加能够在一定程度上提高煤层透气性系数。

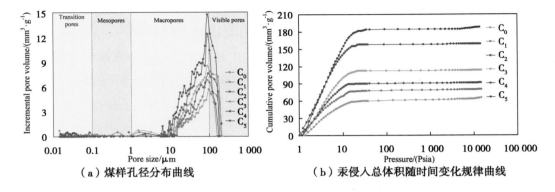

（a）煤样孔径分布曲线　　　　　　　　（b）汞侵入总体积随时间变化规律曲线

图 5.4　全自动孔径分析仪测试结果

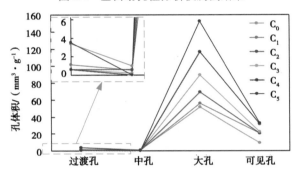

图 5.5　煤样中不同类型孔隙的容量分布图

5.2.3　试验结论

通过液态 CO_2 相变射流冲击煤岩体破坏及其宏微观特征试验研究,可得如下结论:

①白皎煤矿试验区域煤样(边长 100 mm 立方体),在液态 CO_2 相变射流冲击作用下的破坏阈值压力为 17 MPa。且随着射流压力的增加,形成的破坏区域不断增大,其破坏区域面积由 75.26 mm^2 增加到 1 313.06 mm^2。当射流压力达到 40 MPa 时,煤样产生明显的宏观大裂纹;当压力达到 45 MPa 时,煤样产生贯通破坏,产生离散解体。结果表明,随着射流压力的增大,煤样的破坏面积增大,有利于增加煤层瓦斯的运移通道。

②煤样扫描电镜分析(SEM)结果表明,在液态 CO_2 相变高压气体射流冲击作用下,煤样会产生更多的孔隙和裂纹,其孔隙和裂纹的数量与尺寸随射流压力的增大而增大。而孔隙数量和裂缝尺寸的增加有利于提高煤层气在储层中的扩散和流动能力。因此,液态 CO_2 相变高压气体射流可用于提高煤层气抽采效率。

③煤样压汞孔径分析(MIP)结果表明,试验区域原始煤样及液态 CO_2 相变高压气体射流破坏煤样的孔隙结构均以大孔为主。液态 CO_2 相变高压气体射流冲击可显著提高煤样中的大孔和可见孔容量,且随着射流压力的增大,煤样的孔容及孔隙度明显增加,较原煤相比

孔容最大增加了 188.51%,孔隙度最大提高了 163.01%。因此,液态 CO_2 相变高压气体射流有利于煤层中孔隙、裂隙的发育,提高煤层大孔与可见孔比例,在一定程度上提高煤层透气性系数。

5.3　三轴应力条件下液态 CO_2 相变射流致裂及裂隙扩展规律研究

地应力条件下液态 CO_2 相变射流煤岩体致裂及裂隙扩展规律对该技术机理及现场应用技术研究具有重要意义。本节采用自主研发的液态 CO_2 相变射流煤岩体致裂试验系统,结合声发射监测系统对类煤岩材料试件(边长 200 mm 立方体)在不同初始射流压力、不同边界应力、不同力学性质条件下液态 CO_2 相变射流致裂裂隙扩展规律及其声发射特征进行深入试验研究。

5.3.1　类煤岩材料试件制备

煤层是自然界植物遗体在长期生物化学作用、地质作用条件下形成的层状固体可燃矿产,受成煤植物、成煤应力条件、成煤环境影响,煤层中含有复杂裂隙、孔隙及层理,对其力学性质及破坏特征会产生极大的影响。因此,试验研究不同射流压力、不同边界应力、不同力学强度及含层理条件下煤岩体液态 CO_2 相变射流致裂及裂隙扩展规律,对揭示该技术致裂及裂隙扩展力学机理,指导该技术现场应用具有重要意义。在液态 CO_2 相变射流煤岩体致裂及裂隙扩展试验研究中,由于大尺寸原煤试件加工制作困难,且煤岩体内随机发育的原生裂隙及孔隙会影响裂隙扩展规律,不利于进行单一变量试验研究,因此,采用类煤岩体材料进行室内试验是该领域常用的研究方法,如煤与瓦斯突出室内试验[284]、水力压裂裂隙扩展规律室内试验[57]、深孔爆破裂隙扩展室内试验[164-165]、保护层开采上覆煤岩体破断规律试验[221]等。采用类煤岩体材料进行试验,有利于避免其他因素影响,突出试验中主要研究因素,便于揭示研究因素与研究对象之间的内在联系。类煤岩材料的加工制备需要与原煤具有相似的力学性质,即应力-应变特征、抗压及抗拉强度、泊松比等与原煤相似。试验参考的原煤取自川煤集团白皎煤矿 23 采区,其力学参数如表 2.5、表 2.6 所示。

材料选择与配比是影响类煤岩试件力学性质的关键,合理的材料选择与配比对试验研究的可靠性和准确性具有决定性的作用。类煤岩材料的制备主要包括以下两个步骤:
　　①材料选择,主要包括粗骨料、黏结剂、硬化剂、改性剂等[57];
　　②原料配比,即确定各种原料所占比例。
　　在研究过程中,采用河砂作为骨料、水泥作为硬化剂、石膏作为黏结剂制作类煤岩材料试件。确定试件材料配比,并对 A,B,C 3 种配比材料的力学性质进行测试,如表 5.2所示。

表 5.2　类煤岩材料试件配比表及其力学参数

材料编号	配比/kg	抗压强度/MPa	抗拉强度/MPa	弹性模量/MPa
A	砂子：石膏：水泥＝5：1：3	2.80	0.58	2.19
		2.97	0.60	1.86
		2.85	0.59	2.12
B	砂子：石膏：水泥＝1：1：1	3.70	0.68	2.15
		4.01	0.58	1.96
		3.98	0.69	2.08
C	砂子：石膏：水泥＝4：1：5	3.20	0.81	2.23
		3.09	0.64	1.94
		2.89	0.39	2.19

　　根据上述材料配比，进行类煤岩材料试件加工制备。根据试验需要，分别制作了均质试件、不同力学性质试件、含层理试件、含裂隙试件等若干，具体试件制作过程如图 5.6 所示。试件加工主要分为以下 4 个步骤。

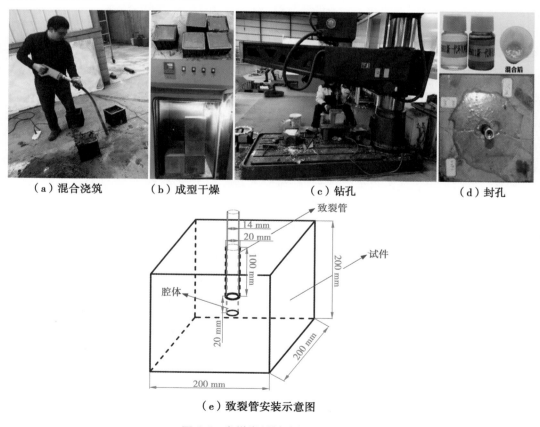

（a）混合浇筑　　　（b）成型干燥　　　（c）钻孔　　　（d）封孔

（e）致裂管安装示意图

图 5.6　类煤岩材料试件制备过程

①混合浇筑。即按照材料配比将材料进行混合,加适量水搅拌均匀后,浇筑进入 200 mm×200 mm×200 mm 的立方体磨具中,采用混凝土振动棒振捣密实,之后将模具置于阴凉处初凝 24 h。

②成型干燥。在材料初凝成型后(24 h),采用脱模枪将成型试件取出,放置于 50 ℃ 烘箱内干燥 48 h,使得试件进一步干燥凝固。

③钻孔。试件成型干燥后,采用立式钻床在正方体试件中间钻取深度 120 mm 的台阶孔,如图 5.6(e)所示。

④封孔。在长度为 150 mm 的 ϕ14 mm 无缝钢管一端焊接 ϕ6 mm 转 ϕ14 mm 快速接头,另一端焊接 ϕ20 mm 卡环,将其置于试件中心的孔中。采用环氧树脂进行孔壁封孔,待 24 h 后,致裂所用试件制作完毕。

5.3.2 试验方案及试验流程

(1)试验方案

根据试验目的,具体的试验方案如下:

①方案 I:不同射流压力条件下液态 CO₂ 相变射流致裂裂隙扩展规律研究(图 5.7)。为了研究初始射流压力对煤岩体致裂裂隙扩展规律影响,选取 A 材料制作的类煤岩材料作为试验对象,设置 $\sigma_x = \sigma_y = \sigma_z = 4.5$ MPa,进行不同初始压力条件下液态 CO₂ 相变射流煤岩体致裂试验。由于试验前试件的最小起裂压力未知,因此先采用本书第 4 章 4.2 节理论方法计算得到煤岩体材料射流破裂最小压力,根据计算结果设定第一次试验初始压力。如果试验过程中,系统内压力没有产生下降,且声发射无振铃计数产生,则表明试件没有产生起裂。继续增大射流初始压力,直至气动阀打开后,系统压力产生明显下降,声发射振铃计数大幅度增加,则此时射流初始压力即为材料 A 制备试件的最小起裂压力。之后,在最小起裂初始压力基础上逐级增加液态 CO₂ 相变射流致裂系统内初始压力,结合声发射测试系统,对不同射流压力条件下液态 CO₂ 相变射流致裂裂隙扩展规律及其声发射特征进行深入研究。

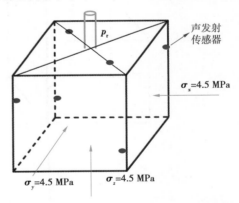

图 5.7　方案 I 示意图

②方案 II:不同主应力比条件下液态 CO₂ 相变射流致裂裂隙扩展规律研究。根据方案 I 试验结果,选取合适的初始射流压力,改变 X,Y,Z 3 轴应力大小,对 A 材料配比试件进行主应力比为 1:1:1、4:3:3、5:3:3、2:1:1 四种主应力比条件下液态 CO₂ 相变射流致裂裂隙扩展规律研究,分析地应力主应力比对煤岩体致裂裂隙扩展方向影响规律。

③方案 III:不同力学性质煤岩体液态 CO₂ 相变射流致裂裂隙扩展规律研究。保持初始射流压力及 X,Y,Z 3 轴应力不变,对 A,B,C 3 种材料配比试件进行液态 CO₂ 相变射流致裂

试验,研究材料力学性质对煤岩体裂隙扩展规律及其声发射特征的影响。

④方案Ⅳ:含层理煤岩体液态 CO_2 相变射流致裂裂隙扩展规律研究(图 5.8)。采用材料 B 作为顶底板,材料 C 作为中间夹层,制作含层理试件若干。保持其他参数同方案Ⅲ一致,进行穿层钻孔及顺层钻孔液态 CO_2 相变射流致裂裂隙扩展规律试验研究,分析煤岩体层理对液态 CO_2 相变射流致裂裂隙扩展规律影响。

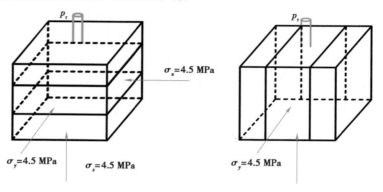

图 5.8　方案Ⅳ示意图

⑤方案Ⅴ:含裂隙煤岩体液态 CO_2 相变射流致裂裂隙扩展规律研究(图 5.9)。由材料 A 进行试件制作,制作过程中采用硬纸片模拟煤层裂隙,制作交叉裂隙、平行裂隙两类试件,保持其他参数同方案Ⅲ一致,研究煤岩体裂隙对液态 CO_2 相变射流致裂裂隙扩展规律影响。

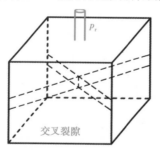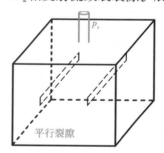

图 5.9　方案Ⅴ示意图

(2)试验步骤

根据试验方案,本次试验流程主要分为以下 4 个步骤:

①步骤一:声发射传感器安装及参数设置。首先将准备好的试件放入三轴加载系统腔体内,采用凡士林作为耦合剂安装声发射传感器,如图 5.7 所示。设置声发射系统门槛值为 45 dB,浮动值 ASL 设置为 6 dB,采用率设置为 1MSPS,峰值定义时间 PDT 设置为 35,Hit 定义时间设置为 150,Hit 闭锁时间为 300,设置定位组,采用 3D 定位方式进行声发射源头定位。参数设置完毕后,进行声发射断铅试验,测试系统能否正常工作。

②步骤二:X,Y,Z 三向应力加载。测试声发射系统正常工作后,将三轴加载系统垂直方向上压板放置至系统上,依次安装并拧紧 X,Z 方向固定螺栓,根据试验方案依次加载 X,Y,

Z 应力至目标压力。

③步骤三：液态 CO_2 相变射流致裂及参数采集。将致裂管与液态 CO_2 相变射流致裂系统射流管路连接，连接压风驱动管路，进行 CO_2 气体的增压灌装，直至高压 CO_2 储液灌内压力达到试验设定压力。开启液态 CO_2 相变射流致裂系统数据采集及控制软件，同时开启声发射与液态 CO_2 相变射流致裂系统的数据采集功能。启动气动阀，使得储液灌内高压液态 CO_2 卸压相变形成高压 CO_2 气体射流，进行煤岩体试件致裂。

④步骤四：试验结果处理与分析。试验结束后，结合射流压力-时间曲线、声发射振铃计算-时间曲线、煤岩体试件裂隙分布、声发射波形信号等数据等，综合研究射流初始压力、边界应力、煤岩体材料力学性质、煤岩体层理及裂隙、煤岩体导向钻孔等对液态 CO_2 相变射流致裂裂隙扩展规律的影响。

5.3.3 不同初始压力条件下液态 CO_2 相变射流致裂裂隙扩展规律研究

在液态 CO_2 相变射流致裂过程中，其初始压力在一定程度上决定 CO_2 用量及致裂能量大小，是影响煤岩体孔内起裂与裂隙扩展延伸的主要影响因素。为了研究获得本试验类煤岩体材料起裂最小初始压力，并分析初始射流压力对煤岩体裂隙扩展规律影响。首先采用本书第 4 章 4.2 节理论研究结果计算得到试件液态 CO_2 相变射流致裂阈值压力，基于此开展不同初始压力条件下的液态 CO_2 相变射流致裂试验研究，并分析试件破坏过程中的声发射波形及频谱特征。

（1）液态 CO_2 相变射流致裂阈值压力分析

根据试验方案Ⅰ，采用式(4.12)计算在 $\sigma_x = \sigma_y = \sigma_z = 4.5$ MPa、钻孔倾角为 0° 的条件下类煤岩体材料破裂压力云图，如图 5.10 所示。由图表明，在三向等压且钻孔倾角为 0° 条件下，类煤岩体材料破裂压力在各个方向大小相等，为 9.6 MPa。

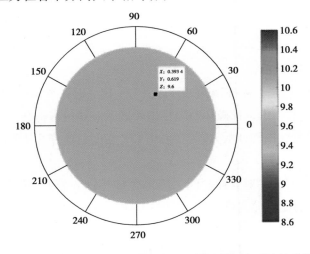

图 5.10　试验方案Ⅰ条件下类煤岩体材料破裂压力理论计算结果

根据前述理论计算结果,考虑到材料实际破裂压力可能低于理论值,故在试验过程中,设定试验系统初始射流压力为 8 MPa,对试件 A_1 进行液态 CO_2 相变射流煤岩体致裂试验,得到试验全程压力-振铃计数-时间关系曲线,如图 5.11 所示。由图可以看出,射流控制阀打开持续 2 min 左右(00:00—02:33)系统内压力未产生明显下降,试件也无明显裂隙产生,虽然有部分声发射振铃计数产生,但其能量相对较小,认为此过程中声发射振铃为环境噪音所致并非试件破裂声发射信号。多次开关射流控制阀,进行重复致裂,同样未见试件产生破坏,表明初始压力 8 MPa CO_2 不足以使得试件产生破坏。因此,在试验进行 9 min 之后,对试验系统储液罐进行再次加压,使得射流初始压力达到 10 MPa,进行再次致裂。由图可以看出,在射流控制阀打开瞬间,系统内气体压力快速衰减,同时试件产生明显的"劈啪"声响,高能声发射振铃计数大幅增加,表明射流初始压力 10 MPa 条件下试件可产生致裂破坏。试验所得类煤岩体材料起裂压力仅比理论计算结果值大 4.16%,由此表明第 4 章 4.2 节地应力条件下钻孔孔壁起裂压力及起裂模型研究结果具有一定的可信度。

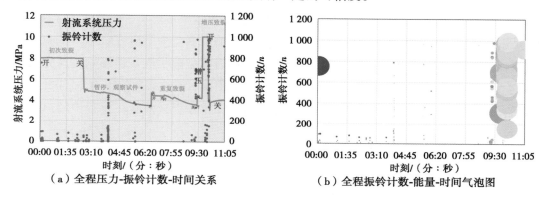

图 5.11 系统压力及声发射振铃参数随时间变化关系

(2)不同初始压力条件下液态 CO_2 相变射流致裂过程声发射及其波形特征分析

基于前述试验结果,确定后续试验初始射流压力分别为 14 MPa、18 MPa、22 MPa,对应的试件分别标记为 A_2、A_3、A_4。得到 $A_1 \sim A_4$ 4 种试验条件下系统压力及声发射振铃参数随时间变化关系如图 5.12 所示。

由图 5.12 可以看出,在射流控制阀打开液态 CO_2 相变射流瞬间,试件产生明显的破裂声响,同时可见大量 CO_2 气体由试件破坏裂隙排出。试验系统内气体压力快速下降,声发射系统采集到大量高能声发射振铃计数,表明在液态 CO_2 相变射流作用下试件产生破坏,并释放大量弹性应力波。

由图可以明显地看到,在射流控制阀关闭再次打开后又有少量振铃计数产生。为了分析前后两个阶段声发射振铃差异性,选取液态 CO_2 相变射流致裂过程中不同阶段声发射高能振铃波形图,采用离散傅氏变换的快速算法[285](FFT)对其进行频谱分析,得到不同初始压力条件下液态 CO_2 相变射流致裂过程声发射频谱如图 5.13 所示。

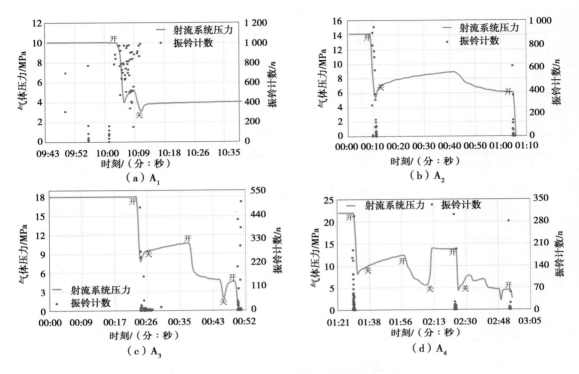

图 5.12　系统压力及声发射振铃参数随时间变化关系

图 5.13(a)所示为 A_1 试件在 $t=3.641$ s(对应初始压力 8 MPa 射流瞬间)和 $t=605.972$ s(对应初始压力 10 MPa 射流瞬间)时声发射振铃对应波形曲线及 FFT 转换后所得频谱图。由其波形图可以看出,初始压力 10 MPa 射流瞬间($t=605.972$ s)声发射振铃的电压振幅明显高于初始压力 8 MPa 射流瞬间($t=3.641$ s)振铃幅值,表明在初始压力 10 MPa CO_2 射流作用下煤岩体断裂释放能量较大,产生声发射波形的电压幅值也较大。图 5.13(b)所示为声发射波形图 FFT 转换后所得频谱图,由图可以看到 $t=605.972$ s 声发射振铃仅存在一个单一主频,波形主频为 18 kHz,其主频振幅幅值为 0.006 6 mV;而 $t=3.641$ s 时声发射振铃存在多个主频,第一主频对应的振幅幅值为 0.002 9 mV,第二主频对应的振幅幅值为 0.002 8 mV,第三主频对应的振幅幅值为 0.002 25 mV,第四主频对应的振幅幅值为 0.001 6 mV,均小于 $t=605.972$ s 声发射振铃主频振幅幅值。分析认为,造成声发射频谱出现多个主频的原因在于材料所受应力没有达到新生裂纹的起裂应力,因而没有新的裂纹产生,声发射振铃能量较低,由于材料内部颗粒摩擦滑移对声发射频率造成一定的影响,这导致声发射波形产生多个主频,而释放能量小导致多个主频幅值均较低。

图 5.13(b)所示为 A_2 试件在初始压力 14 MPa 液态 CO_2 相变射流致裂过程声发射波形图及频谱图。由图 5.12(b)可以看出,在射流控制阀打开瞬间($t=9.720$ s)声发射振铃计数为 895,其对应声发射波形的电压幅值约为 4 mV,且波动较大;而 $t=64.616$ s 时声发射振铃为 608,其声发射波形幅值明显低于致裂瞬间声发射波形的电压幅值。由其对应频谱图可以明显地看到,致裂瞬间($t=9.720$ s)声发射信号存在一个振幅值为 0.675 的主频信号,表明在液态 CO_2 相变射流作用下试件产生材料断裂起裂,声发射能量较高。而 $t=64.616$ s 为系统内残余气体(约

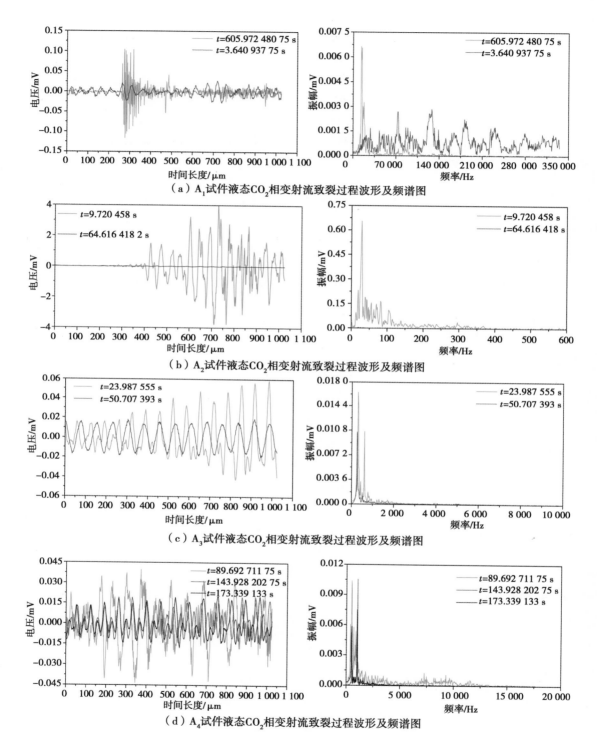

（a）A_1试件液态CO_2相变射流致裂过程波形及频谱图

（b）A_2试件液态CO_2相变射流致裂过程波形及频谱图

（c）A_3试件液态CO_2相变射流致裂过程波形及频谱图

（d）A_4试件液态CO_2相变射流致裂过程波形及频谱图

图 5.13　液态 CO_2 相变射流致裂过程声发射波形及频谱图

6 MPa)释放过程,其波形图电压幅值与频谱图振幅均远远小于致裂过程中,表明该振铃计数是气体释放过程中与破碎块体冲击产生的弹性波,该过程中没有裂隙产生。

图 5.14(c)所示为试件 A_3 在初始压力 18 MPa 时液态 CO_2 相变射流过程中声发射波形及频谱图。由波形图可以看出,在 $t=23.988$ s 时,随着波形长度的增长,其电压幅值呈现出逐渐增大趋势,最大达到 0.059 mV,而 $t=50.707$ s 时,声发射振铃波形的电压幅值基本保持不变,约为 0.018 mV。由其频谱图可以看出,$t=23.988$ s 时声发射频率图谱在 300 Hz 和 600 Hz 频率阶段,具有两个频率峰值存在,而 $t=50.707$ s 时在 300 Hz 频段具有单一峰值,且其峰值振幅与 $t=23.988$ s 的第二主频幅值近似相等。分析认为,造成波形及频谱差异的原因在于,$t=23.988$ s 时 CO_2 相变射流压力较大,试件材料裂隙处于扩展阶段,其弹性能释放量逐级增大,而 $t=50.707$ s 时,在残余气体压力(4.5 MPa)作用下已破碎材料相互碰撞摩擦产生恒定电压幅值的波形。

图 5.14(d)所示为试件 A_4 相变射流致裂过程中声发射波形及频谱图。根据试验过程声发射特征,分析了 $t=89.693$ s(振铃计数 302)、$t=143.928$ s(振铃计数 309)、$t=173.339$ s(振铃计数 282)3 个时间点声发射波形及其频率情况。由图可以看出 $t=89.693$ s 时,声发射波形电压幅值为 0.039 mV,随着波形长度增大其幅值存在部分衰减;$t=143.928$ s 与 $t=173.339$ s 时,声发射波形幅值及其波形发展趋势近似一致。由 FFT 转换频谱图可以看出,$t=89.693$ s 与 $t=143.928$ s 时主频振幅值接近,而 $t=173.339$ s 时声发射振铃主频明显减小,表明在 $t=89.693$ s 与 $t=143.928$ s 试件材料均发生了冲击破坏,而 $t=173.339$ s 时试件在参与气体压力作用下仅产生部分摩擦碰撞。

前述分析表明,采用声发射波形及频谱分析较声发射振铃计数分析更能反映出试件在液态 CO_2 相变射流致裂裂隙扩展过程。通过其电压幅值、FFT 频率、振幅等参数分析可以明显地区别致裂阶段和残余气体释放阶段声发射振铃计数的差异性,有利于甄别液态 CO_2 相变射流致裂声发射监测过程中的虚假声发射振铃信号。

(3)不同射流压力条件下液态 CO_2 相变射流致裂裂隙扩展规律

液态 CO_2 相变射流致裂试验完成后,将破裂试件由三轴加载系统取出,对试件表面及内部裂隙特征进行分析。图 5.14 所示为不同初始压力条件下液态 CO_2 相变射流致裂试件破坏形态图。

根据 5.14(a)所示 A_1 试件上部端面裂缝形态素描图可以看出,在致裂孔右侧形成与 σ_x 呈 48°夹角、长度为 113.07 mm、近似为直线分布的主裂纹,在 σ_y 加压侧裂纹与 σ_x 的夹角增大为 62°,表明主裂纹在扩展过程中角度向 σ_y 方向扭转了 14°;在另一侧,主裂纹产生明显分叉,且其主要扩展方向的扩展角度逐渐增大,表明在液态 CO_2 相变射流致裂过程中裂隙由致裂腔体向两侧扩展中存在一定的扭转与分叉,认为造成该现象的原因在于气体压力衰减。将试件沿破坏主裂隙面打开,可以看到其内部致裂腔体仅存在破坏主裂隙面一个方向的裂隙,且主破坏面呈一定的起伏状,表明试件破坏是在高压气体作用下沿其优势致裂方向产生的拉伸破坏。同时,在致裂腔体周围具有明显的白色擦痕,且在 A、B 区域存在明显的片状微裂隙,表明在高压 CO_2 气体作用下试件裂隙扩展过程中存在剪应力作用下的滑动摩擦。

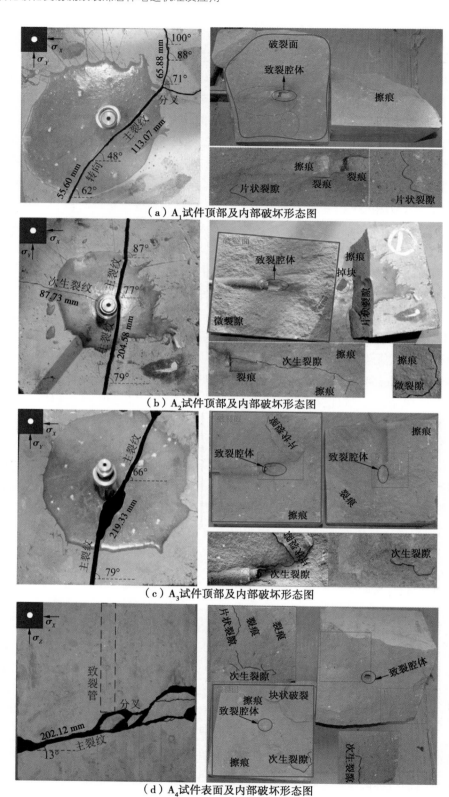

（a）A₁试件顶部及内部破坏形态图

（b）A₂试件顶部及内部破坏形态图

（c）A₃试件顶部及内部破坏形态图

（d）A₄试件表面及内部破坏形态图

图 5.14　不同初始压力条件下液态 CO_2 相变射流致裂试件破坏形态图

因此,认为液态 CO_2 相变射流致裂过程是瞬间应力释放造成的以拉伸破坏为主、剪切破坏为辅的力学破坏过程。

对图 5.14 进行综合分析,表明随着射流初始压力的增长,试件破坏规律主要体现在以下几个方面:

①在不同初始压力液态 CO_2 相变射流作用下,试件均被致裂为离散的两大部分。与之前相关学者进行的水力压裂、CO_2 压裂技术相比,液态 CO_2 相变射流致裂技术对煤岩体破坏程度更大,形成的裂隙尺寸更大、更明显,认为是由于该技术瞬间释放的能量远远大于煤岩体裂隙扩展所需能量,因此可避免煤岩体裂隙造成的物质及能量损失,有利于裂隙的进一步扩展,所以液态 CO_2 相变射流致裂技术能够满足低渗煤层致裂增透需求。

②随着射流初始压力的增大,致裂形成的主裂隙尺寸逐渐增大,对图 5.14 中试件主裂纹宽度进行统计实测,得到图 5.15 所示主裂隙平均宽度随射流初始压力变化规律曲线。对试验实测值进行分析表明,主裂隙扩展尺寸 L 与射流初始压力 P_0 满足指数关系。

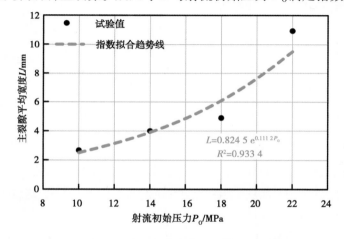

图 5.15　主裂隙平均宽度随射流初始压力变化规律曲线

③随着射流初始压力的增大,在试件尺寸范围内,致裂破坏主裂纹扭转趋势减小。初始压力为 10 MPa 时,试件 A_1 上部端面致裂腔体处主裂纹与远端裂纹存在明显的扭转,最大扭转角度达到了 42°;当射流初始压力为 14 MPa 时,致裂腔体两侧主裂隙与次生裂隙几乎呈直线扩展,主裂隙最大扭转角度为 10°;射流初始压力达到 18 MPa 和 22 MPa 时,致裂形成的主裂隙均呈直线分布,几乎没有方向扭转。

④随着射流初始压力的增大,试件主破裂面的起伏程度降低、表面擦痕减少,内部微裂隙数量增加。如图 5.14 所示,试件 A_1 的致裂腔体周边 A、B 区域明显可见白色擦痕,且除了主破裂面外其致裂腔体无其他方向裂隙产生,试件主破裂面起伏程度较大。在 A_2 试件致裂腔体周边除了主破裂面外,还发育有一条次生裂隙,但该裂隙没能使得试件产生明显分离,在主破裂面内发育有部分片状断裂裂隙并存在掉落块体。由图可见,该试件主破裂面上除致裂腔体周边可见部分突出裂痕外,整体起伏程度较小。A_3 试件致裂腔体周边同样发育有两条除主破裂面以外的次生裂纹,其中一条较大的次生裂隙扩展方向发生一定扭转,在破裂面上形成片状断裂。由图可见,A_4 试件的主破裂面位于致裂腔体下部,与其他试件相比,其

主裂隙上离散块体数量较多,在破裂面分布有离散块状破裂,且 A、B 区域发育有部分次生裂隙、片状裂隙。

5.3.4 不同主应力比条件下液态 CO_2 相变射流致裂裂隙扩展规律研究

地应力是影响煤岩体致裂裂隙扩展方向的主要因素之一。为了研究试件三轴加载主应力比对液态 CO_2 相变射流致裂裂隙扩展规律影响,基于本章 5.3.2 节试验结果,根据试验方案 Ⅱ 进行了不同主应力比条件下液态 CO_2 相变射流致裂试验研究。

1)试验应力条件

条件 1:$\sigma_x = \sigma_y = \sigma_z = 4.5$ MPa($\sigma_x : \sigma_y : \sigma_z = 1:1:1$),初始射流压力为 14 MPa,即 A_2 试件试验条件。

条件 2:$\sigma_x = 4.5$ MPa、$\sigma_y = \sigma_z = 3.37$ MPa,即 $\sigma_x : \sigma_y : \sigma_z = 4:3:3$,初始射流压力为 14 MPa,对应试件标记为 B_2。

条件 3:$\sigma_x = 4.5$ MPa,$\sigma_y = \sigma_z = 2.7$ MPa,即 $\sigma_x : \sigma_y : \sigma_z = 5:3:3$,初始射流压力为 14 MPa,对应试件标记为 B_3。

条件 4:$\sigma_x = 4.5$ MPa,$\sigma_y = \sigma_z = 2.25$ MPa,即 $\sigma_x : \sigma_y : \sigma_z = 2:1:1$,初始射流压力为 14 MPa,对应试件标记为 B_4。

2)试验过程及结果分析

(1)条件 1 试验过程及结果分析

主应力 $\sigma_x = \sigma_y = \sigma_z = 4.5$ MPa($\sigma_x : \sigma_y : \sigma_z = 1:1:1$)条件下,液态 CO_2 相变射流致裂气压压力及其致裂过程声发射振铃计数随时间变化曲线如图 5.12(b)、图 5.13(b)所示。由图可以看出,在射流控制阀打开瞬间,储罐内高压液态 CO_2 卸压膨胀,进入致裂腔体,使得腔体内压力瞬间大于试件的破裂压力,形成张拉应力致使试件瞬间开裂,在试件开裂同时形成大量高能高频声发射振铃计数。

图 5.16 为试件在主应力比 1:1:1 条件下液态 CO_2 相变射流致裂裂隙分布图。由图 5.16(a)可以看出,当主应力 $\sigma_x = \sigma_y = \sigma_z = 4.5$ MPa 时,顶部端面上主裂纹主要沿近似平行于 Y 方向扩展,在近似平行于 X 方向形成次生裂纹,经测量主裂纹与 X 方向夹角为 79°、77°、87°,平均 81°;正面裂隙分布如图 5.16(b)所示,由图可以看出,试件正面裂隙位于致裂管附近,且在致裂腔体处产生分叉,裂隙与 X 方向夹角为 87°、79°、81°,近似垂直于 X 加载方向。

(2)条件 2 试验过程及结果分析

主应力 $\sigma_x = 4.5$ MPa、$\sigma_y = \sigma_z = 3.37$ MPa,即 $\sigma_x : \sigma_y : \sigma_z = 4:3:3$ 条件下,液态 CO_2 相变射流致裂气压压力及其致裂过程声发射振铃计数随时间变化曲线如图 5.17(a)所示,致裂过程不同阶段振铃计数波形及其 FFT 频谱如图 5.17(b)所示。由图可以看出,在射流控制阀打开瞬间,经过 3 s 时间,气体压力由 14 MPa 降至 4.05 MPa,期间试件产生极大的"劈啪"声响,形成少量声发射振铃计数,其中 $t = 5.203$ s 时产生破坏全程最大的振铃计数为 942 次。随着致裂过程继续,气体压力下降幅度降低,期间产生大量声发射振铃,最大计数出现在 $t =$

11.867 s,为 454 次,该过程大量 CO₂气体由试件致裂裂隙喷出。对试件致裂破坏过程中,$t=$ 5.203 s 和 $t=11.867$ s 时声发射振铃计数的波形进行 FFT 转换分析,得到其对应的频谱图[图 5.17(b)、(c)]。由图 5.17(b)可以看出,两个阶段声发射波形均较复杂,其波形图及电压幅值差异性极小;由图 5.17(c)可以看出,两个阶段声发射振铃的 FFT 频谱图发展趋势与主频一致,但 $t=5.203$ s 时的主频幅值高于 $t=11.867$ s,表明两个时间点试件均具有弹性应力波释放,即有新的裂纹产生。由于 $t=5.203$ s 时气体压力较大,此时试件裂隙扩展释放能量强于 $t=11.867$ s 时。

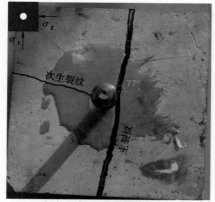
（a）顶部端面裂隙分布

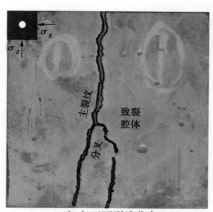
（b）正面裂隙分布

图 5.16　主应力比 1∶1∶1 条件下试件破坏形态图

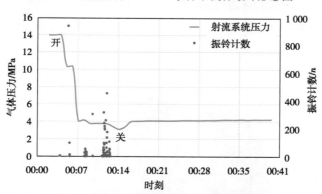
（a）试件破坏过程压力-声发射振铃计数随时间变化曲线

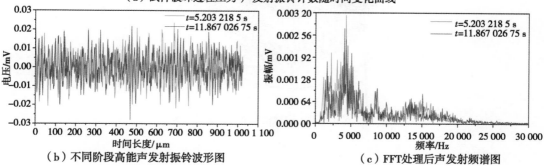
（b）不同阶段高能声发射振铃波形图　　　　（c）FFT 处理后声发射频谱图

图 5.17　主应力比 4∶3∶3 条件下试件破坏过程压力-声发射特征

　　图 5.18 为试件在主应力比 4：3：3 条件下液态 CO_2 相变射流致裂裂隙分布图。由图 5.18（a）可以看出，该条件下试件顶部端面致裂管附近形成块状断裂，主裂纹与 X 方向夹角分别为 52°、62°，主裂纹在向靠近 X 方向加载侧发展过程中出现明显扭转，扭转后与 X 方向夹角为 26°。图 5.18（b）所示为试件正面裂隙分布图，由图可以看到在试件上部（致裂管附近）分布有 3 条近似平行的交叉裂隙，在致裂腔体附近分布有一条倾斜裂隙，该倾斜裂隙扩展到试件底部时产生分叉。图 5.18（c）为优势致裂方向理论计算结果与试验获得的破坏主裂隙对比情况图，由图可以看到主应力比 4：3：3 条件下裂隙分布试件右侧的裂隙，位于起裂压力较低的区域，理论起裂压力为 6.3～6.5 MPa；位于左侧的裂隙分布与起裂压力较大区域的边缘，且产生一定的分叉，理论起裂压力为 6.6～6.8 MPa，远远小于试验初始压力。

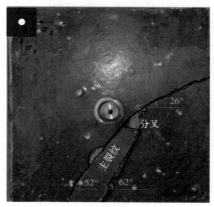
（a）顶部端面裂隙分布

（b）正面裂隙分布

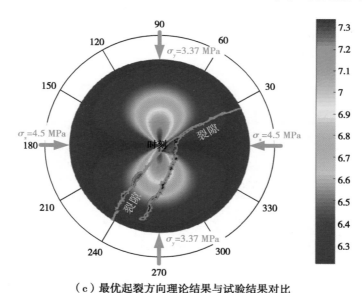
（c）最优起裂方向理论结果与试验结果对比

图 5.18　主应力比 4：3：3 条件下试件破坏形态图

（3）条件 3 试验过程及结果分析

图 5.19 为 $\sigma_x = 4.5$ MPa、$\sigma_y = \sigma_z = 2.7$ MPa（$\sigma_x : \sigma_y : \sigma_z = 5 : 3 : 3$）条件下液态 CO_2 相变射流致裂气压压力及其致裂过程声发射振铃计数随时间变化曲线图。在射流控制阀打开 2 s 后气体压力由 14 MPa 下降至 6.32 MPa，经过 2 s 后下降至 4.04 MPa，在此过程中试件产生破碎声响，有大量 CO_2 气体从破碎裂隙释放，产生大量声发射振铃计数，其中 $t = 36.159$ s 时振铃计数达到 920 次。关闭射流控制阀后，观察试件已产生明显破坏，决定将管路内残余气体释放停止致裂，在此过程仍有部分声发射振铃产生，最大振铃计数为 184 次，发生在 $t = 64.967$ s 时。同理，对 $t = 36.159$ s 和 $t = 64.967$ s 两个时间点的声发射振铃进行波形及频谱分析，可以看到波形图中前者电压幅值明显大于后者。FFT 频谱图中 $t = 36.159$ s 时的振幅为 0.017 5，是 $t = 64.967$ s 对应声发射振铃振幅的 8.7 倍，表明 $t = 36.159$ s 时试件破坏释放的弹性波能量远大于 $t = 64.967$ s 时，即射流致裂瞬间试件裂隙起裂及扩展程度较大。

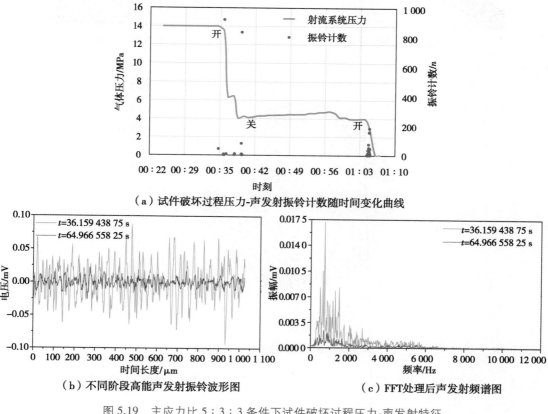

（a）试件破坏过程压力-声发射振铃计数随时间变化曲线

（b）不同阶段高能声发射振铃波形图　　　（c）FFT 处理后声发射频谱图

图 5.19　主应力比 5 : 3 : 3 条件下试件破坏过程压力-声发射特征

图 5.20 为该条件下试件在液态 CO_2 相变射流作用下破坏后表面裂隙分布图。由图可以看出，试件顶部端面形成一条与 X 方向夹角约为 31°、宽度约为 18.17 mm 的大断裂裂隙，裂隙扩展过程中无明显分叉，且扩展方向无明显扭转。由图 5.20（b）可以看出，其左侧端面主

要分布有两条裂隙:一条为贯穿试件的倾斜裂隙,与顶部裂隙共同构成试件的主破裂面;另一条位于致裂腔体下方,为近似水平裂隙,在于倾斜裂隙交叉处停止扩展。由图 5.20(c)可以看出,试验获得的致裂裂隙主要位于起裂压力云图,优势致裂方向理论起裂压力仅为 4.2~5 MPa,且 $\sigma_x = 4.5$ MPa、$\sigma_y = \sigma_z = 2.7$ MPa 应力条件下理论最小起裂压力为 4.2 MPa,为条件 1 的 43%,为条件 2 的 66%。

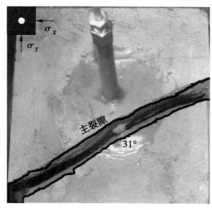

（a）顶部端面裂隙分布

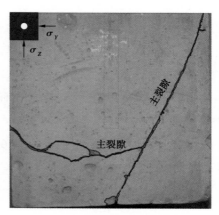

（b）左侧端面裂隙分布

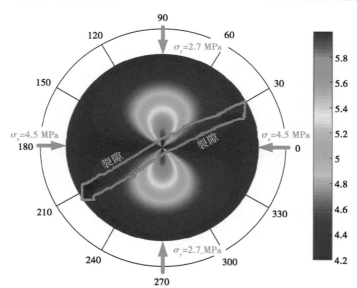

（c）最优起裂方向理论结果与试验结果对比

图 5.20　主应力比 5∶3∶3 条件下试件破坏形态图

(4)条件 4 试验过程及结果分析

图 5.21 为条件 4 液态 CO_2 相变射流致裂过程气体压力及声发射振铃计数随时间变化曲线图。由图可以看到,与前面 3 个条件类似,在射流控制阀打开瞬间,试件破裂,高压气体由试件裂隙喷出,试验系统内气体压力下降,产生大量声发射振铃计数。对 $t = 75.481$ s 和 $t =$

78.009 s 两个时间点产生的振铃计数波形进行分析,可以看到射流控制器打开瞬间形成的声发射振铃信号对应的波形最大电压幅值为 0.04 mV,在 $t=78.009$ s 时振铃波形的最大电压幅值为 0.30 mV。由图 5.21(c)FFT 频谱图可以看出,射流瞬间声发射振铃的主频主要集中在 1 200 Hz 和 1 300 Hz 处,最大振幅为 0.005 2,而 $t=78.009$ s 时振铃信号的主频主要集中在 12 000 Hz 处,最大振幅为 0.002 6,仅为射流瞬间振幅的 1/2,表明液态 CO_2 相变射流致裂煤岩体裂隙扩展主要发生在高压气体释放瞬间。

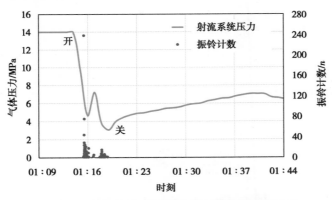

（a）试件破坏过程压力-声发射振铃计数随时间变化曲线

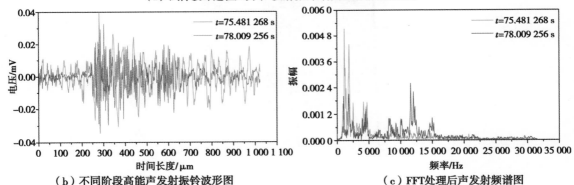

（b）不同阶段高能声发射振铃波形图　　　　　（c）FFT 处理后声发射频谱图

图 5.21　主应力比 2∶1∶1 条件下试件破坏过程压力-声发射特征

图 5.22 为 $\sigma_x=4.5$ MPa、$\sigma_y=\sigma_z=2.25$ MPa($\sigma_x:\sigma_y:\sigma_z=2:1:1$)条件下液态 CO_2 相变射流致裂试件表面裂隙分布图。由图可以看到,该试件顶部端面分布宽度较细的主裂隙,分布在致裂腔体右侧的部分近似平行于 X 方向,左侧部分与 X 方向夹角约为 14°,且具有向 X 方向扭转的趋势。与之前 3 种条件相比,该条件下裂隙尺寸较小。图 5.22(b)为试件右侧端面裂隙分布图,由图可以看出试件上部存在部分分叉裂隙,中部为独立发育的近似垂直裂隙,在致裂腔体下方产生分叉,形成两条方向近似一致的裂隙。图 5.22(c)显示,该应力条件下试验所得致裂裂隙近似平行于最优致裂方向,理论起裂压力为 3 MPa。

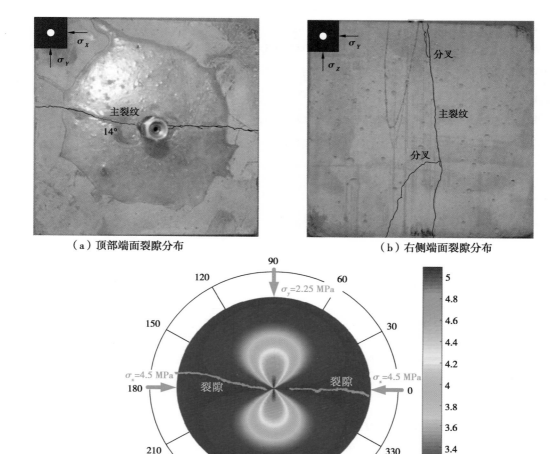

（a）顶部端面裂隙分布　　　　　　　　　　（b）右侧端面裂隙分布

（c）

图 5.22　主应力比 2 : 1 : 1 条件下试件破坏形态图

3）主应力比对液态 CO_2 相变射流致裂裂隙扩展方向影响

前述分析给出了同类材料试件，在射流初始压力均为 14 MPa，主应力比分别为 1 : 1 : 1、4 : 3 : 3、5 : 3 : 3、2 : 1 : 1 条件下的裂隙分布情况，综合前述分析可以得到以下结论：

①随着 X 方向主应力比值的增大，液态 CO_2 相变射流致裂裂隙与 X 方向角度逐渐减小，即裂隙逐渐向主应力较大的 X 方向扩展。图 5.23（a）所示为主裂隙与 X 方向夹角随最大主应力与最小主应力比值变化规律，由图可见其扩展角度与最大主应力与最小主应力比值呈明显的线性关系。结果表明，液态 CO_2 相变射流致裂过程中，主应力大小对裂隙扩展方向有较大的影响，即在三维地应力作用下煤岩体液态 CO_2 相变射流致裂裂隙分布具有一定的方向性。采用本书第 4 章 4.2、4.3 节理论研究结果，计算得到 4 种主应力比条件下孔壁破裂压力云图。分析孔壁最小破裂压力随主应力比变化规律表明，随着 X 方向主应力比值的增大，

孔壁破裂压力逐渐减小。

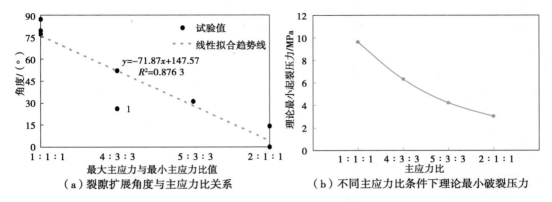

图 5.23 裂隙扩展角度及理论最小破裂压力随主应力比变化规律

②液态 CO_2 相变射流致裂过程中,其声发射振铃计数及其对应的波形与频谱会随材料破坏过程释放能量大小不同而改变,因此,声发射(微震)监测技术可应用于液态 CO_2 相变射流致裂过程中煤岩体裂隙扩展情况分析。

③对比研究表明,优势致裂方向判断方法所得结果与试验所得裂隙扩展方向近似一致,表明前文优势致裂方向判断方法具有一定的可信度。

5.3.5 不同力学强度试件液态 CO_2 相变射流致裂裂隙扩展规律研究

受成煤环境及成煤过程影响,不同变质程度煤的力学强度差异很大,同一矿区不同煤层力学强度也存在较大的区别。为了研究煤岩体力学强度对液态 CO_2 相变射流致裂裂隙扩展规律的影响,根据试验方案Ⅲ,三向主应力设置为 $\sigma_x = \sigma_y = \sigma_z = 4.5$ MPa,射流初始应力为 14 MPa,对 A,B,C 3 种材料配比试件进行液态 CO_2 相变射流致裂试验。

1)试验条件

条件 1:采用材料配比 A 制作试件(平均抗压强度为 2.87 MPa),$\sigma_x = \sigma_y = \sigma_z = 4.5$ MPa,初始射流压力为 14 MPa,即 A_2 试件试验条件。

条件 2:采用材料配比 B 制作试件(平均抗压强度为 3.90 MPa),$\sigma_x = \sigma_y = \sigma_z = 4.5$ MPa,初始射流压力为 14 MPa,对应试件标记为 C_2。

条件 3:采用材料配比 C 制作试件(平均抗压强度为 3.06 MPa),$\sigma_x = \sigma_y = \sigma_z = 4.5$ MPa,初始射流压力为 14 MPa,对应试件标记为 C_3。

2)试验过程及结果分析

(1)条件 1 试验过程及结果分析

试验条件 1 对应试件 A_2 试验过程,其结果分析见本章 5.3.4 试验条件 1 分析。该条件下,在试件顶部端面形成近似平行于 Y 方向扩展的主裂隙与近似平行于 X 方向的次生裂隙,经测量主裂纹宽度约为 3.46 mm。

（2）条件 2 试验过程及结果分析

图 5.24 为材料 B 试件液态 CO_2 相变射流致裂气压压力及其致裂过程声发射振铃计数随时间变化曲线图。在射流控制阀打开后，试件产生破碎声响，大量 CO_2 气体由试件破碎裂隙释放，系统内气体压力在 1 s 时间内由 14 MPa 下降至 1.75 MPa，并产生声发射振铃计数，最大振铃计数达到 983 次。在射流控制阀打开后，约 11 s 时间内系统无声发射计数产生，之后在 $t=20.549$ s 时，声发射系统接收到部分声发射计数。图 5.24（b）为 $t=9.501$ s 和 $t=20.549$ s时声发射计数声发射振铃波形图，由图可以看到 $t=9.501$ s 时声发射波形的电压幅值明显高于 $t=20.549$ s 时；由图 5.24（c）可以看到 $t=9.501$ s 和 $t=20.549$ s 两个时间点对应的频谱图具有两个频率一致的主频，且 $t=9.501$ s 时声发射振铃主频值明显高于 $t=20.549$ s时，表明 $t=9.501$ s 试件起裂释放的能量大于后者，即液态 CO_2 相变射流致裂瞬间裂隙扩展强度较大。

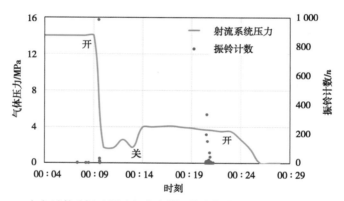

（a）试件破坏过程压力-声发射振铃计数随时间变化曲线

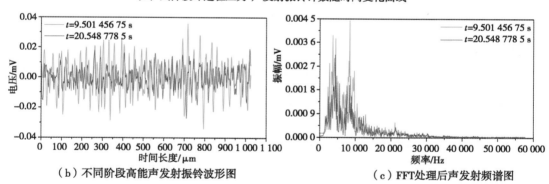

（b）不同阶段高能声发射振铃波形图　　　　　（c）FFT处理后声发射频谱图

图 5.24　材料 B 试件破坏过程压力-声发射特征

图 5.25 为材料 B 制备试件在液态 CO_2 相变射流致裂作用下破坏形态图。由图 5.25（a）可以看到，在试件的顶部端面发育有一条近似平行于 Y 方向的主裂隙，裂隙宽度约为 0.98 mm，其裂隙宽度仅为材料 A 制备试件的 28%；由图 5.25（b）可以看出，试件侧面仅发育有一条致裂裂隙，其致裂裂隙的数量少于材料 A 制备试件。

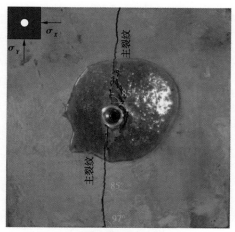

（a）顶部端面裂隙分布

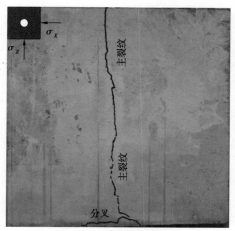

（b）正面裂隙分布

图 5.25 材料 B 试件破坏形态图

（3）条件 3 试验过程及结果分析

图 5.26 为材料 C 制备试件在液态 CO_2 相变射流致裂过程中气压压力及其声发射振铃计数随时间变化曲线图。由图可以看出，在射流控制阀打开后，1 s 时间内系统气体压力由 14 MPa 下降至 6.43 MPa，且在该过程中产生最大声发射振铃计数为 82 次，在残余气体释放阶段有一次声发射振铃产生。

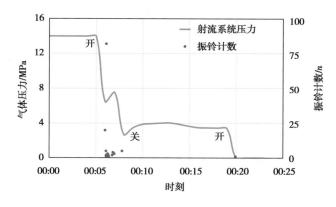

图 5.26 试件破坏过程压力-声发射振铃计数随时间变化曲线

对试验过程中声发射振铃对应电压幅值波形进行分析，得到图 5.27 所示不同时刻声发射振铃计数波形图。由该图可以看到不同时刻声发射振铃信号的电压信号波形图，由此反映不同时刻试件破裂过程能量释放情况，即裂隙起裂程度。由图可以明显看出，在 5~7 s 时间段（射流致裂阶段）声发射波形波动幅度较大，$t=5.988\ 5$ s 和 $t=6.085\ 2$ s 对应声发射波形电压幅值虽然不大，但在 0~1 000 K 区间段内其电压幅值的峰值一直稳定在中等水平，波形较均匀，无大起大落，表明该时间点释放弹性波能量充足，没有能量的突变释放。根据声发射采集数据也可以看到，在 $t=6.085\ 2$ s 时振铃计数、持续时间及能量均达到全程最大值，分别为 82,7 742,101。从 $t=6.110\ 9$ s 开始，其电压波形曲线在 300 μm 处形成较大的起伏波动,且超过声发射振铃计数门槛值,其他段电压幅值均较低,未超过门槛值,因此在此过程声发射虽有振铃计数产生,但其振铃数和能量均较低。分析认为造成上述差异的原因在于,射流控制阀打开瞬间,致裂腔体内能量充足,裂隙持续扩展,释放出稳定的弹性应变能,故而声发射振铃波形出现持续平稳的波动起伏;在裂隙扩展到一定程度,产生高压气体泄漏,其压力开始衰减,造成试件破坏释放的弹性波随时间产生一定的突变性,表现在声发射振铃波形图中即产生局部性大幅度波动。将 $t = 19.923\ 9$ s 处声发射振铃波形与 $5\sim7$ s 时间段内对比发现,前者波形出现规律性的增大与衰减过程,认为该声发射振铃计数是气体射流震动致裂管导致的噪声。

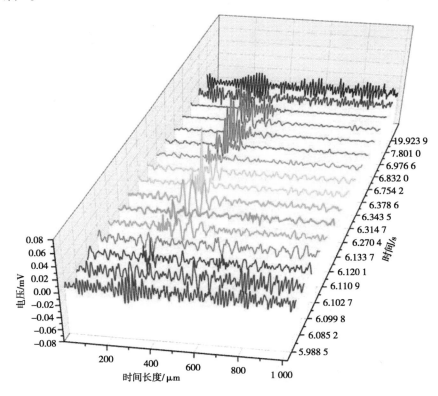

图 5.27　不同时刻声发射振铃计数波形图

为了进一步分析各个时间点声发射振铃差异性,采用 FFT 方法对波形数据进行分析,得到不同时刻声发射振铃的 FFT 频谱图,如图 5.28 所示。由图可以看到,本次试验过程中声发射振铃频率主要集中在 $0\sim0.2$ kHz,液态 CO_2 相变射流致裂过程中($5.988\ 5\sim7.801\ 0$ s),前两个声发射振铃频谱图的振幅值较高,第一个振铃的频谱图具有两个振幅峰值均为 $0.003\ 5$ 的主频段,第一频段为 0.025 kHz,第二频段位于 $0.05\sim0.075$ kHz,第二频段内出现多次振幅峰值。第二个振铃的频谱图仅存在一个主频段,位于 $0\sim0.075$ kHz,该频段内振幅保持在较大的水平,其中最大振幅为 $0.004\ 24$,且频谱图曲线面积最大。经过 $6.133\ 7\sim7.801\ 0$ s声发射振铃频谱振铃峰值较低,且出现多个主频段。$t = 19.923\ 9$ s 声发射振铃频谱图在 0.05 kHz 处振幅峰值,与 $t = 6.085\ 2$ s 频谱图相比,其主频段较窄。

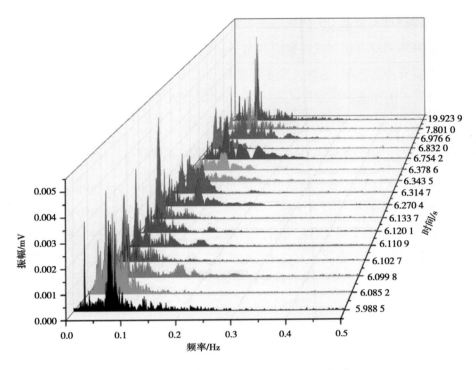

图 5.28　不同时刻声发射振铃 FFT 处理后频谱图

材料 C 制作试件在液态 CO_2 相变射流致裂后,对其裂隙分布情况进行分析,发现该试件的致裂裂隙主要产生在其四周侧面,而顶部端面无裂隙产生。图 5.29 所示为试件的正面和左部侧面裂隙分布图。由图可以看到,正面主裂隙与 X 方向的夹角为 24°,左侧面裂隙与 Y 方向夹角为 8°,14°,21°,且正面和左面形成的裂隙均产生一定分叉。该试件产生的致裂裂隙宽度明显小于于材料 A、大于材料 B 试件的致裂裂隙。

（a）试件正面裂隙分布

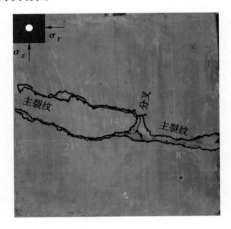

（b）试件左侧面裂隙分布

图 5.29　材料 C 试件破坏形态图

3)材料力学强度对液态 CO_2 相变射流致裂裂隙扩展方向影响

对前述 3 种不同材料制作试件裂隙分布分析表明,材料力学性质对液态 CO_2 相变射流致裂裂隙扩展具有一定影响,主要表现在裂隙尺寸及形态方面。由力学性质不同的 3 种材料制备试件液态 CO_2 相变射流致裂试验结果可以看到,试件破坏裂隙尺寸为材料 A>材料 C >材料 B,即随着材料力学强度的增大其致裂裂隙减小。

5.3.6　含层理煤岩体液态 CO_2 相变射流致裂裂隙扩展规律

煤层是植物遗体经复杂的生物化学作用、地质作用转变而成的层状固体可燃矿产,赋存于含煤岩系之中,位于顶底板岩石之间。受成煤环境影响,煤炭资源在形成过程中会产生夹矸、软硬煤炭分层等。为了研究含层理煤层对液态 CO_2 相变射流致裂裂隙扩展规律影响,根据试验方案Ⅳ,三向主应力设置为 $\sigma_x = \sigma_y = \sigma_z = 4.5$ MPa,射流初始应力为 14 MPa,对所制备试件进行了穿层及顺层液态 CO_2 相变射流致裂试验研究。

1)试验条件

条件 1:主要进行穿层钻孔液态 CO_2 相变射流致裂裂隙扩展规律试验研究,由 A、B、C 3 种材料制备,每种材料各占 1/3,在每一层的分界面上撒石膏粉。其中底部为材料 C,用于模拟煤层坚硬底板;中间为材料 A,用于模拟煤层;顶部为材料 B,用于模拟煤层顶板。液态 CO_2 相变射流致裂管位于立方体试件中部,与各个分层垂直,如图 5.30(a)所示,对应试件标记为 D_1。

条件 2:主要进行顺层钻孔液态 CO_2 相变射流致裂裂隙扩展规律试验研究,材料制备与条件 1 一致,液态 CO_2 相变射流致裂管位于立方体试件中部的材料 A 层中,与各个分层平行,如图 5.30(b)所示,对应试件标记为 D_2。

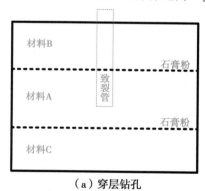
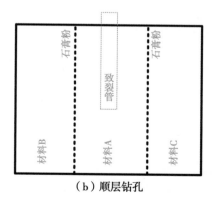

|（a）穿层钻孔|（b）顺层钻孔|

图 5.30　含层理煤岩体液态 CO_2 相变射流致裂试验钻孔布置示意图

2)试验过程及结果分析

（1）穿层钻孔液态 CO_2 相变射流致裂试验过程及结果分析

图 5.31 为穿层钻孔液态 CO_2 相变射流致裂试验过程气压压力及其致裂过程声发射振铃

计数随时间变化曲线图。由曲线可以看出,在射流控制阀打开瞬间,系统内气体压力在 1 s 时间内下降至 7.91 MPa,同时试件产生破裂声响,大量的 CO_2 气体由致裂裂隙释放,同时声发射系统产生大量声发射振铃计数,最大计数为 545 次。

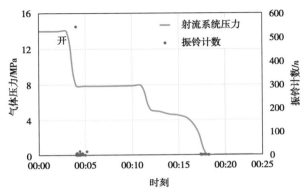

图 5.31 穿层钻孔液态 CO_2 相变射流致裂破坏过程压力-声发射特征

根据试件破坏情况分析,该试件的主裂隙位于 XY 片面上,与材料 A、B 分界面近似平行,在致裂管的附近发育有部分次生裂隙。图 5.32 所示为穿层钻孔液态 CO_2 相变射流致裂后试件前部及后部端面裂隙分布图。与 A_2 试件相比,D_1 试件致裂裂隙沿层理分界面扩展,无裂隙转向趋势。

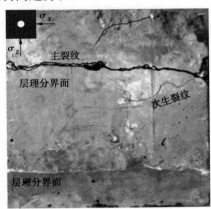

（a）正面裂隙分布

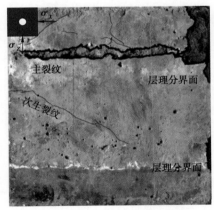

（b）后面裂隙分布

图 5.32 穿层钻孔液态 CO_2 相变射流致裂试件破坏形态图

（2）顺层钻孔液态 CO_2 相变射流致裂试验过程及结果分析

图 5.33 为 D_2 含层理试件顺层钻孔液态 CO_2 相变射流致裂试验过程气体压力及其致裂过程声发射振铃计数随时间变化曲线图。与 D_1 试件类似,在射流控制阀打开瞬间,系统内气体压力快速下降,产生大量声发射振铃计数。

图 5.34 所示为 D_2 含层理试件顺层钻孔液态 CO_2 相变射流致裂后试件前部及后部端面裂隙分布图。由图 5.34（a）可以看到,试件中部主裂纹位于致裂管尾端处,在裂隙扩展到分

界面时产生明显的转向现象。可以明显地看到,裂隙在沿 X 方向向右侧扩展到材料 A、C 分界面时,转向沿分界面向 Y 方向上部扩展了约 42 mm,之后又再次转向沿 X 方向向右侧扩展直至边界。与 D_1 试件相比,D_2 试件主裂隙位于致裂管下部,裂隙扩展方向在层理面处产生明显的转向。

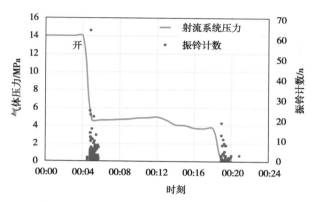

图 5.33　顺层钻孔液态 CO_2 相变射流致裂破坏过程压力-声发射特征

（a）正面裂隙分布

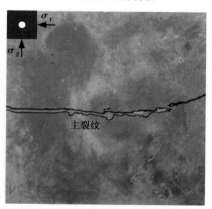

（b）右侧端面裂隙分布

图 5.34　顺层钻孔液态 CO_2 相变射流致裂试件破坏形态图

3）煤岩体层理对液态 CO_2 相变射流致裂裂隙扩展规律影响

根据含层理试件穿层及顺层液态 CO_2 相变射流致裂裂隙扩展规律试验研究表明,煤岩体材料内层理分布及其力学性质对其致裂裂隙扩展规律具有较大影响。具体表现在以下两个方面:

①穿层钻孔液态 CO_2 相变射流致裂裂隙主要平行分布于层理软弱结构面处;

②层理软弱结构面会引起顺层钻孔液态 CO_2 相变射流致裂裂隙扩展方向发生较大的改变。

5.3.7　含裂隙煤岩体液态 CO_2 相变射流致裂裂隙扩展规律

节理裂隙是一种常见的构造地质现象,是煤岩体形成过程中在地质力学作用下出现的裂隙,由于地应力长期作用,其开裂面两侧没有发生明显的位移,地质学上将这类裂缝称为节理。为了研究煤岩体节理对液态 CO_2 相变射流致裂裂隙扩展规律影响,按照试验方案 V,采用材料 A 制备试件,以纸片模拟煤岩体节理裂隙,分别制备含交叉裂隙与平行裂隙两类试件。三向主应力设置为 $\sigma_x = \sigma_y = \sigma_z = 4.5$ MPa,射流初始应力为 14 MPa,对两类试件进行液态 CO_2 相变射流致裂试验研究。

1) 试验条件

条件 1:主要进行含交叉裂隙煤岩体液态 CO_2 相变射流致裂试验研究。如图 5.9 所示,试件制备过程中,在试件中下部对角线位置放置宽 30 mm 薄纸片,用于模拟煤岩体内交叉裂隙,对应试件标记为 E_1。

条件 2:主要进行含平行裂隙试件液态 CO_2 相变射流致裂裂隙扩展规律试验研究。如图 5.9 所示,在试件中下部平行放置两条宽 30 mm 薄纸片,用于模拟煤岩体内平行裂隙,对应试件标记为 E_2。

2) 试验过程及结果分析

(1) 含交叉裂隙煤岩体液态 CO_2 相变射流致裂试验过程及结果分析

图 5.35 所示为含交叉裂隙试件经液态 CO_2 相变射流致裂破坏后破坏形态图。由图 5.35(a) 可以看出,在试件顶部端面对角线位置发育有破坏裂隙;由图 5.35(b) 可以看到该试件的主破裂面位于交叉裂隙所在平面,且在主裂隙的附近发育有大量次生裂隙;将试件沿主破裂面打开,如图 5.35(c) 所示,可以看到含交叉裂隙煤岩体试件经液态 CO_2 相变射流致裂后,其内部沿交叉裂隙面分布具有复杂的裂隙网络。与 A_2 试件相比,该试件致裂裂隙数量较多,且煤岩体破坏主裂纹沿裂隙面分布,表明煤岩体内交叉裂隙对液态 CO_2 相变射流致裂裂隙扩展规律有较大影响。

(2) 含平行裂隙煤岩体液态 CO_2 相变射流致裂试验过程及结果分析

图 5.36 为含平行裂隙试件经液态 CO_2 相变射流致裂破坏后破坏形态图。由图可以看出,试件破坏主裂隙位于致裂管下方,由图 5.36(c) 可以看出破坏裂隙并没有沿节理面扩展,且其致裂裂隙较 E_1 试件分布简单,认为造成上述差异的原因在于,E_1 试件交叉裂隙与致裂管相交,液态 CO_2 相变射流后高压气体能够进入裂隙面,促使试件沿裂隙面破坏开裂,形成复杂裂隙网络;而 E_2 试件内平行裂隙与致裂管没有直接相交,因此在致裂过程中高压气体没能进入裂隙面,形成单一裂隙。

3) 裂隙对煤岩体液态 CO_2 相变射流致裂裂隙扩展规律影响

前述分析表明,煤岩体内裂隙对液态 CO_2 相变射流致裂裂隙扩展具有较大的影响。当裂隙面与液态 CO_2 相变致裂孔相交时,产生的高压 CO_2 气体进入裂隙面,导致裂隙面扩展破坏,使得试件最终沿裂隙面产生破坏,形成复杂裂隙网络。当裂隙面与液态 CO_2 相变致裂孔没有相交且距离较远时,试件破坏过程不受裂隙影响,在高压气体作用下产生破坏。

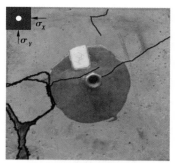
（a）顶部端面裂隙分布

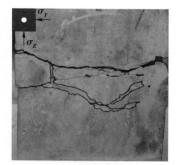
（b）右侧端面裂隙分布

（c）含交叉节理试件内部裂隙分布

图 5.35　含交叉裂隙煤岩体液态 CO_2 相变射流致裂破坏形态图

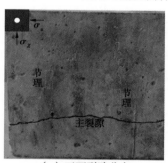
（a）正面裂隙分布

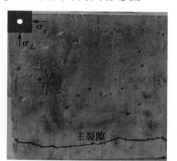
（b）右侧端面裂隙分布

（c）含平行裂隙试件内部裂隙分布图

图 5.36　含平行裂隙煤岩体液态 CO_2 相变射流致裂破坏形态图

5.3.8 试验结论

三轴应力条件下液态 CO_2 相变射流致裂及裂隙扩展规律试验研究表明：

①液态 CO_2 相变射流技术可用于三轴应力条件下煤层致裂,形成煤岩体宏观破裂面,且初始射流压力、主应力比、煤岩体力学强度、煤岩体内层理及节理裂隙对液态 CO_2 相变射流致裂裂隙扩展具有较大影响。在液态 CO_2 相变射流致裂过程中,煤岩体声发射振铃计数及波形频谱图与裂隙扩展过程具有一定的相关性,可采用声发射频谱分析方法进行煤岩体液态 CO_2 相变射流致裂过程监测。由于液态 CO_2 相变射流致裂技术瞬间释放的能量远远大于煤岩体裂隙扩展所需能量,可避免煤岩体裂隙造成的物质及能量损失,有利于裂隙的进一步扩展,因此较水力压裂、CO_2 压裂技术相比,该技术对煤体形成的破坏程度更大、形成的裂隙更明显。

②进行不同射流初始压力条件下类煤岩材料液态 CO_2 相变射流致裂裂隙扩展规律试验研究表明,随着射流初始压力的增大,致裂形成的主裂隙尺寸逐渐增大,且主裂隙扩展尺寸与射流初始压力满足指数关系。随着射流初始压力的增大,在试件尺寸范围内,致裂破坏主裂纹扭转趋势减小,试件主破裂面的起伏程度降低、表面擦痕减少,内部微裂隙数量增加。

③进行不同主应力比条件下类煤岩材料液态 CO_2 相变射流致裂裂隙扩展规律试验研究表明,随着 X 方向主应力比值的增大,液态 CO_2 相变射流致裂裂隙与 X 方向角度逐渐减小,裂隙逐渐向主应力较大的 X 方向扩展,即受三维地应力大小分布影响煤岩体液态 CO_2 相变射流致裂裂隙分布具有一定的方向性。分析表明,优势致裂方向判断方法所得结果与试验所得裂隙扩展方向近似一致,理论研究提出的优势致裂方向判断方法具有一定的可信度。

④进行不同力学强度条件下类煤岩材料液态 CO_2 相变射流致裂裂隙扩展规律试验研究表明,随着材料力学强度的增大其致裂裂隙减小。

⑤进行含层理类煤岩材料液态 CO_2 相变射流致裂裂隙扩展规律试验研究表明,穿层钻孔液态 CO_2 相变射流致裂裂隙主要平行分布于层理软弱结构面处;层理软弱结构面会引起顺层钻孔液态 CO_2 相变射流致裂裂隙扩展方向发生较大的改变。

⑥进行含裂隙类煤岩材料液态 CO_2 相变射流致裂裂隙扩展规律试验研究表明,当裂隙面与液态 CO_2 相变致裂孔相交时,产生的高压 CO_2 气体进入裂隙面,导致裂隙面扩展破坏,使得试件最终沿裂隙面产生破坏,形成复杂裂隙网络。当裂隙面与液态 CO_2 相变致裂孔没有相交且距离较远时,试件破坏过程不受裂隙影响,在高压气体作用下产生破坏。

6 低透煤层液态 CO_2 相变射流致裂卸压增渗机理研究

6.1 概 述

前文采用理论研究、数值模拟研究、试验研究等方法对液态 CO_2 相变射流气体冲击动力学、液态 CO_2 相变射流致裂裂隙扩展力学机理、液态 CO_2 相变射流致裂裂隙扩展规律等展开了深入研究,表明该技术可实现地应力条件下煤层致裂,增加煤岩体宏观裂隙尺寸及数量,以实现煤岩体卸压。为了进一步丰富该技术理论体系,指导现场瓦斯抽采施工,本章主要针对"低透煤层液态 CO_2 相变射流致裂卸压增渗机理",从液态 CO_2 相变射流致裂技术原理出发,进行液态 CO_2 相变射流致裂增透作用机制初步分析,采用自主研发的含瓦斯煤热-流-固耦合三轴伺服渗流试验装置进行含瓦斯煤岩体卸压增渗试验研究;基于试验结果分析,研究建立基于双重孔隙介质结构的煤岩体卸压损伤渗透率模型;理论分析建立穿层钻孔抽采过程煤层瓦斯压力分布模型,进行瓦斯抽采压降漏斗形态及其时效特征研究,获得瓦斯抽采压降漏斗随煤层物性参数变化规律。

6.2 煤岩体液态 CO_2 相变射流致裂增透作用机制分析

液态 CO_2 相变射流致裂技术是利用高压液态 CO_2 受热相变,卸压膨胀后产生高压气体射流,瞬间作用于钻孔孔壁,形成致裂裂隙及冲击破坏区,在煤层中产生明显的卸压作用,之后在地应力作用下孔道周边应力再次平衡,孔道周边裂隙不断演化扩展,形成裂隙网络。网格式钻孔液态 CO_2 相变射流致裂效果及其剖面如图 6.1 所示。

分析认为低透煤层液态 CO_2 相变射流致裂增透作用机制主要由以下 4 个方面组成。

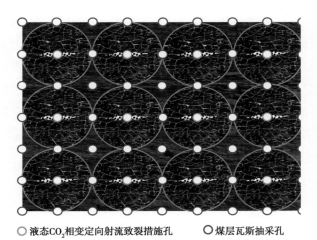

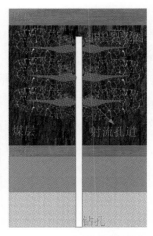

○ 液态CO_2相变定向射流致裂措施孔　　○ 煤层瓦斯抽采孔

（a）液态CO_2相变射流致裂钻孔剖面示意图　　（b）液态CO_2相变射流致裂平面示意图

图 6.1　液态 CO_2 相变射流致裂增透技术原理示意图

（1）液态 CO_2 相变射流致裂后煤岩体结构变形分析

煤层透气性系数是反映煤层内瓦斯流动难易程度的重要参数，也是评价煤层瓦斯抽采难易程度的可行性指标之一。一般认为，影响煤层瓦斯透气性的主要因素有地应力、煤层水分和地应力作用下煤层裂隙的闭合程度等。因此，低透气性煤层通常处于高应力区域，煤层孔隙、裂隙受压力作用长期处于闭合状态，造成煤岩体瓦斯运移通道阻塞［图 6.2（a）］。通过液态 CO_2 相变射流致裂施工后，煤体内形成一定几何尺寸的宏观裂隙及冲击破坏区。在地应力作用下，致裂裂隙继续扩展，在液态 CO_2 相变射流致裂宏观裂隙周围形成卸压裂隙场，构成瓦斯运移通道，从而改善瓦斯渗流通道和提高煤层渗透率［图 6.2（b）］。

（2）液态 CO_2 相变射流致裂后对瓦斯解吸作用分析

随着高应力区低透气性煤层内 CO_2 相变射流致裂宏观裂隙扩展，煤体内孔隙裂隙发育，比表面积增大，且煤体内有效应力减小。CO_2 气体进入煤层后，由于煤层对 CO_2 的吸附能力强于 CH_4，CO_2 进入煤层后与 CH_4 形成竞争吸附，使得煤层内原有的 CH_4 吸附解析动态平衡受到破坏，煤层 CH_4 解析量增多，伴随裂隙增加、运移通道增加，为煤岩体瓦斯运移提供了条件，从而达到有效提高煤层透气性的目的，如图 6.2（b）所示。

（3）液态 CO_2 相变射流致裂后对煤层卸压增透的影响

影响煤层透气性的主要因素是煤层地应力状态，研究表明煤岩体渗透率随地应力的减小而增加的趋势十分显著。因此，煤层卸压是提高低渗煤层透气性的有效技术途径。为了提高煤层的透气性，可以人为地采取措施在煤层中制造裂隙，沟通及扩展煤层内部的裂隙网，产生新的破坏裂隙，形成裂隙网络。液态 CO_2 相变射流致裂在煤体中致裂形成宏观裂隙及破坏损伤区，在一定程度上增加了煤岩体的暴露面积，使吸附瓦斯解吸，且致裂裂隙与破坏损伤区相当于在局部范围内开采了一层极薄的保护层，释放煤层内的部分有效体积应力，使部分煤层在致裂后发生不同程度破坏和位移,应力场重新分布。在地应力的作用下,宏观裂隙周围形成卸压区和应力集中区,在煤层卸压区域内,原有闭合裂隙的张开、扩展以及新裂隙的形成,促使煤层透气性显著提高。由于液态 CO_2 相变射流致裂对煤岩体产生弹塑性破坏,煤层内的裂缝和裂隙的数量、长度和张开度得到不同程度的增加,增大了煤层内裂缝、裂隙和孔隙的连通面积,改变了煤岩体的裂隙状况,煤岩体渗透率大幅度提高,为瓦斯解吸和流动创造了良好的条件,大大改善了煤层中的瓦斯流动状态,为瓦斯的抽排提供了有利条件,增加了瓦斯抽放量,从而可以有效地提高瓦斯抽放率。

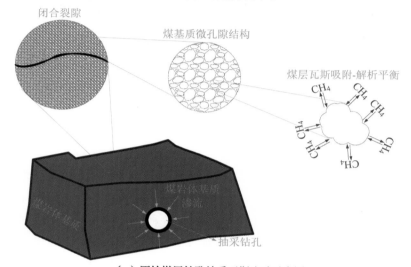

（a）原始煤层钻孔抽采瓦斯流动示意图

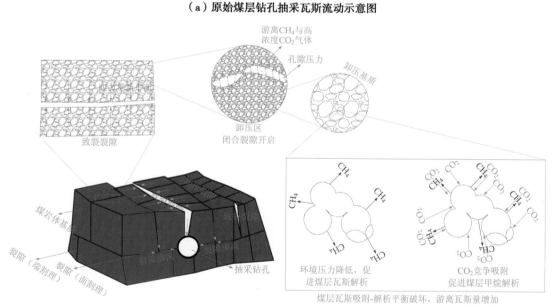

（b）液态 CO_2 相变射流致裂后煤层钻孔抽采瓦斯流动示意图

图 6.2　煤层钻孔抽采瓦斯流动示意图

（4）液态 CO_2 相变射流致裂后对卸压瓦斯运移的影响

瓦斯一般以吸附和游离状态两种方式存在于煤层中。游离瓦斯是以自由状态存在于煤岩体、裂隙及大孔中的瓦斯，提高煤层中游离瓦斯浓度有助于提高煤层瓦斯抽采效率。在一定压力条件下，煤层中游离瓦斯和吸附瓦斯处于动态平衡状态，且随着环境压力减小，煤层对瓦斯的饱和吸附量减小。在液态 CO_2 相变射流致裂后煤层压力释放，使得原有的应力环境改变，促使煤层吸附瓦斯游离解析，与裂隙内游离瓦斯混合成为自由状态的高浓度卸压瓦斯，存在于液态 CO_2 相变射流致裂产生的致裂裂隙中，以扩散、渗流等运动方式进入抽采钻孔。

综上分析认为，液态 CO_2 相变射流致裂增加煤层瓦斯抽采效率主要体现在 3 个方面：首先，在高压 CO_2 气体作用下煤岩体宏观裂隙增加，构成了煤岩体主要瓦斯运移通道，在很大程度提高了煤层瓦斯运动速度；其次，由于裂隙扩展促使煤层卸压，使得煤层原始闭合裂隙打开，促使煤层内吸附瓦斯解析及自由扩散，并向卸压区内裂隙通道流动；最后，CO_2 气体进行卸压后的煤岩体裂隙，在竞争吸附作用下促进甲烷的游离解析，提高卸压裂隙内的瓦斯浓度，从而提高煤层瓦斯抽采浓度及流量。

6.3 含瓦斯煤岩体卸压增渗试验及理论研究

根据前文分析，液态 CO_2 相变射流致裂煤岩体卸压是低透气性煤层增透抽采的主要作用机制之一。为了研究煤岩体卸压增渗效果，为后文相关理论研究提供理论基础，采用重庆大学煤矿灾害动力学与控制国家重点试验室自主研发的含瓦斯煤热-流-固耦合三轴伺服渗流试验装置进行含瓦斯煤岩体卸压增渗试验研究，基于试验研究结果进行了含瓦斯煤岩体卸压增渗理论研究。

6.3.1 含瓦斯煤岩体卸压增渗试验条件及方法

（1）试验装置

试验装置采用重庆大学煤矿灾害动力学与控制国家重点试验室自主研发的含瓦斯煤热-流-固耦合三轴伺服渗流试验装置[286]。该装置主要由伺服加载系统、三轴压力室、水浴恒温系统、孔压控制系统、数据测量系统及辅助系统等 6 部分组成，如图 6.3 所示。轴向加载可采用力和位移控制两种方式，试验过程中的轴向及围压载荷、煤岩体变形、瓦斯压力、瓦斯流量等参数均可实现全自动采集与记录，系统最大轴压为 100 MPa，最大围压为 10 MPa。该装置能够模拟煤层地应力环境，进行含瓦斯煤岩体卸压力学性质及渗流规律试验研究。

（2）试验材料

煤样取自川煤集团白皎煤矿 23 采区,在现场选取大块煤样若干,运回试验室进行原煤标准试件加工。加工试件尺寸为 50 mm×100 mm,端面平行度小于 0.05,试件加工完成自然风干后,用保鲜膜包好备用(图 6.4)。

图 6.3　含瓦斯煤热-流-固耦合三轴伺服渗流试验装置

图 6.4　原煤试件

（3）试验方案

根据前文分析,液态 CO_2 相变射流致裂煤岩体卸压作用是实现低透气性煤层增透的主要作用机制之一。为了研究煤岩体试件在卸压作用下的力学性质及瓦斯渗流规律,为后续进行卸压煤岩体渗透率模型理论研究提供数据基础,采用含瓦斯煤热-流-固耦合三轴伺服渗流试验装置,模拟现场煤岩体卸压应力条件进行煤岩体破坏规律及瓦斯渗流规律研究。四川芙蓉集团白皎煤矿试验地点煤样最大主应力为 25.1 MPa,中间主应力为 13.8 MPa,最小主应力为 8.7 MPa。根据现场实际情况进行一定力学参数折减,设置围压分别为 7 MPa、8 MPa、9 MPa,进行常规加载、不同静水压力加卸载、不同主应力比加卸载、不同瓦斯压力等 4 种条件下煤岩力学性质及瓦斯渗流规律研究,试验方案如表 6.1 所示。

表 6.1　煤岩体卸压瓦斯渗流试验方案

编　号	静水压力/MPa	轴向压力/kN	瓦斯压力/MPa	试验目的
A	7	持续加载直至试件破坏	3	常规加载试验
B_1	7	70	4.5	静水压力对煤岩体卸压增透影响
B_2	8	70	4.5	
B_3	9	70	4.5	
C_1	9	50	3	主应力比对煤岩体卸压增透影响
C_2	9	65	3	
C_3	9	100	3	

编　号	静水压力/MPa	轴向压力/kN	瓦斯压力/MPa	试验目的
D_1	8	70	3	瓦斯压力对煤岩体卸压增透影响
D_2	8	70	4	
D_3	8	70	4.5	

图 6.5 为煤岩体卸压瓦斯渗流试验应力加载路径示意图。图 6.5(a)为表 1 中试件 A 常规加载方式应力路径图,首先逐级加载 σ_3 和 σ_1,直至静水压力 $\sigma_3 = \sigma_1 = 7$ MPa,进行瓦斯吸附饱和 1 h 之后保持 σ_3 不变,按照 0.1 kN/s 的加载速度持续增大 σ_1,直至试件破坏,得到三轴应力条件下含瓦斯煤岩体力学强度。图 6.5(b)为表 1 中试件 C_1 在加卸载条件下的应力路径图,首先逐级加载 σ_3 和 σ_1,直至静水压力 $\sigma_3 = \sigma_1 = 9$ MPa,进行瓦斯吸附饱和 1 h 之后保持 σ_3 不变,按照 0.1 kN/s 的加载速度持续增大 σ_1,直至 $\sigma_1 = 50$ kN,保持轴向力不变,按照 0.02 MPa/s 的卸压速度减少 σ_3,直至试件破坏后。

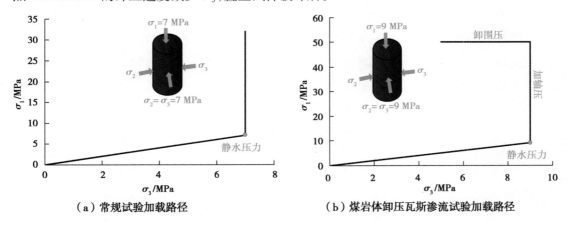

（a）常规试验加载路径　　　　　　　（b）煤岩体卸压瓦斯渗流试验加载路径

图 6.5　三轴渗流试验加载路径示意图

表 6.1 中 B,C,D 3 组试验的应力路径类似,不同的是,B 组试验主要用于研究静水压力对煤岩体卸压增透影响,即 B_1,B_2,B_3 试件加载过程中静水压力水平不同,但卸围压时最大主应力值及瓦斯压力相等,用于反映不同地应力条件下煤层卸压瓦斯渗透率变化情况。C 组试验主要用于研究主应力比对煤岩体卸压增透影响,即 C_1,C_2,C_3 试件在静水压力水平与瓦斯压力一致,但卸围压时最大主应力值不同,用于反映煤层中不同应力集中水平条件下煤岩体卸围压瓦斯渗透率变化规律。D 组试验主要用于研究煤层瓦斯压力对煤岩体卸压增透影响,即 D_1,D_2,D_3 试件在静水压力水平与卸压过程最大主应力值一致,但煤岩体瓦斯压力不同。

6.3.2 试验结果与分析

按照表 6.1 试验方案及图 6.5 应力加载路径图进行试验,得到不同试验条件下煤岩破坏物理力学参数及瓦斯流量参数。由试验测得的气体压力和瓦斯流量可计算得到煤岩体渗透率参数,计算公式为:

$$k = \frac{2q_0 p_0 uL}{A(p_1^2 - p_2^2)} \times 100 \tag{6.1}$$

式中　k——煤岩体瓦斯渗透率,10^{-3}um^3;

　　　q_0——试验过程中煤岩体瓦斯流量,mL/s;

　　　p_0——环境大气压力,取值为 0.1 MPa;

　　　u——瓦斯流体动力粘度,MPa·s;

　　　L——试件长度,cm;

　　　A——试件端面横截面面积,cm^2;

　　　p_1,p_2——分别为煤岩体试件进出口两端的气体压力,MPa。

（1）常规加载条件下煤岩体应力-应变及瓦斯渗透率变化规律曲线

采用式(6.1)及岩石力学基础公式对试验数据进行处理得到常规加载条件下煤岩体应力-应变及瓦斯渗透率变化规律曲线,如图 6.6 所示。

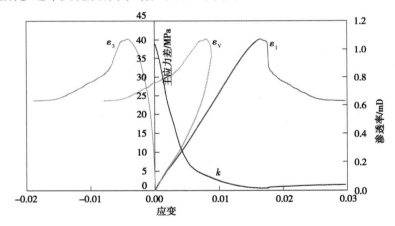

图 6.6　常规加载条件下煤岩体应力-应变及瓦斯渗透率变化规律曲线

由图 6.6 可以看出,静水压力 7 MPa 条件下煤岩体峰值强度为 40.05 MPa。由图可以看出,在煤岩体上主应力差处于峰值应力前,其瓦斯渗透率持续降低,由最初的 1.037 mD 降至 0.018 mD,降低了 97.68%,表明峰前瓦斯渗透率随着主应力差的增长大幅减小;当煤岩体强度超过屈服强度时,煤岩体产生瞬间应力降,体积应变开始由压缩向扩容转变,煤岩体瓦斯渗透率瞬间由 0.018 mD 上升至 0.024 mD,增长了 33.3%。煤岩体破坏后在应力作用下,其破坏变形逐渐增大,最终导致煤岩体试件的膨胀变形。当试验结束时,破坏失稳含裂隙煤岩体瓦斯渗透率达到了 0.039 mD,是峰前最低渗透率的 2.17 倍。

上述分析表明,煤岩体主应力差对煤岩体渗透率有较大影响,在煤岩体破坏前随着应力增长,煤岩体裂隙闭合,瓦斯渗透率大幅度降低;在煤岩体达到破坏峰值后,随着应力持续加载,煤岩体产生宏观破坏面,体积应变由压缩向膨胀转变,煤岩体瓦斯渗透率较峰前有少量提高。因此,在低渗煤层增透强化抽采过程中增加煤体内宏观裂隙数量,同时降低煤岩体有效应力是提高煤层瓦斯渗透率的有力保障。

(2)不同静水压力条件下煤岩体卸压应力-应变及瓦斯渗透率变化规律曲线

图 6.7 为 B_1 ~ B_3 不同静水压力条件下煤岩体卸压应力-应变及瓦斯渗透率变化规律曲线。由表 6.1 可以看出,B_1 ~ B_3 煤岩体试件在试验过程中,除静水压力不同之外其他参数均相同,且围压卸载前轴向压力均为常规加载条件下煤样峰值强度的 75%,即 29.37 MPa。

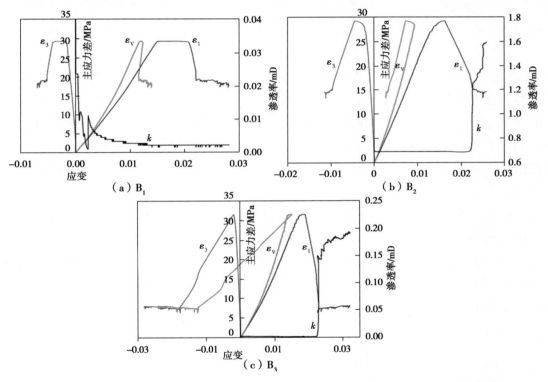

图 6.7 不同静水压力条件下煤岩体卸压应力-应变及瓦斯渗透率变化规律曲线

图 6.7(a)为 B_1 煤岩体试件在静水压力为 7 MPa 时卸压应力-应变及瓦斯渗透率变化规律曲线。由图可以看出,在峰值强度 75% 轴压条件下按照 0.02 MPa/s 的速度卸围压,煤岩体并没有产生瞬间破坏,且在主应力差作用下轴向应变持续增长,煤岩体始终处于压缩状态,直至围压卸载至 4.8 MPa 时(轴向主应力与围压比值为 6.12);煤岩体产生宏观破坏,主应力差瞬间由 29.37 MPa 降低至 19.2 MPa,降低了 34.6%,但在应力作用下煤岩体始终处于压缩状态,在卸压破坏过程中瓦斯渗透率没有明显的增长现象。

图6.7(b)为B_2试件在静水压力为8 MPa时卸压应力-应变及瓦斯渗透率变化规律曲线。由图可以看出,在静水压力8 MPa条件下,随着主应力差的增大,瓦斯压力保持在0.691 749 mD。当主应力差达到29.37 MPa时,开始进行围压卸载,煤岩体产生明显的应力降,煤岩体体积应变曲线开始减小,开始由体积压缩转变为扩容,煤岩体开始产生损伤破坏。当煤岩体围压卸载至5 MPa时,试件轴向应变达到0.021 8,作用于煤岩体上的主应力差快速下降,此时煤岩体渗透率骤然上升至1.238 9 mD,为煤岩体初始渗透率的1.79倍,且随着应力持续加载其渗透率持续上升至1.6 mD。

图6.7(c)为B_3试件在静水压力为9 MPa时卸压应力-应变及瓦斯渗透率变化规律曲线。由图可以看出,在卸围压前随着作用力的持续增长,煤岩体渗透率始终低于0.002 mD。当主应力差达到29.37 MPa时,开始卸围压;当围压卸载至4.8 MPa时,煤岩体开始产生明显的应力降,同时煤岩体体积应变逐渐减小,开始由煤岩体压缩向扩容转变。随着应力的持续加载,当主应力差达到12.93 MPa时煤岩体瓦斯渗透率出现了瞬间急剧增加,由0.005 6 mD增长至0.144 3 mD,瞬间增长了25.77倍。

上述不同静水压力条件下煤岩加卸载瓦斯渗流试验研究表明,在主应力差一定条件下,静水压力越大,卸围压造成的煤岩体瓦斯渗透率增加越明显。例如:B_1试件在静水压力7 MPa、主应力差为29.37 MPa时卸围压,没有产生明显的增渗现象;B_2试件在静水压力8 MPa、主应力差为29.37 MPa时卸围压,瓦斯渗透率瞬间增长至原始渗透率的1.79倍;B_3试件在静水压力9 MPa、主应力差为29.37 MPa时卸围压,瓦斯渗透率瞬间增了25.77倍。

分析认为造成上述现象的原因为:煤岩体在静水压力作用下处于压缩状态,开采扰动影响使得煤岩体局部应力集中,在应力作用下煤体内基质损伤,但由于始终处于压缩状态,因此其损伤孔隙及裂隙等瓦斯运移优势通道的作用得不到显现;当煤岩体突然卸压后,煤体内损伤裂隙等优势通道打开,使得煤体内封闭空间内的瓦斯快速游离解析由联通裂隙内外运移,煤岩体瓦斯渗透率增大。

(3)不同应力集中水平条件下煤岩体卸压应力-应变及瓦斯渗透率变化规律曲线

图6.8为$C_1 \sim C_3$不同应力集中水平条件下煤岩体卸压应力-应变及瓦斯渗透率变化规律曲线。由表6.1可以看出,C组煤岩体试件试验过程中,静水压力及瓦斯压力一致。不同的是,C_1试件在静水压力基础上轴向压力加载至50 kN,即轴向主应力为25.98 MPa,围压为9 MPa,主应力差为16.98 MPa,轴向应力与围压比值为2.89∶1。C_2试件在静水压力基础上轴向压力加载至65 kN,即轴向主应力为33.77 MPa,围压为9 MPa,主应力差为24.77 MPa,轴向应力与围压比值为3.75∶1。C_3试件在静水压力基础上轴向压力加载至100 kN,即轴向主应力为51.96 MPa,围压为9 MPa,主应力差为42.96 MPa,轴向应力与围压比值为5.77∶1。

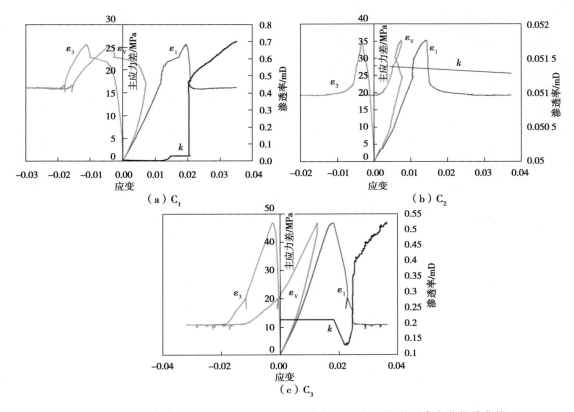

图 6.8　不同应力集中水平条件下煤岩体卸压应力-应变及瓦斯渗透率变化规律曲线

由图 6.8(a)可以看出,C_1 试件在轴向应力达到加载目标值时,随着围压的卸载试件产生一定的扩容,但没有发生破坏,此时煤岩体瓦斯渗透率开始出现增长趋势,且卸载一段时间后,煤岩体试件承载能力上升,产生一定的应变硬化现象,之后出现应力降,煤岩体产生失稳破坏,煤岩体瓦斯渗透率出现直线式上升。由图 6.8(b)可以看出,C_2 试件与 C_1 试件类似,均存在卸载过程中产生一定的应变硬化现象,但 C_2 试件的瓦斯渗透率一直处于下降趋势,分析认为造成该现象的原因是由于煤岩体在试验过程中体积变形始终处于压缩阶段造成的。由图 6.8(c)可以看出,C_3 试件在轴向应力达到加载目标值时,随着围压的卸载试件立即由体积压缩改变为扩容,直至围压卸载至 5 MPa 煤岩体开始产生应力降,瓦斯渗透率产生一定的下降;当围压卸载至 3.5 MPa 时,试件承载能力骤降,煤岩体瓦斯渗透率产生急剧增长,由 0.142 mD 上升至 0.414 mD,是原来的 2.9 倍。

(4)不同瓦斯压力条件下煤岩体卸压应力-应变及瓦斯渗透率变化规律曲线

图 6.9 为 $D_1 \sim D_3$ 不同瓦斯压力条件下煤岩体卸压应力-应变及瓦斯渗透率变化规律曲线。由表 6.1 可以看出,D 组煤岩体试件试验过程中,静水压力及轴向应力一致,D_1,D_2,D_3 试验过程瓦斯压力分别为 3 MPa,4 MPa,4.5 MPa。由图 6.9 可以看到,不同瓦斯压力条件下煤岩体初始瓦斯流量分别为 0.013 8 mD,0.015 7 mD,0.691 7 mD,即随着瓦斯压力的增大,煤层瓦斯渗透率增大。D_1,D_2,D_3 的破坏过程及瓦斯渗透率变化规律类似,均在主应力差为

29.37 MPa时产生应力降，且体积应变由压缩改变为扩容，瓦斯渗透率开始产生急速增长，与初始渗透率相比增长了8.91倍、7.90倍、1.84倍。

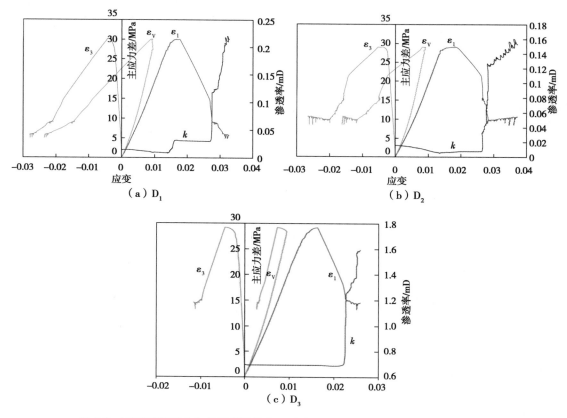

图6.9　不同瓦斯压力条件下煤岩体卸压应力-应变及瓦斯渗透率变化规律曲线

6.3.3　基于立方体结构的煤岩体卸压损伤渗透率模型研究

煤岩体作为一种复杂的多孔介质结构，忽略地应力作用下闭合孔隙，一般可将其看作由煤基质和裂隙组成的双孔介质结构，因此大量学者采用立方体结构模型分析建立煤岩体渗透率模型[287]，如图6.10所示。

Carman等认为煤岩体的渗透率主要取决于其孔隙率，认为煤岩体渗透率与孔隙率之间满足Kozeny-Carman公式[288]，即：

$$k = \frac{\varphi^3}{CS^2(1-\varphi)^2} \tag{6.2}$$

式中　φ——孔隙率，%；

C——系数，与煤岩体孔隙结构特征有关，同一煤层可视为常数；

S——单位体积煤岩体的表面积。

假设煤岩体卸压发生弹性小变形时，煤岩体基质没有新的裂隙产生，即煤岩体变形主要为裂隙卸压后裂隙开度的变化，则S可视为常数，则可得到煤岩体卸压后的渗透率满足下式：

$$\frac{k}{k_0} = \left(\frac{\varphi}{\varphi_0}\right)^3 \left(\frac{1 - \varphi_0}{1 - \varphi}\right)^2 \tag{6.3}$$

式中　φ_0——煤层的初始孔隙率,%;

　　　k_0——煤层的初始渗透率,m^2;

　　　φ——煤层卸压后的孔隙率,%;

　　　k——煤层卸压后的渗透率,m^2。

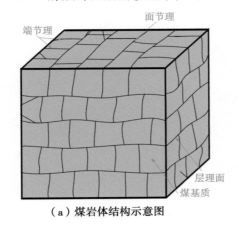
（a）煤岩体结构示意图

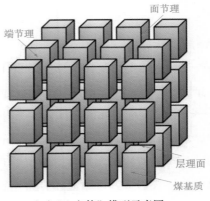
（b）"立方体"模型示意图

图 6.10　煤岩"立方体"模型

由于天然煤层的孔隙率 $\varphi \ll 1$,则上式可简化为:

$$k = k_0 \left(\frac{\varphi}{\varphi_0}\right)^3 \tag{6.4}$$

即煤岩体渗透率立方定律,该定律已成为目前大多数煤岩渗透率模型的基础。由方程式可以看出,立方体结构煤岩体的渗透率主要取决于煤岩体孔隙度的变化规律。根据本章 6.2节分析,忽略竞争吸附作用,液态 CO_2 相比射流致裂后煤岩体增透作用主要体现在宏观裂隙增加及卸压应力释放方面,即立方体结构煤岩体卸压过程割理及基质变形。而一般认为,煤岩体变形量等于煤岩体基质变形量与裂隙开度变形量之和。因此,在渗透率模型分析中考虑卸压作用下立方体结构煤岩体的割理系统及基质系统孔隙度变化规律,建立了基于立方体结构的煤岩体卸压渗透率模型。首先作如下假设:

①割理单元是煤岩体结构中的最小单位,且割理缝宽相等;

②煤岩体为各向异性材料,基质单元为各向同性材料;

③煤岩体基质单元之间无相互作用力,仅受煤层有效应力作用。

根据 Reiss 和 Janna 的研究,可得到立方体模型中割理单元的孔隙度和渗透率表达式分别为[289]:

$$\varphi_f = \frac{3b}{a} \tag{6.5}$$

式中　φ_f——割理单元的孔隙度;

a——煤岩基质单元的边长；

b——割理宽度，且 $b \ll a$。

分析认为卸压煤层割理系统孔隙度及渗透率的变化主要由两个方面的作用影响：

（1）有效应力作用下割理孔隙的变形

忽略煤岩体瓦斯吸附解析影响，考虑到煤岩体赋存初始状态应力差异，采用增量形式体现卸压过程中应力作用下煤岩体割理变形量为：

$$\Delta \varepsilon_{\sigma_i} = u - u_{\mathrm{m}} = (b + a) \Delta \varepsilon_{\mathrm{s}}^{\sigma} - a \Delta \varepsilon_{\mathrm{m}}^{\sigma} \tag{6.6}$$

式中　$\Delta \varepsilon_{\sigma_i}$——应力作用下煤岩体割理单元变形量，m；

　　　u——煤岩体单元整体位移变形量，m；

　　　u_{m}——煤岩体单元固体骨架位移变形量，m；

　　　b——每个割理单元的宽度，m；

　　　a——每个基质单元的宽度，m；

　　　$\Delta \varepsilon_{\mathrm{s}}^{\sigma}$——煤岩体单元在应力作用下的应变量；

　　　$\Delta \varepsilon_{\mathrm{m}}^{\sigma}$——煤岩体基质单元在应力作用下的应变量。

根据广义胡克定律，煤岩体单元应变、煤岩体基质应变与有效增量的关系为：

$$\begin{cases} \Delta \varepsilon_{\mathrm{s}}^{\sigma} = \dfrac{1}{E_{\mathrm{s}}} \left[\Delta \sigma_x^{\mathrm{e}} - \nu_{\mathrm{s}} (\Delta \sigma_y^{\mathrm{e}} + \Delta \sigma_z^{\mathrm{e}}) \right] \\[3mm] \Delta \varepsilon_{\mathrm{m}}^{\sigma} = \dfrac{1}{E_{\mathrm{m}}} \left[\Delta \sigma_x^{\mathrm{e}} - \nu_{\mathrm{m}} (\Delta \sigma_y^{\mathrm{e}} + \Delta \sigma_z^{\mathrm{e}}) \right] \end{cases} \tag{6.7}$$

式中　E_{s}——煤岩体单元杨氏模量，MPa；

　　　E_{m}——煤岩基质杨氏模量，MPa。

　　　$\Delta \sigma_x^{\mathrm{e}}, \Delta \sigma_y^{\mathrm{e}}, \Delta \sigma_z^{\mathrm{e}}$——煤岩体单元在 x, y, z 坐标轴方向的有效应力的变化量，MPa；

　　　$\nu_{\mathrm{s}}, \nu_{\mathrm{m}}$——煤岩体单元和煤岩体基质单元的泊松比。

假设 $\nu_{\mathrm{s}} = \nu_{\mathrm{m}} = \nu$，考虑到 $b \ll a$，将式（6.7）代入式（6.6），可得：

$$\Delta \varepsilon_{\sigma_i} = a \left(\frac{1}{E_{\mathrm{s}}} - \frac{1}{E_{\mathrm{m}}} \right) \left[\Delta \sigma_x^{\mathrm{e}} - \nu (\Delta \sigma_y^{\mathrm{e}} + \Delta \sigma_z^{\mathrm{e}}) \right] \tag{6.8}$$

受环境应力变化，煤岩体孔隙裂隙改变，造成煤岩体单元弹性模量 E_{s} 实际上是一个变动的值，而不是煤岩体原始弹性模量。根据应变等效假说，煤岩体损伤因子为：$D_{\mathrm{s}} = 1 - \dfrac{E_{\mathrm{s}}}{E_{\mathrm{s0}}}$，且认为煤岩体同一煤岩体破坏过程中基质损伤程度与煤岩体损伤程度一致，即 $D_{\mathrm{s}} = D_{\mathrm{s}} = \mathrm{D} = 1 - E_{\mathrm{s}}/E_{\mathrm{s0}}$，则存在：

$$\begin{cases} E_{\mathrm{s}} = (1 - D) E_{\mathrm{s0}} \\ E_{\mathrm{m}} = (1 - D) E_{\mathrm{m0}} \end{cases} \tag{6.9}$$

式中　$E_{\mathrm{s0}}, E_{\mathrm{m0}}$——煤体及煤岩体基质的原始弹性模量；

D——煤岩体加载破坏过程中损伤因子。

根据 Biot 固结理论,煤岩体总应力与其内部有效应力、气体压力存在如下关系:

$$\Delta\sigma^e = \Delta\sigma - \alpha_b(p - p_0) = \Delta\sigma - \alpha_b\Delta p \qquad (6.10)$$

式中 $\Delta\sigma^e$——煤岩体的有效应力增量,MPa;

$\Delta\sigma$——煤岩体的总应力增量,MPa;

α_b——Biot 系数;

p_0——煤岩体初始气体压力,MPa;

p——煤岩体内实时气体压力,MPa。

将式(6.9)、式(6.10)代入式(6.8)可得有效应力作用下割理孔隙的变形为:

$$\Delta\varepsilon_{\sigma_i} = a\left[\frac{1}{1-D}\left(\frac{1}{E_{s0}} - \frac{1}{E_{m0}}\right)\right]\left[\Delta\sigma_x - \nu\Delta\sigma_y - \nu\Delta\sigma_z + (2\nu - 1)\alpha_b\Delta p\right] \qquad (6.11)$$

(2)吸附解析作用下煤基质变形导致的割理变形

忽略煤岩体应力变化,采用增量形式体现出煤岩体吸附解析过程中煤岩体割理变形量为:

$$\Delta\varepsilon_d = u - u_m = (b + a)\Delta\varepsilon_s^d - a\Delta\varepsilon_m^d \approx a(\Delta\varepsilon_s^d - \Delta\varepsilon_m^d) \qquad (6.12)$$

式中 $\Delta\varepsilon_d$——吸附解析作用下煤岩体割理单元变形量,m;

$\Delta\varepsilon_s^d$——吸附解析作用下煤岩体单元应变量;

$\Delta\varepsilon_m^d$——吸附解析作用下煤岩体基质单元应变量。

王登科教授[214]根据吉布斯公式,考虑煤岩体吸附气体表面自由能的变化量,得到煤岩体气体吸附解析过程其基质收缩应变为:

$$\Delta\varepsilon_s^d - \Delta\varepsilon_m^d = \frac{4RTAC\rho_m}{9E_mV_m}\ln\frac{1 + Bp_0}{1 + Bp} \qquad (6.13)$$

式中 R——普氏气体常数,取值为 8.314 J/(mol·K);

T——煤岩体温度,K;

V_m——气体摩尔体积,标准状态下取值为 22.4 L/mol;

A,B——煤岩体 Langmuir 方程吸附常数,单位分别为 m^3/t,Pa^{-1};

C——单位体积煤岩体中可燃物的质量,t/m^3;

ρ_m——煤岩体的密度,kg/m^3;

p_0——煤岩体初始气体压力,MPa;

p——煤岩体内实时气体压力,MPa。

将式(6.9)、式(6.13)代入式(6.12)中可得,煤岩体吸附解析过程中煤岩体割理变形量 $\Delta\varepsilon_d$ 为:

$$\Delta\varepsilon_d = a\frac{4RTAC\rho_m}{(1-D)9V_m}\ln\frac{1 + Bp_0}{1 + Bp}\frac{1}{E_{m0}} \qquad (6.14)$$

由于煤岩体卸压渗透率动态变化是有效应力与吸附解析两种作用下的复合变形作用，因此综合上述研究，以裂隙闭合为正，则有效应力压缩作用下与煤岩体吸附瓦斯引起的煤岩体裂隙闭合均为正。因此存在：

$$\Delta\varepsilon_{b} = \zeta\Delta\varepsilon_{\sigma_i} + \xi\Delta\varepsilon_{d} \tag{6.15}$$

式中　ζ——有效应力作用下煤岩体割理孔隙变形影响因子；

　　　ξ——吸附解析作用下煤岩体割理孔隙变形影响因子。

将式（6.11）和式（6.13）代入式（6.14）可得：

$$\Delta\varepsilon_{b} = a\left\{\begin{array}{l}\zeta\dfrac{1}{1-D}\left(\dfrac{1}{E_{s0}} - \dfrac{1}{E_{m0}}\right)\left[\Delta\sigma_x - \nu(\Delta\sigma_y + \Delta\sigma_z) + (2\nu - 1)\alpha_b\Delta p\right] + \\ \xi\dfrac{4RTAC\rho_m}{(1-D)9V_m}\ln\dfrac{1+Bp_0}{1+Bp}\dfrac{1}{E_{m0}}\end{array}\right\} \tag{6.16}$$

式（6.16）两边同时除以 b，可得：

$$\dfrac{\Delta\varepsilon_{b}}{b} = \dfrac{a}{b}\left\{\begin{array}{l}\zeta\dfrac{1}{1-D}\left(\dfrac{1}{E_{s0}} - \dfrac{1}{E_{m0}}\right)\left[\Delta\sigma_x - \nu(\Delta\sigma_y + \Delta\sigma_z) + (2\nu - 1)\alpha_b\Delta p\right] + \\ \xi\dfrac{4RTAC\rho_m}{(1-D)9V_m}\ln\dfrac{1+Bp_0}{1+Bp}\dfrac{1}{E_{m0}}\end{array}\right\} \tag{6.17}$$

由式（6.4）可以得到：

$$\dfrac{a}{b} = \dfrac{3}{\varphi_0} \tag{6.18}$$

代入式（6.17）可得：

$$\dfrac{\Delta\varepsilon_{b}}{b} = \dfrac{3}{\varphi_0}\left\{\begin{array}{l}\zeta\dfrac{1}{1-D}\left(\dfrac{1}{E_{s0}} - \dfrac{1}{E_{m0}}\right)\left[\Delta\sigma_x - \nu(\Delta\sigma_y + \Delta\sigma_z) + (2\nu - 1)\alpha_b\Delta p\right] + \\ \xi\dfrac{4RTAC\rho_m}{(1-D)9V_m}\ln\dfrac{1+Bp_0}{1+Bp}\dfrac{1}{E_{m0}}\end{array}\right\} \tag{6.19}$$

根据立方型渗透率模型，可知在 x、y 两个方向裂隙变形的影响下，煤岩体沿 z 方向的渗透率表达式为：

$$k_z = k_{z0}\left\{1 + \left(\dfrac{\Delta\varepsilon_{b}}{b}\right)_x + \left(\dfrac{\Delta\varepsilon_{b}}{b}\right)_y\right\}^3 \tag{6.20}$$

将式（6.19）代入式（6.20），同时考虑煤岩体基质单元为各向同性材料，得到基于双重孔隙介质结构的煤岩体卸压损伤渗透率模型为：

$$k_z = k_{z0}\left\{1 + \dfrac{6}{\varphi_0}\left[\begin{array}{l}\zeta\dfrac{1}{1-D}\left(\dfrac{1}{E_{s0}} - \dfrac{1}{E_{m0}}\right)\left[\Delta\sigma_x - \nu(\Delta\sigma_y + \Delta\sigma_z) + (2\nu - 1)\alpha_b\Delta p\right] + \\ \xi\dfrac{4RTAC\rho_m}{(1-D)9V_m}\ln\dfrac{1+Bp_0}{1+Bp}\dfrac{1}{E_{m0}}\end{array}\right]\right\}^3 \tag{6.21}$$

式中　k_z——煤岩体沿 z 方向的渗透率，mD；

　　　　k_{z0}——煤岩体沿 z 方向的初始渗透率，mD；

　　　　E_{s0}, E_{m0}——煤岩体及煤岩体基质的原始弹性模量，MPa；

　　　　D——煤岩体加载破坏过程中损伤因子；

　　　　$\Delta\sigma_x$, $\Delta\sigma_y$, $\Delta\sigma_z$——煤岩体单元在 x,y,z 坐标轴方向的变化量，MPa；

　　　　ν——煤岩体泊松比；

　　　　α_b——Biot 系数，取值为 1；

　　　　Δp——煤体瓦斯压力差，MPa；

　　　　R——普氏气体常数，取值为 8.314 J/（mol·K）；

　　　　T——煤岩体温度，K；

　　　　V_m——气体摩尔体积，标准状态下取值为 22.4 L/mol；

　　　　A, B——煤岩体 Langmuir 方程吸附常数，单位分别为 m^3/t，Pa^{-1}；

　　　　C——单位体积煤岩体中可燃物的质量，t/m^3；

　　　　ρ_m——煤岩体的密度，kg/m^3；

　　　　p_0——煤岩体出口压力，MPa；

　　　　p——煤岩体内进口压力，MPa；

　　　　ζ——有效应力作用下煤岩体割理孔隙变形影响因子；

　　　　ξ——吸附解析作用下煤岩体割理孔隙变形影响因子。

6.3.4　模型验证

为了验证上述基于立方体结构的煤岩体卸压损伤渗透率模型的准确性，基于本章 6.3.2 试验结果，基于准牛顿法（Quasi-Newton）[221]，利用式（6.21）对渗透率试验结果进行拟合分析。图 6.11 所示为相关煤样试验渗透率与理论渗透率拟合曲线及其破坏过程损伤因子变化曲线。

由图 6.11 可以看出，建立的基于立方体结构的煤岩体卸压损伤渗透率模型计算结果与试验测试结果在变化趋势、数值大小等方面具有较强的吻合度，R^2 最小值为 0.836 2，最大可达 0.990 9，平均为 0.945 8。且由图可以看到，煤岩体瓦斯渗透率与煤岩体损伤程度具有一定的关系：当损伤因子为 0 时，煤岩体瓦斯渗透率几乎保持较低的值，且变化较小；随着轴向应力的持续加载煤岩体损伤因子逐渐提高，煤岩体瓦斯渗透率出现一定程度的增大，但变化量相对较低；在卸围压作用下，煤岩体主应力差达到其峰值强度后，发生突然破坏，其损伤因子瞬间升高，煤岩体瓦斯渗透率也出现直线上升趋势。因此，在低渗煤岩体致裂增渗过程中，实现煤岩体瞬间破坏损伤有助于其增加煤层瓦斯透气性，实现低渗煤层高效抽采。

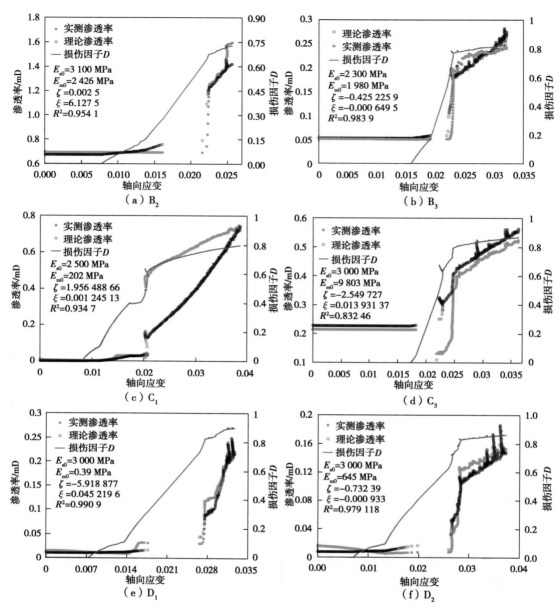

图 6.11 基于双重孔隙介质结构的煤岩体卸压损伤渗透率模型验证

6.4 穿层钻孔液态 CO_2 相变致裂抽采煤层瓦斯压降规律研究

煤层瓦斯压力是衡量突出危险性的重要指标之一[290]。一般认为,煤层裂隙及大孔中的游离瓦斯主要在流体微团瓦斯压力差的驱动作用下运移。因此,在瓦斯处理过程中采用钻孔负压增加煤岩体瓦斯压力差,使得煤体内瓦斯向钻孔内定向移动。在煤层瓦斯抽采过程中,随着瓦斯向钻孔内定向流动,靠近抽采钻孔处煤层瓦斯压力逐渐降低,从煤层向抽采钻孔径向空间内会形成一个漏斗状的曲面,即煤层瓦斯压降漏斗[291],如图 6.12 所示。随着瓦斯抽采的不断进行,煤层瓦斯压力不断下降,抽采达标漏斗曲线不断扩展,通过理论计算科技获得一定渗透率、抽采负压及抽采时间条件下达标漏斗半径,对指导穿层钻孔液态 CO₂ 相变致裂瓦斯强化抽采防突技术研究具有重要的实际意义。为了获得煤层瓦斯抽采过程中压降漏斗变化情况,并定量研究穿层钻孔液态 CO₂ 相变致裂后煤层瓦斯压力变化规律,在前人研究基础上,基于平面径向渗流理论,进行穿层钻孔液态 CO₂ 相变致裂抽采煤层瓦斯压降模型理论研究,采用 MATLAB 软件模拟计算了不同相变致裂卸压、抽采负压及抽采时间条件下煤层瓦斯压力分布规律。

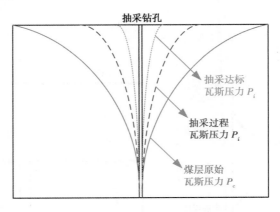

图 6.12　煤层瓦斯压降漏斗示意图

6.4.1　穿层钻孔抽采过程煤层瓦斯压力分布模型建立

为了建立该模型,首先作如下假设:

①钻孔周边煤岩体为横贯各向同性均质等厚介质,且煤层外边界无限大;

②煤层瓦斯为连续不可压缩流体,其流动符合达西渗流定律;

③煤层中瓦斯流动为单相径向流动过程,煤层顶底板为非渗透性材料。

在上述假设条件下,利用平面径向非稳态渗流模型[292](图 6.13),得到穿层钻孔抽采过程煤层瓦斯渗流控制方程为:

$$
\begin{cases}
\dfrac{\partial P}{\partial t} = \eta\left(\dfrac{\partial^2 P}{\partial r^2} + \dfrac{\partial P}{r\partial r}\right) & \\
P = P_d & (0 \leqslant r < R_d, t = 0) \\
P = P_c & (R_d < r < \infty, t = 0) \\
\lim\limits_{r \to 0}\left(r\dfrac{\partial P}{\partial r}\right) = \dfrac{B_g Q u}{2\pi k h} &
\end{cases}
\tag{6.22}
$$

式中　P——距离抽采钻孔一定距离 r 处在 t 时刻时的瓦斯压力,MPa;

　　　η——煤层导压系数,一般认为 $\eta = k/\varphi u c_i$;

P_d——抽采钻孔内压力，MPa；

P_c——原始煤层瓦斯压力，MPa；

Q——抽采钻孔瓦斯流量，m^3/d；

u——水的粘度，MPa·s；

h——煤层的有效厚度，m；

f——煤层孔隙度。

其中，B_g 为煤层甲烷体积系数，$B_g = (P_{sc}Z_iT_c)/(P_cT_{sc})$。

式中 P_{sc}——地面标准压力，取值为 0.101 MPa；

Z_i——原始天然气偏差系数；

T_c——煤层温度，K；

T_{sc}——地面标准温度，取值为 293 K。

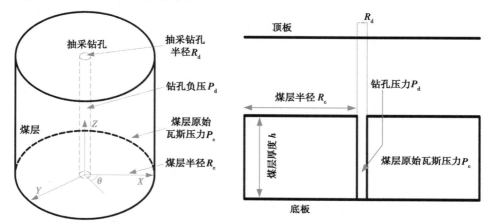

图 6.13 平面径向渗流模型

基于上述平面径向渗流模型，在式（6.22）给定的初始和边界条件下，应用玻尔兹曼变换求解方程式 $\partial P/\partial t = \eta(\partial^2P/\partial r^2 + \partial P/r\partial r)$，首先令 $y = r^2/4\eta t$，根据复合函数求导方法，可以得到[292]：

$$\begin{cases} \dfrac{\partial P}{\partial r} = \dfrac{\mathrm{d}P}{\mathrm{d}y} \cdot \dfrac{\partial P}{\partial r} = \dfrac{\mathrm{d}P}{\mathrm{d}y} \cdot \dfrac{r}{2\eta t} \\[2mm] \dfrac{\partial^2P}{\partial r^2} = \dfrac{\partial}{\partial r}\left(\dfrac{\partial P}{\partial r}\right) = \dfrac{\partial}{\partial r}\left(\dfrac{\mathrm{d}P}{\mathrm{d}y} \cdot \dfrac{r}{2\eta t}\right) = \dfrac{\mathrm{d}^2P}{\mathrm{d}y^2} \cdot \left(\dfrac{r}{2\eta t}\right)^2 + \dfrac{\mathrm{d}P}{\mathrm{d}y} \cdot \dfrac{1}{2\eta t} \\[2mm] \dfrac{\partial P}{\partial t} = \dfrac{\mathrm{d}P}{\mathrm{d}y} \cdot \dfrac{\partial y}{\partial t} = -\dfrac{\mathrm{d}P}{\mathrm{d}y} \cdot \dfrac{r^2}{4\eta t^2} \end{cases} \quad (6.23)$$

将式（6.23）代入式（6.22）整理可以得到：

$$y\dfrac{\mathrm{d}^2P}{\mathrm{d}y^2} + (1+y)\dfrac{\mathrm{d}P}{\mathrm{d}y} = 0 \quad (6.24)$$

令式（6.24）中 $\mathrm{d}P/\mathrm{d}y = P'$，可得 $\ln P' = -\ln y - y + c$，由边界条件可得：

$$r\frac{\partial P}{\partial r} = r\frac{dP}{dy}\frac{\partial y}{\partial r} = 2y\frac{dP}{dy} = \frac{B_gQu}{2\pi kh}$$

即存在：

$$\frac{dP}{dy} = \frac{B_gQu}{2\pi kh}\cdot\frac{1}{y} = \frac{c}{y}e^{-y}$$

当 $r\to0$ 时，存在 $y\to0$，可得：$c = \frac{B_gQu}{2\pi kh}$，则存在 $\frac{dP}{dy} = \frac{B_gQu}{4\pi kh}\cdot\frac{e^{-y}}{y}$。当 $t=0$ 时，$y\to\infty$，$P\to$

P_c；当 $t=t$ 时，$y=\frac{r^2}{4\eta t}$，$P=P(r,t)$，因此可得 $\int_{P_c}^{P(r,t)}dP = \frac{B_gQu}{4\pi kh}\int_\infty^{\frac{r^2}{4\eta t}}\frac{e^{-y}}{y}dy$，求解可得：$P(r,t) =$

$P_c - \frac{B_gQu}{4\pi kh}\int_{\frac{r^2}{4\eta t}}^\infty\frac{e^{-y}}{y}dy$，其中 $\int_{\frac{r^2}{4\eta t}}^\infty\frac{e^{-y}}{y}dy = -E_i\left(-\frac{r^2}{4\eta t}\right) = -E_i(-y)$。

故可得煤层中距离抽采钻孔 r 处任一点，在 t 时刻的压力值与煤层瓦斯渗透率之间的关系式为：

$$P(r,t) = P_c - \frac{B_gQu}{4\pi kh}\left[-E_i\left(-\frac{\varphi uc_ir^2}{4kt}\right)\right] \tag{6.25}$$

考虑煤岩"立方体"模型中渗透率与孔隙度之间存在式（6.4）关系，将其代入式（6.25）可得，可得煤层中距离抽采钻孔 r 处任一点，在 t 时刻的压力值与煤层孔隙度之间的关系式为：

$$P(r,t) = P_c - \frac{B_gQu\varphi_0^3}{4\pi k_0h\varphi^3}\left[-E_i\left(-\frac{uc_ir^2\varphi_0^3}{4k_0t\varphi^2}\right)\right] \tag{6.26}$$

将式（6.25）与式（6.26）分别对时间求导，可以得到煤层瓦斯压降速度与煤层瓦斯渗透率及孔隙度之间满足式（6.27）与式（6.28）。

$$\frac{\partial\Delta P}{\partial t} = \frac{B_gQu}{4\pi kht}\exp\left(-\frac{\varphi uc_ir^2}{4kt}\right) \tag{6.27}$$

$$\frac{\partial\Delta P}{\partial t} = \frac{B_gQu\varphi_0^3}{4\pi k_0ht\varphi^3}\exp\left(-\frac{uc_ir^2\varphi_0^3}{4k_0t\varphi^2}\right) \tag{6.28}$$

式（6.27）及式（6.28）表明，影响煤层瓦斯压降速度的主要因素有煤层渗透率、煤层厚度、综合压缩系数、瓦斯抽采时间及抽采流量等。

6.4.2　瓦斯抽采压降漏斗形态及其时效特征研究

煤层钻孔瓦斯抽采是预防煤与瓦斯突出灾害，实现煤层瓦斯资源综合利用的一项必要性措施。在煤层瓦斯灾害防治过程中，煤层瓦斯压力降低速度越快，高瓦斯煤层就越容易实现快速抽采达标。钻孔抽采造成的煤层瓦斯压降漏斗区域传播越远越深，压降漏斗体积越大，煤层瓦斯抽采量越多。因此，分析抽采钻孔周围煤层瓦斯压力分布及抽采过程中，瓦斯压降在横向和纵向的传播规律对于获得钻孔抽采有效消突范围及煤层气资源开发具有重要的意义。基于本章6.4.1节穿层钻孔抽采过程煤层瓦斯压力分布模型［式（6.25）］，根据白皎煤矿瓦斯抽采地质及工程相关参数（表6.2），采用 MATLAB 数值计算软件，计算分析了瓦斯抽采钻孔压降漏斗基本形态特征及其随时间变化特征,如图 6.14、图 6.15 所示。

表 6.2 白皎煤矿煤层瓦斯抽采压降漏斗计算参数

项　目	参数值
抽采流量 $Q/(\text{m}^3 \cdot \text{d}^{-1})$	1.15
煤层厚度 h/m	4.79
初始瓦斯渗透率 k/mD	0.018
综合压缩系数 C_i/MPa^{-1}	3.82×10^{-3}
初始孔隙度 φ	0.099
流体粘度 $\mu/(\text{mPa} \cdot \text{s})$	0.011
原始瓦斯压力 P_c/MPa	3.5
煤层甲烷体积系数 B_g	0.030 6

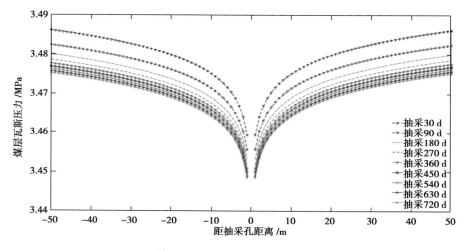

图 6.14 煤层瓦斯压降曲线随抽采时间变化规律

图 6.14 为不同抽采时间条件下煤层瓦斯压降曲线变化规律。由图可以看出,随着瓦斯抽采时间的延长,瓦斯压降曲线纵向深度及横向波及面积逐渐增大,表明延长瓦斯抽采时间能够有效增大煤层瓦斯抽采压降区域体积,增大瓦斯抽采影响区域。

图 6.15 分别为 $t = 30$ d、$t = 360$ d、$t = 720$ d 时煤层瓦斯抽采压降漏斗形态图及其俯视图和截面图。由图可以看出,抽采钻孔周边瓦斯压力分布呈现出明显的中心小,随距离增大呈现漏斗状分布的特征。经过分析可以得到,$t = 30$ d 时,在抽采孔周边 50 m 范围内的最大瓦斯压力为 3.486 MPa,最小瓦斯压力为 3.46 MPa;$t = 360$ d 时,研究范围内最大瓦斯压力为 3.478 MPa,最小瓦斯压力为 3.451 MPa;$t = 720$ d 时,最大为 3.475 MPa,最小为 3.448 MPa。虽然随着抽采时间的延长,其压力降范围增大,但其压力降幅度较低,达不到工作面回采及煤层瓦斯消突要求,因此白皎煤矿研究区域煤层需要进行煤层瓦斯强化抽采,增加其煤层孔隙度及渗透率,增大瓦斯抽采流量,以实现煤层快速降压消突。

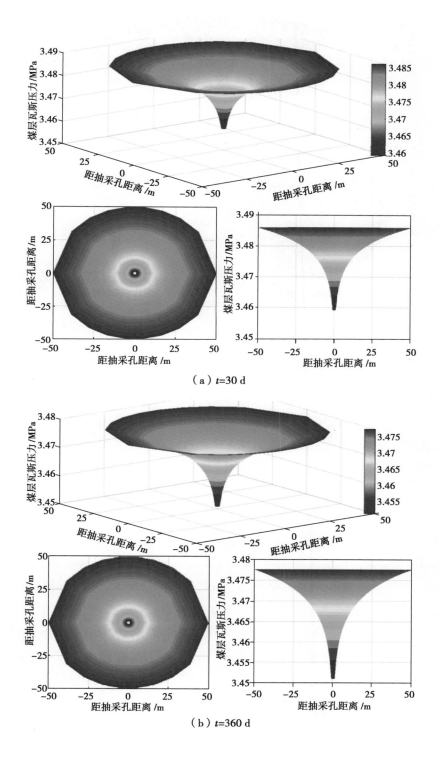

（a）t=30 d

（b）t=360 d

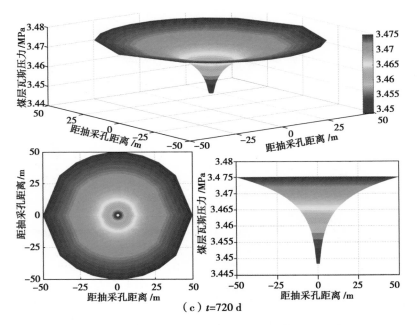

（c）$t=720$ d

图 6.15 煤层瓦斯压降漏斗随抽采时间变化规律

6.4.3 瓦斯抽采压降漏斗随煤层物性参数变化规律研究

在实际煤层瓦斯抽采过程中,对于不同渗透率、孔隙度、厚度等参数条件下的煤层在不同抽采流量条件下,其有效消突范围是不同的。煤层在液态 CO_2 相变射流致裂前后其渗透率、孔隙度及抽采流量等参数均会产生明显变化。为研究上述变化对煤层瓦斯抽采影响,分别对煤层瓦斯抽采压降漏斗形态随渗透率、孔隙度及钻孔抽采流量等参数变化规律进行深入研究。

（1）瓦斯抽采压降漏斗随煤层渗透率变化规律研究

图 6.16 为距抽采钻孔不同距离处煤层瓦斯压力随渗透率变化规律曲线。由图可以看出,在瓦斯抽采流量一定的情况下,随着煤层瓦斯渗透率的增大,瓦斯抽采压降曲线纵向深度及横向影响范围逐渐减小,表明在钻孔抽采流量恒定的情况下,煤层压降漏斗体积随着渗透率的增大而减小。

图 6.17 分别为煤层瓦斯渗透率为 0.018 mD,0.036 mD,0.072 mD 条件下,瓦斯定量抽采压降漏斗三维形态、截面及俯视图变化规律。由图可以看出,在渗透率 $K=0.018$ mD 时,研究范围内压降漏斗的最大瓦斯压力为 3.476 MPa,最小瓦斯压力为 3.448 MPa;渗透率 $K=0.036$ mD时,研究范围内最大瓦斯压力为 3.487 MPa,最小瓦斯压力为 3.473 MPa;渗透率$K=0.072$ mD 时,最大压力为 3.493 MPa,最小压力为 3.486 MPa。这一现象与实际工程中煤层渗透率增大、煤层卸压速度提高相反。分析认为这是由于在该部分理论分析中,保持抽采流量不变,煤层渗透率增大会造成距钻孔较远处的煤岩体瓦斯在压差作用下向钻孔方向的流动速度增大。由于抽采量不变,这导致汇集到钻孔的瓦斯不能及时抽采,造成煤层瓦斯压降

漏斗曲线深度降低。而在实际煤层瓦斯抽采工程中,煤层孔隙度、瓦斯渗透率及抽采流量均会随着煤层应力状态变化而产生动态变化。

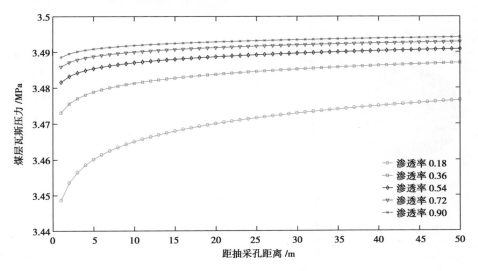

图 6.16　抽采压降随煤层渗透率变化规律

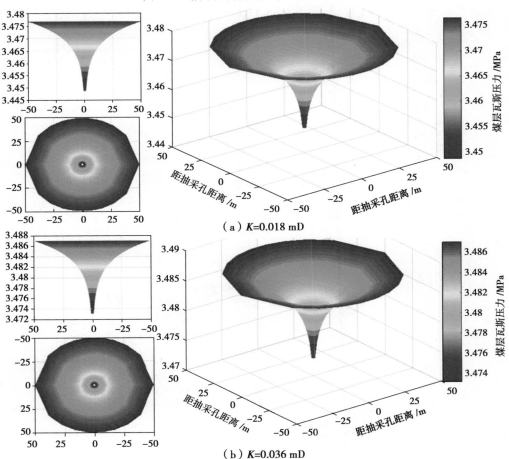

（a）K=0.018 mD

（b）K=0.036 mD

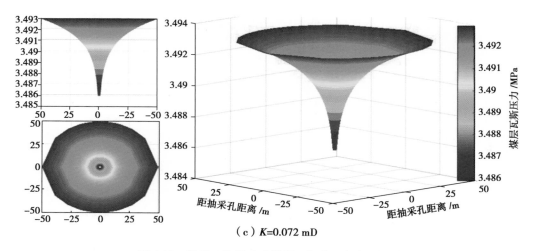

（c）$K=0.072\ mD$

图 6.17　抽采压降漏斗随煤层瓦斯渗透率变化规律

（2）瓦斯抽采压降漏斗随煤层孔隙度变化规律研究

煤层孔隙及裂隙是瓦斯储存和运移的主要空间,保持其他参数不变,分别将煤层孔隙度设置为 0.2,0.3,0.4,…,0.8,得到煤层压降曲线随煤层孔隙度变化规律曲线、煤层瓦斯压降漏斗三维形态随孔隙度变化规律,如图 6.18、图 6.19 所示。

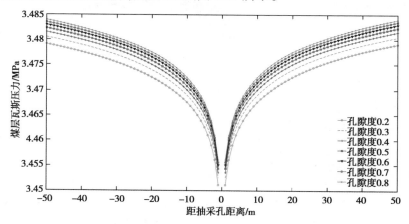

图 6.18　抽采压降曲线随煤层孔隙度变化规律

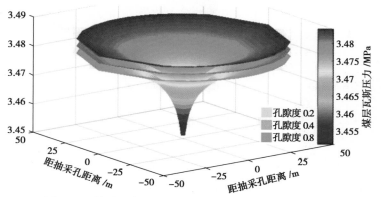

图 6.19　抽采压降漏斗三维形态随煤层孔隙度变化规律

图 6.18、图 6.19 表明,随着煤层孔隙度的增大,煤层瓦斯压降曲线深度及横向范围逐渐减小,即在定流量抽采过程中,煤层孔隙度较大,抽采相同时间所形成的压降漏斗规模较小,该现象与压降曲线随渗透率变化规律类似。分析认为造成此现象的原因是:在本章 6.4.1 节瓦斯压力分布模型建立过程中,存在导压系数 $\eta = k/\varphi \mu c_i$ 用来表征地层压力降的传播速度,即煤层导压系数与孔隙度成反比关系,在其他参数不变的情况下,煤层孔隙度较大的煤层压降传播系数较小。而在实际工程中,煤层孔隙度越大,其单位体积煤层瓦斯含量就越多;在瓦斯渗透率一定的情况下,煤层瓦斯运移速度相同,所以,单位时间内抽采出瓦斯的流量大致相同,造成孔隙度较大的煤层压降漏斗规模较小。即在抽采流量一定的情况下,煤层孔隙度越大,煤层内需要抽采的瓦斯总量越多,抽采降压所需时间就会越长。

（3）瓦斯抽采压降漏斗随抽采流量变化规律研究

为了研究瓦斯抽采流量对煤层压力分布的影响,保持其他参数不变,分别将钻孔抽采流量设置为 1.15 m^3/d,2.3 m^3/d,3.45 m^3/d,…,6.90 m^3/d,计算得到煤层压降曲线随抽采流量变化的规律曲线、煤层瓦斯压降漏斗三维形态随抽采流量变化规律,如图 6.20、图 6.21 所示。

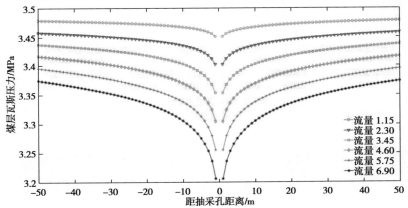

图 6.20　压降曲线随抽采流量变化规律曲线

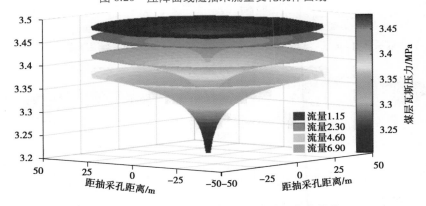

图 6.21　压降漏斗三维形态随抽采流量变化规律

由图 6.20、图 6.21 可以明显地看到,在其他参数一定的条件下,随着瓦斯抽采流量的增大,煤层压降曲线的深度及横向范围逐渐增大,表明在增大煤层瓦斯抽采流量有助于扩大煤层压降漏斗体积。即在瓦斯抽采过程中,在煤层瓦斯含量一定的情况下,增大单位时间内瓦斯抽采量,可增大煤层压降范围,抽采降压所需时间减少。

(4)瓦斯抽采压降漏斗随煤层厚度变化规律研究

保持其他参数不变,分别计算得到煤层厚度为 5.0 m,7.5 m,10 m,12.5 m 条件下瓦斯抽采压降曲线分布规律、煤层瓦斯压降漏斗三维形态随煤层厚度变化规律,如图 6.22、图 6.23 所示。由图 6.22、图 6.23 可以看到,随着煤层厚度的增加,煤层瓦斯压降曲线深度及横向范围减小,即压降漏斗体积减小。这可以理解为,在其他参数不变的情况下,煤层厚度增加导致煤层瓦斯总量提高,单位时间抽采量不变的情况下,瓦斯压降需要的时间更长。

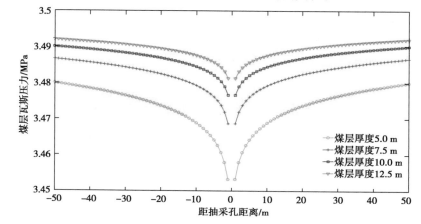

图 6.22 压降曲线随煤层厚度变化规律曲线

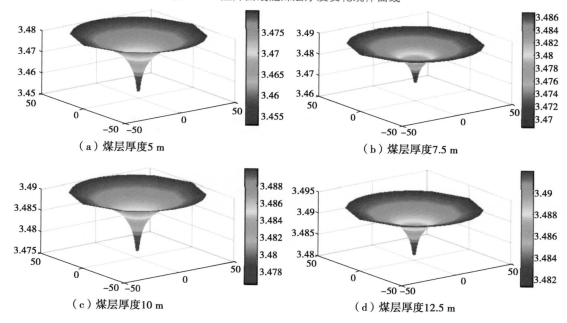

（a）煤层厚度5 m

（b）煤层厚度7.5 m

（c）煤层厚度10 m

（d）煤层厚度12.5 m

图 6.23 压降漏斗三维形态随煤层厚度变化规律

7 低渗煤岩体液态 CO_2 相变射流致裂增透技术应用

7.1 概　述

　　前文采用理论研究、数值模拟研究、试验研究方法,分析了液态 CO_2 相变射流致裂煤岩体增透机理,表明该技术可用于煤层致裂,增加煤层内宏观裂隙数量,促使煤岩体卸压,从而增加煤层瓦斯渗透率。为了验证该技术应用效果,在前文优势致裂方向理论研究基础上,改进研发"液态 CO_2 相变射流煤岩体致裂技术装备",以川煤集团白皎煤矿为试验基地,进行液态 CO_2 相变射流致裂煤岩体增透瓦斯强化抽采试验研究,提出了液态 CO_2 相变射流致裂增透网格式瓦斯抽采方法。现场试验表明该技术可有效提高瓦斯抽采纯流量 12 倍左右,降低瓦斯抽采流量衰减系数 92%,提高巷道掘进速度 4~5 倍。在川煤集团杉木树矿 S3012 综采工作面进行松软煤层顺层钻孔液态 CO_2 相变射流致裂增透防突技术应用,表明液态 CO_2 相变射流致裂瓦斯强化抽采技术,较常规密集钻孔方法,可提高煤层瓦斯抽采效率 15.71%,实现了向斜轴部高应力集中区松软煤层工作面的消突治理。

7.2 液态 CO_2 相变射流煤岩体致裂技术装备研发

7.2.1 技术原理

　　液态 CO_2 相变射流致裂技术原理是利用增压泵将液态 CO_2 进行增压并灌装输入至内置电加热活化器和定压定向破裂片的储气管中,直至储气管内 CO_2 气体转变为高压超临界状态。在进行液态 CO_2 相变射流致裂过程中,采用发爆器激活储液管内的电加热活化器,瞬间释放大量的热,使得储液管内温度瞬间急速升高,储液管内压力瞬间上升,超过储液管内定向定压破裂片的破坏临界压力。之后,储液管内高压超临界 CO_2 瞬间卸压,CO_2 气体快速膨胀,在有限空间内形成高能 CO_2 气流,由释放管的释放孔内喷出,形成高压 CO_2 气流作用于煤岩体孔壁上。在高压 CO_2 气流作用下在孔口形成射流冲击孔道,在孔道周边产生宏观裂隙及损伤区,产生明显的卸压作用。之后,在地应力作用下孔道周边应力再次平衡,孔道周边裂隙不断演化扩展,形成裂隙网络,如图 6.1 所示。在形成孔道、裂隙扩展过程中,一方面由于裂隙扩展促使煤层卸压,使得煤层内吸附瓦斯自由扩散,向卸压区内裂隙通道流动;另一方面,CO_2 气体进行卸压后的煤岩体裂隙,在竞争吸附作用下促进甲烷的游离解析,提高卸压裂隙内的瓦斯浓度。

7.2.2 系统主要结构

提出的液态 CO_2 相变定向射流致裂增透技术,是考虑到三维地应力作用下钻孔孔壁的射流致裂存在优势方向,为了实现优势致裂方向上的人工可控定向射流致裂,增加了定向装置,可以显示该装置释放孔在钻孔内的角度,实现高压液态 CO_2 相变射流致裂角度的调节控制,实现真正意义上的人工定向致裂。液态 CO_2 相变定向射流致裂增透装置由气压驱动井下液态 CO_2 灌装系统、液态 CO_2 储液管、定向射流致裂增透系统、导电推杆、推送系统等组成,如图 7.1 所示。

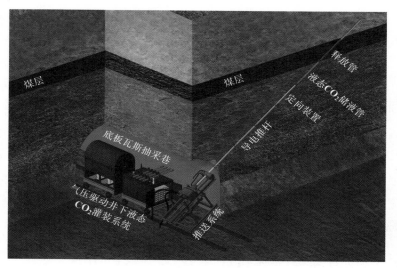

图 7.1 系统总装示意图

气压驱动井下液态 CO_2 灌装系统如图 7.2 所示,主要工作原理为在地面进行二氧化碳储液罐的低温增压灌装,之后将其运输至井下采用启动增压系统进行储液管的增压灌装。其主要由气动气液增压系统、低温二氧化碳储液罐、灌装控制系统、运输系统等组成。其中,低温二氧化碳储液罐具有制冷、增压及保温功能,配置有制冷压缩机、大流量低压气液增压系统、温度及压力显示表等,储液罐容积为 500 L,工作温度范围为 $-5\sim40$ ℃,工作压力 4 MPa;大流量低压气液增压系统最大输出压力为 8 MPa,最大输出流量为 100 L/min,可满足二氧化碳储液罐地面的快速灌装,并保证运送至井下的储液罐内二氧化碳为液态低温状态。气动气液增压系统驱动压力为 0.6~0.8 MPa,输入输出比为 1∶100,最大输出压力为 60 MPa,最大输出流量为 0.8 L/min。主要作用为采用井下压风驱动气动增压泵,实现 CO_2 气体的井下增压及快速灌装。主要特点有:

①增压过程以煤矿井下压风为动力,无电火花产生,满足煤矿井下设备安全要求;

②实现 CO_2 的井下稳定增压灌装,避免地面灌装储液管运输过程中气体泄漏安全问题;

③满足煤矿井下规模化致裂需要。

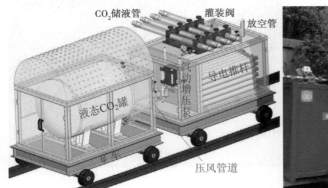

图 7.2 气压驱动井下液态 CO_2 灌装系统示意图

定向射流致裂增透系统主要由释放管、储液管、定向装置、推进杆(或高压软管)、封孔器、其他配件等组成,如图 7.3 所示。主要作用为实现射流角度的可视化显示,能够满足定向射流致裂增透的现场应用需求。液态 CO_2 储液管主要由电加热活化器、定压定向破裂片、灌装阀及密封系统、储液管管体组成,主要是高压高能 CO_2 气体的发生容器。主要特点有:

①具有射流型、聚能切缝型、聚能破岩型 3 种类型的释放管,可以满足不同硬度煤岩体的致裂需要。

②具有轨迹追踪装置,可调整控制爆破致裂方位,实现定向致裂。

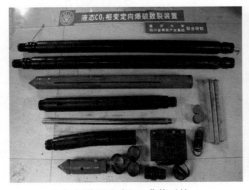

(a)井下液态CO_2灌装系统　　　　　　　　(b)定向装置

图 7.3 液态 CO_2 相变定向致裂装置

液态 CO_2 相变致裂深孔推送装置（图 7.4），主要用途为进行液态 CO_2 相变致裂器的安装、拆卸，代替钻机推送工作。该系统由气动液压抱紧系统、气动液压推送及拔出系统、推送机构支架、气动液压系统、气动液压控制系统组成。其主要特点有：

①以井下压风为动力，无电火花产生，满足煤矿井下设备安全要求；

②代替钻机进行二氧化碳相变致裂器的安装推送工作；

③提高施工速度，保证了该技术的规模化应用。

图 7.4　液态 CO_2 相变致裂深孔推送装置

7.2.3　系统主要技术参数

系统主要技术参数如下：

①储液管尺寸为 $\phi90$ mm×1 500 mm，$\phi75$ mm ×1 500 mm，$\phi50$ mm×1 500 mm；

②灌装压力为 0~60 MPa；

③启动方式为远程电激发启动/远程压风控制启动；

④封孔器为高压胶圈封孔器；

⑤破裂片压力根据煤岩条件定制为 100 MPa，200 MPa，300 MPa 等；

⑥释放管类型有射流型、聚能切缝型、聚能破岩型；

⑦定向装置精度为±0.3 ℃。

7.2.4　系统主要功能及特点

综上所述，研发的液态 CO_2 相变射流煤岩体致裂技术装备与国内外同类系统相比，具有如下创新性：

①配置有气压驱动井下液态 CO_2 灌装系统，满足液态二氧化碳的低温运输；以煤矿井下压风为动力，满足液态 CO_2 相变射流致裂器煤矿井下安全及规模化灌装。

②配置有射流型、聚能切缝型、聚能破岩型 3 种类型的释放管，可以满足不同硬度煤岩体的致裂需要；具有定向装置，可调整控制爆破致裂方位，结合后文提出的地应力条件下液态 CO_2 相变射流煤岩体优势致裂方向判断方法，可实现煤层定向射流致裂增透。

7.3　液态 CO$_2$ 相变射流致裂增透网格式 ECBM 方法研究及应用

7.3.1　白皎煤矿试验地点概况

白皎煤矿位于珙县(四川宜宾)巡场镇,矿区主体构造为北西西向的珙长背斜和一系列的北东向的背、向斜。珙县长背斜呈北西西—南东东方向展布,东西长约 90 km,南北宽23~38 km,西北端为北东向的构造,南北端是东西向的构造。矿区构造复合特征及白皎煤矿如图 7.5 所示。

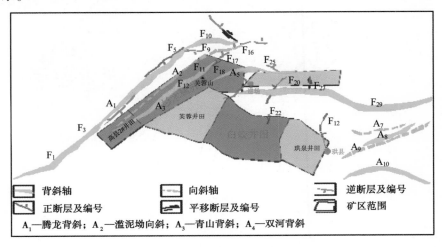

图 7.5　芙蓉矿区构造纲要图(1∶20 万)[293]

白皎煤矿于 1965 年 4 月开工建设,1970 年 7 月简易投产,设计能力为 120 万 t/年,2006 年核定生产能力为 75 万 t/年。矿井煤系地层为宣威组,其含煤 5~14 层,其中可采及局部可采煤层共 3 层,即 B$_2$,B$_3$,B$_4$,系近距离煤层。煤层总厚平均为 8.1 m,平均含煤系数为6.2%,可采煤层总厚平均为 4.79 m,平均可采含煤系数为 3.6%。矿区地质条件复杂,生产揭露落差大于 2 m 的断层多达千余条,每平方公里就有断层多达 27.2 条;2016 年瓦斯等级鉴定绝对涌出量为 86.071 m^3/min,相对瓦斯涌出量为 48.63 m^3/t,煤层透气性系数为 2.7×10^{-3} ~ 3.0×10^{-2} m^2/(MPa^2·d),为低透气性煤层。矿区地质条件复杂、煤层透气性低,瓦斯抽采困难,造成矿井瓦斯灾害严重,从建矿至 2017 年已发生煤与瓦斯突出 231 次,年均突出达 5.12 次,是全国 5 大突出最严重的矿井之一。

本次试验主要位于 2382 机巷底板瓦斯抽采专用巷道 238 底板道及 2372 机巷底板瓦斯抽采专用巷道 237 底板道。煤层坚固性系数 f 为 2~4,煤层走向为 275°,煤层倾向为 185°,倾角为 13~23°,平均倾角为 16°,工作面内煤层较稳定,全区可采,顶板为炭质泥岩、泥质灰岩、细砂岩,底板为黏土岩。经普通抽采钻孔实测表明,该区域单孔抽采纯量为 4~5 L/min,属于极难抽采煤层。

7.3.2　现场试验及施工步骤

（1）优势致裂方向确定及试验钻孔布置

根据本书第 4 章 4.3.2 节液态 CO_2 相变射流优势致裂方向判断方法及白皎煤矿定向射流优势方向判断结果表明：白皎煤矿试验区域液态 CO_2 相变定向射流最优方向区间为相对方位角 $\alpha \in [0°, 30°] \cup [150°, 210°] \cup [330°, 360°]$，其次为钻孔相对方位角 $\alpha \in [30°, 150°] \cup [210°, 330°]$，且钻孔倾角 $\beta \in [25°, 45°]$。基于试验区域优势致裂方向，结合试验目的及 238 底板道实际情况，钻孔布置示意如图 7.6 所示，具体参数如表 7.1、表 7.2 所示。

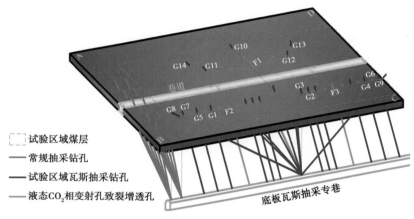

图 7.6　试验钻孔布置示意图[294]

表 7.1　液态 CO_2 相变致裂增透措施孔参数

钻孔编号	钻孔方位角/(°)	钻孔倾角/(°)	长度/m	孔径/mm	理论最小破裂压力/MPa
F_1	2.5	42.0	75.1	94.0	6.01
F_2	2.5	53.0	55.1	94.0	6.02
F_3	2.5	53.0	55.1	94.0	6.02

表 7.2　试验区域瓦斯抽采孔参数

钻孔编号	钻孔方位角/(°)	钻孔倾角/(°)	长度/m	孔径/mm	距离致裂孔距离/m
$G_1, G_2, G_3, G_4,$ G_5, G_6, G_7	2.5	54	49.7	94	5,7,9,9,9,13,13
G_8	317	46	61.0	94	15
G_9	48	46	61.0	94	
G_{10}	2.5	37	89.1	94	
G_{11}	341.5	44	72.6	94	20
G_{12}	24	44	73.1	94	

钻孔编号	钻孔方位角/(°)	钻孔倾角/(°)	长度/m	孔径/mm	距离致裂孔距离/m
G_{13}	28	41	77.0	94	25
G_{14}	337	41	77.1	94	

（2）钻孔施工及煤样采集

采用液压钻机根据表 7.1、表 7.2 参数进行钻孔施工。为了研究液态 CO_2 相变射流致裂在改善煤层孔隙结构方面的应用效果，在钻孔过程中采集致裂前煤层煤样若干，密封保存备用。

（3）液态 CO_2 相变射流致裂前煤层瓦斯抽采参数测试

试验钻孔施工完成后，将钻孔连接瓦斯抽采系统，采用水泥砂浆进行封孔，采用孔板流量计及瓦斯浓度检测仪进行瓦斯浓度及抽采流量的监测（5~7 d），得到液态 CO_2 相变射流致裂前煤层瓦斯抽采浓度及纯流量变化规律。

（4）液态 CO_2 相变射流致裂施工

首先，进行液态 CO_2 井下灌装准备，主要包括内容：

①检查启动增压系统是否正常工作，并保证试验地点井下压风大于 0.6 MPa，地面组装 CO_2 储液管，并检查系统气密性，将纯度大于 99.9% 的 CO_2 注入储液罐，开启低温控制器进行 CO_2 液化。地面准备同时，再次打开 F_1，F_2，F_3 试验钻孔。

②将压风驱动井下液态 CO_2 罐装系统运输至试验地点，连接压风驱动管路，检查系统是否正常工作，进行 CO_2 增压灌装；将 CO_2 储液管与释放管、导电推杆、定向管等装置连接，采用推送装置将其推送至目标煤层，连接电容式起爆器。

③撤离工作面作业人员，至安全风门外新鲜空气处，由放炮员启动起爆器激发储液管，进行煤层致裂。

（5）致裂煤层瓦斯抽采参数测试及孔隙结构分析

在致裂完成扬尘减少后，由瓦检员进行致裂区域进行瓦斯浓度测试，确认安全后，由推送装置取出致裂系统，并采集致裂区域煤样，分析致裂后煤样孔隙结构。对致裂孔 F_1，F_2，F_3 进行封孔抽采，对致裂孔及监测孔瓦斯抽采浓度、流量进行长期监测。

7.3.3　现场试验结果分析

1）孔隙度变化规律

煤岩体的孔隙结构，包括孔隙直径、孔隙尺寸分布和总孔隙度等，是控制煤层对瓦斯吸附能力的主要因素，对煤岩体瓦斯渗透率有显著的影响。因此，采用汞侵入孔隙度法对液态 CO_2 相变定向射流致裂前后试验区域煤岩体的孔隙结构进行表征测试，分析致裂前后煤岩体孔隙结构变化规律,得到煤样孔隙参数如表7.3所示。其中,1#~3#、1-1#~3-1#分别取自F_1~F_3孔内致裂前后,得到致裂前后试验区域煤样孔径分布柱状图。按照B.B.霍多特[283]研究结论,将煤岩体内空隙按照孔径大小分为过渡孔(0.01~0.1 μm)、中孔(0.1~1 μm)、大孔(1~100 μm)、可见孔(>100 μm),并分析得到各类孔占总孔的百分比,如表7.4、图7.7所示。其中,1#~3#为致裂前煤样,1-1#~1-3#为致裂后煤样。

表7.3 煤样孔隙度参数

编号	粒间孔隙率	颗粒内孔隙率	总空隙率	孔径范围/μm	总表面积/($m^2 \cdot g^{-1}$)
1#	19.348 9	0.091 4	19.440 3	0.014 301~176.301 682	0.037
2#	9.176 2	0.778 1	9.954 3	0.014 352~160.826 981	0.006
3#	10.427 3	0.161 7	10.589 0	0.014 278~203.910 126	0.005
1-1#	21.969 9	0.640 9	22.610 8	0.014 264~182.705 811	0.719
2-1#	13.502 4	0.000 0	13.502 4	0.014 355~181.029 602	0.009
3-1#	10.656 4	0.194 3	10.850 7	0.014 279~209.403 214	0.008

由表7.3可以看出,液态CO_2相变定向射流致裂后,试验区域煤岩体的总孔隙度,分别从19.440 3%,9.954 3%,10.589 0%增长到22.610%,13.502 4%,10.850 7%,分别提高16.31%,35.68%,2.46%。液态CO_2相变定向射流致裂后,煤岩体最大孔径分别从176.30 μm提高到182.71 μm,从160.83 μm提高到181.03 μm,从203.91 μm提高到209.40 μm,分别增加了3.63%,12.56%,2.69%,煤样总比表面积分别增加94.32%,50%,60%。

由表7.4、图7.7可以看出,试验区域煤样的孔径分布主要是由大孔(51.59%~75.28%),其次是可见孔(23.65%~48.66%)组成。液态CO_2相变定向射流致裂后可见孔占比分别增加了2.49%,49.16%和0.81%。B.B.霍多特的研究表明,大孔主要构成煤岩体的层流渗透区,而可见孔是层流和紊流流动并存的渗流通道,因此,煤层基质中的可见孔增加可以在一定程度上提高煤层渗透率。

表7.4 煤样孔径大小分布占比

编号	过渡孔(0.01~0.1)	中孔(0.1~1)	大孔(1~100)	可见孔(>100)
1#	2.39%	—	73.96%	23.65%
2#	5.27%	0.78%	77.05%	16.74%
3#	—	0.14%	51.59%	48.27%
1-1#	0.48%	—	75.28%	24.24%
2-1#	—	—	75.03%	24.97%
3-1#	—	0.99%	50.35%	48.66%

注:表中"—"为测试结果接近"0"。

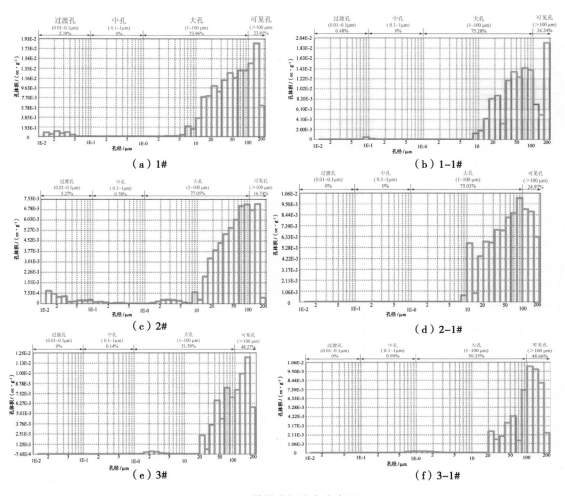

图 7.7　煤样孔径分布直方图

以上结果表明,液态 CO_2 相变定向射流致裂增透技术可以有效地改善煤岩体基质内的孔隙结构,并促进煤岩体基质内孔隙发育,改善煤层瓦斯渗流条件。分析认为主要有两个方面的原因:

①在液态 CO_2 相变定向射流致裂过程中,产生的瞬间二氧化碳气体应力波作用于孔壁煤岩体上,使煤岩体宏观裂隙发展广泛,同时,煤基质中孔隙的数量和大小也产生一定程度的增加。

②在液态 CO_2 作用下煤中有机质及矿物质部分溶解,使得煤岩体内孔隙增加。

2)液态 CO_2 相变定向射流致裂增透效果分析

浓度、流量及衰减系数是反映瓦斯抽采效率的重要参数。根据现场试验期间液态 CO_2 相变定向射流致裂增透措施孔(F_1,F_2,F_3)瓦斯抽采参数长期监测结果,分析得到致裂前后煤层瓦斯抽采浓度、纯流量变化情况如图 7.8 所示。

从图 7.8 可以看到,通过液态 CO_2 相变定向射流致裂增透后煤层瓦斯抽采效果产生明显

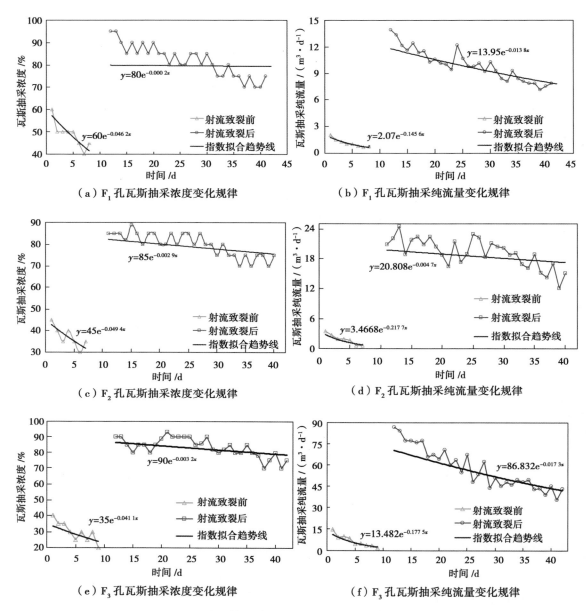

图 7.8 致裂前后煤层瓦斯抽采浓度及流量变化规律

的效果,主要体现在 3 个方面:

①瓦斯抽采浓度明显上升。由图 7.8 可以明显看到,液态 CO_2 相变定向射流致裂增透前,F_1,F_2,F_3 钻孔的瓦斯抽采浓度开始为 40% ~ 60%,抽采一周后降低到 20% ~ 40%。而在液态 CO_2 相变定向射流致裂增透后,瓦斯抽采浓度提高到 85% ~ 95%,在抽采一个月后,瓦斯浓度仍可达到 70% 以上。

②瓦斯抽采纯流量明显增长。图 7.8 曲线表明,液态 CO_2 相变定向射流致裂增透后煤层瓦斯抽采纯流量产生明显的增长趋势。表 7.5 给出了致裂增透前煤层瓦斯抽采平均纯流量

值($\overline{F_b}$)、致裂增透后煤层瓦斯抽采纯流量值(F_a)及平均纯流量值($\overline{F_a}$)、增透后瓦斯抽采纯流量增长倍数等统计参数。由表可以看出,液态 CO_2 相变定向射流致裂增透当天,瓦斯抽采流量分别增长 12.15 倍、11.33 倍、12.53 倍,平均增长 12;抽采一个月后瓦斯抽采平均纯流量分别增长 8.69 倍、10.44 倍、8.30 倍,平均增长 9.14 倍。

表 7.5　致裂增透后瓦斯抽采纯流量增长倍数

钻孔编号	$\overline{F_b}$	F_a	$\overline{F_a}$	$\dfrac{F_a}{F_b}$	$\dfrac{\overline{F_a}}{F_b}$
F_1	1.15	13.95	9.98	12.15	8.69
F_2	1.84	20.81	19.17	11.33	10.44
F_3	6.93	86.83	57.51	12.53	8.30

③煤层瓦斯抽采流量衰减系数明显降低。煤层瓦斯流量衰减系数是瓦斯抽采流量随时间变化的特征系数,可作为评价煤层瓦斯抽采难易程度的指标[11]。我国煤矿瓦斯抽放规范规定:瓦斯抽采流量衰减系数小于 0.003 的属于容易抽采煤层,可直接进行瓦斯抽采;大于0.05的属于难抽采煤层,需要采取增透措施后才能进行瓦斯抽采;介于 0.003 和 0.05 之前的属于可抽采煤层。因此,降低煤层瓦斯衰减系数具有十分重要的意义,其计算公式如下[11]:

$$q_t = q_0 \mathrm{e}^{-\beta t} \tag{7.1}$$

式中　q_t——抽采钻孔经 t 日抽采时的瓦斯流量,m^3/min;

　　　q_0——瓦斯抽采钻孔的初始瓦斯流量,m^3/min;

　　　t——瓦斯抽采时间,d;

　　　β——钻孔瓦斯流量衰减系数,d^{-1}。

根据式(7.1)对相变定向射流致裂孔瓦斯抽采浓度、纯流量监测数据进行拟合,得到 F_1,F_2,$F_3$3 个钻孔瓦斯流量衰减系数如表 7.6 所示。

表 7.6　致裂前后抽采钻孔瓦斯流量衰减系数统计表

钻孔编号	致裂前 β	抽采难易程度	致裂后 β	抽采难易程度
F_1	0.145	难抽	0.013 8	可抽
F_2	0.218	难抽	0.004 7	可抽
F_3	0.178	难抽	0.018 2	可抽

由表 7.6 可以看到,液态 CO_2 相变定向射流致裂增透前试验区域煤层瓦斯抽采流量衰减系数分别为 0.145,0.218,0.178,平均为 0.181,均为难抽采煤层。液态 CO_2 相变定向射流致

裂增透后,试验区域煤层瓦斯抽采流量衰减系数分别为 0.013 8,0.004 7,0.018 2,分别降低了 90.4%,97.7%,89.9%。经液态 CO_2 相变定向射流致裂增透技术后,均转变为可抽采煤层。

上述分析表明,液态 CO_2 相变定向射流致裂增透技术可有效提高瓦斯抽采浓度及流量,致裂当天可提高瓦斯抽采纯流量 12 倍左右;致裂孔抽采一个月后,瓦斯抽采纯流量仍是致裂前的 9 倍左右。液态 CO_2 相变定向射流致裂后,试验区域煤层瓦斯抽采流量衰减系数,平均降低 92%,试验区域煤层由难抽采转变为可抽采煤层。

3)液态 CO_2 相变定向射流致裂增透影响半径分析

（1）依据煤层瓦斯抽采参数判断增透影响半径

液态 CO_2 相变定向射流致裂增透技术的影响半径是影响该技术在应用过程中钻孔布置的重要参数[3]。根据现场试验期间 $G_1 \sim G_{14}$ 瓦斯抽采监测孔的参数监测,得到致裂孔周边不同距离处抽采孔在致裂前后瓦斯抽采浓度和纯流量变化规律如图 7.9 所示。

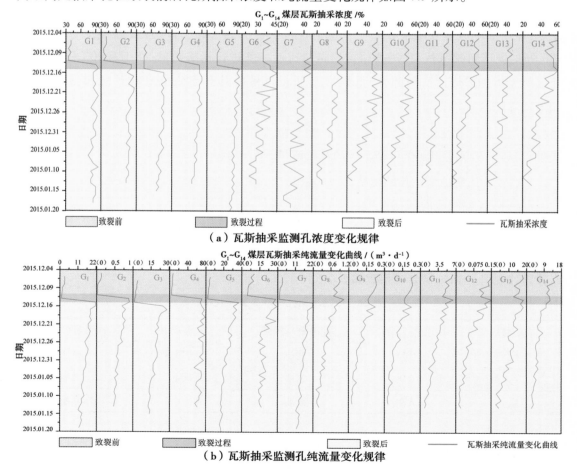

图 7.9　试验区域瓦斯抽采监测孔浓度及纯流量变化规律

　　根据图 7.9 可以看到,液态 CO_2 相变定向射流致裂增透前后,致裂孔周围不同距离处抽采孔的瓦斯浓度和纯净流量具有不同的变化规律。从图 7.9(a)中可以看出,抽采孔 $G_1 \sim G_5$ 瓦斯浓度在致裂增透后有明显的增加趋势,最大增幅为 2.38 倍,最小增幅为 1.87 倍;而抽采孔 $G_6 \sim G_{14}$ 瓦斯浓度在致裂增透后没有明显的增加趋势。由图 7.9(b)可以看出,致裂增透后抽采孔 $G_1 \sim G_7$ 瓦斯抽采纯流量明显增加,最大增幅为 13.50 倍,最小增幅为 3.06 倍;抽采孔 $G_8 \sim G_{14}$ 没有明显增加。以上分析表明,试验区域瓦斯抽采浓度及流量的变化存在明显的距离效应。

　　由试验区域瓦斯抽采监测孔浓度及纯流量变化规律分析得到致裂后致裂孔周边不同距离处瓦斯抽采浓度和纯净流量的变化情况,如表 7.7、图 7.10 所示。

表 7.7　试验区域致裂孔周边抽采孔瓦斯浓度及流量增长规律

编　号	距　离	$\overline{F_b}$	F_a	$\dfrac{F_a}{\overline{F_b}}$	$\overline{C_b}$	C_a	$\dfrac{C_a}{\overline{C_b}}$
G_1	5	1.96	21.62	11.03	37.86	90	2.38
G_2	7	0.06	0.88	13.60	37.86	90	2.38
G_3	9	2.34	24.97	10.67	46.43	85	1.83
G_4	9	5.38	79.56	14.78	47.14	85	1.80
G_5	9	3.14	32.80	10.43	51.43	95	1.85
G_6	13	6.91	28.22	4.08	36.43	40	1.10
G_7	13	3.91	11.66	2.98	43.57	45	1.03
G_8	15	0.85	1.03	1.21	42.14	45	1.08
G_9	15	0.21	0.26	1.29	47.22	50	1.06
G_{10}	15	0.21	0.26	1.29	47.22	50	1.06
G_{11}	20	5.41	6.73	1.25	52.14	50	0.96
G_{12}	20	0.13	0.17	1.24	46.43	50	1.08
G_{13}	25	18.0	21.77	0.84	42.86	40	0.93
G_{14}	25	12.4	12.03	0.97	53.57	55	1.03

　　由表 7.7、图 7.10 可以看出,瓦斯抽采纯流量和浓度的增加倍数随着与致裂孔距离的变化而变化。根据图 7.10(a)可以明显地看出,当瓦斯抽采孔距离液态 CO_2 相变定向致裂增透孔 9 m 后,瓦斯抽采纯流量的增长倍数呈急速下降趋势。如图 7.10(b)所示,当瓦斯抽采孔距离液态 CO_2 相变定向致裂增透孔 7 m 时,瓦斯抽采浓度的增长倍数呈明显的下降趋势,但在接近 13 m 处仍增长了 1.5 倍,因此认为液态 CO_2 相变定向射流致裂增透技术的影响半径大于 9 m 且小于 13 m。

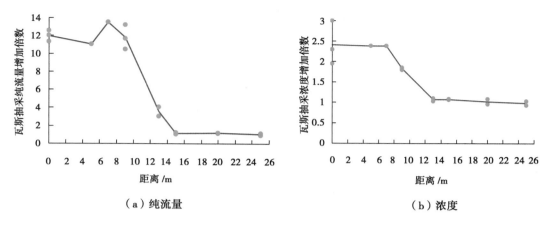

（a）纯流量　　　　　　　　　　　　（b）浓度

图 7.10　致裂前后纯流量、浓度增加倍数与距离关系曲线

（2）PFC2D 颗粒流程序数值模拟方法确定

采用第 4 章 PFC2D 数值模拟方法，按照图 7.11 高压气体荷载曲线进行数值模拟研究，得到煤岩体位移及接触应力云图如图 7.12 所示。

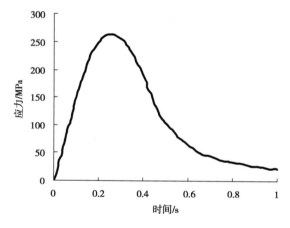

图 7.11　高压气体荷载曲线[148]

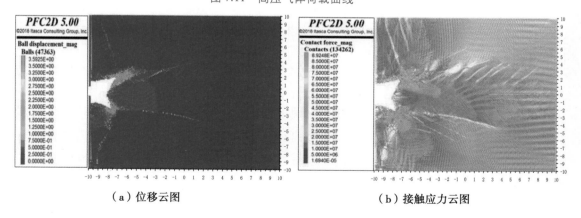

（a）位移云图　　　　　　　　　　　（b）接触应力云图

图 7.12　PFC2D 颗粒流程序数值模拟结果

从图中 7.12(a)中,可以看到计算结果中球颗粒的最大位移为 3.59 m,主要发生在射流孔眼位置,约为距离射流孔眼水平 1.5~5.5 m 处;在距射流孔眼水平方向 7 m 处的局部球颗粒存在 0.75~1 m 的位移;位移云图中可以看到距离射流孔眼附近垂直范围内(10 m)及水平方向 13 m 处存在球体颗粒分离的白色区域,表明液态 CO_2 相变定向射流致裂的影响范围可达为 13 m。

同理,由图 7.12(b)可以看出,在距离射流孔眼 3m 处球体间接触应力最大为 89.2 MPa,表明在高压气体作用下球体颗粒间互相挤压,在距离射流孔眼 7.2 m,11.1 m,16 m 处球体间接触应力约分别为 20 MPa,15 MPa,5 MPa,表明受液态 CO_2 相变定向射流致裂影响高压气体荷载已影响到 16 m 处煤岩体。

综合上述现场试验瓦斯抽采参数及数值模拟研究结果,考虑到实际应用中效果会受到煤层断层及原生裂隙影响,认为根据现场试验瓦斯抽采浓度及流量参数确定得到的液态 CO_2 相变定向射流致裂增透技术的影响半径大于 9 m 且小于 13 m 具有一定的可靠性。

7.3.4 液态 CO_2 相变射流致裂增透网格式抽采方法应用及效果评价

前述试验研究表明,提出的液态 CO_2 相变定向射流致裂增透技术能够有效改善煤层孔隙结构,并促进煤岩体基质内孔隙发育,改善煤层瓦斯渗流条件,可有效提高瓦斯抽采浓度及抽采流量,降低煤层瓦斯抽采衰减系数。为了验证该技术在突出煤层巷道掘进期间防治煤与瓦斯超限效果,基于液态 CO_2 相变定向射流致裂增透影响半径分析结果,提出了低透气高突煤层液态 CO_2 相变定向射流致裂增透网格式瓦斯抽采方法(图 7.13),以白皎煤矿复杂地质条件高突危险性掘进工作面为应用现场进行现场应用研究,分析该方法在掘进工作面瓦斯超限治理方面的应用效果。

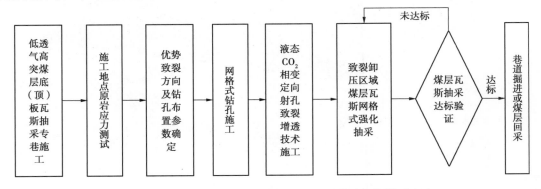

图 7.13 液态 CO_2 相变定向射流致裂增透网格式瓦斯抽采方法

应用地点位于白皎煤矿 2372 掘进煤巷条带,该工作面煤层平均厚度为 1.5 m,瓦斯含量为 12.67~20.4 m³/t,瓦斯压力为 1.7~3.1 MPa,为煤与瓦斯突出煤层。白皎煤矿 2372 回采巷道掘进条带预抽钻孔于 2008 年 11 月开始投抽,2013 年 1 月开始进行回采巷道的掘进施工,至 2016 年未完成工作面的布置,主要原因是掘进期间瓦斯涌出量大,瓦斯超限频繁,一般情况掘进 10~20 m 又需要停头进行瓦斯灾害治理。图 7.14 所示为 2016 年 1 月 18 日至 2017 年 2 月 11 日 2372 回采巷道掘进工作面瓦斯涌出量实时监测情况,由白皎煤矿 KJ90 安全监控系统获得。由图 7.14 可以看出,采用常规瓦斯抽采钻孔进行抽采后,在巷道掘进期间(1 月 18 日至 1 月 22 日),4 天时间内发生了 6 起瓦斯超限事故,严重影响矿井安全生产。

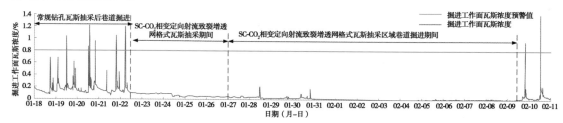

图 7.14　2372 风道东头掘进期间瓦斯浓度曲线图

为缩短白皎煤矿 2372 掘进工作面瓦斯抽采时间,验证液态 CO_2 相变定向射流致裂增透网格式瓦斯抽采方法在防治巷道掘进瓦斯超限方面的效果,2016 年 1 月 22 日至 1 月 24 日,在白皎煤矿 2372 风道东头碛头施工 6 组钻孔,18 个液态 CO_2 相变定向射流致裂增透孔,进行致裂增透煤层瓦斯抽采,钻孔布置如图 7.15 所示。1 月 28 日,钻孔瓦斯浓度和流量都出现明显衰减,恢复白皎煤矿 2372 风道东头掘进作业,一直到 2 月 9 日连续掘进 55 m,掘进期间工作面最大瓦斯浓度不超过 0.4%。液态 CO_2 相变定向射流致裂增透网格式瓦斯抽采治灾后,连续掘进进尺是原有治灾技术的 4~5 倍。

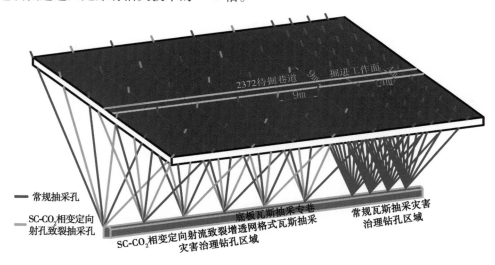

图 7.15　网格式瓦斯抽采方法钻孔布置图

7.4　松软煤层顺层钻孔液态 CO$_2$ 相变射流致裂增透防突技术应用

7.4.1　杉木树应用地点概况

杉木树煤矿于 1965 年 12 月开工建设,采用平硐-斜井开拓方式,矿井设计能力为 150 万 t/a,现实际生产能力为 70~85 万 t/a。井田位于珙长复式背斜西倾伏端,范围内主要褶皱构造,自北西向南东为腾龙背斜、滥泥坳向斜以及青山背斜(图 7.5),均为不对称褶皱,背斜两翼北陡南缓,向斜南缓北陡。受褶皱挤压和区域构造影响,杉木树矿井断层发育,全区共发现断层 313 条,正断层约 119 条,逆断层 170 条,水平断层 15 条。井田内可采煤层有 B$_4$上、B$_{3+4}$煤层,局部可采煤层有 B$_2$、B$_4$煤层。B$_{3+4}$煤层瓦斯含量为 5.44~13.99 m^3/t,平均 9.93 m^3/t。2002—2009 年的瓦斯等级鉴定结果:绝对瓦斯涌出量为 49.07~116.87 m^3/min,相对瓦斯涌出量为 36.17~64.69 m^3/t,为煤与瓦斯突出矿井。

S3012 综采工作面位于 30 区南泥坳大向斜轴部,走向长度为 752 m,倾斜长 120~141 m,煤层倾角为 2°~6°,煤层实际倾斜面积为 105 537 m^2,工作面巷道布置如图 7.16 所示,煤层及顶底板情况如表 7.8 所示。煤层埋深在 309.1~556.9 m 范围内的瓦斯压力为 0.4~2.34 MPa,瓦斯含量为 5.59~17.37 m^3/t,工作面瓦斯储量为 93.2 万 m^3,煤的坚固性系数为 0.34,掘进期间预测指标 S_{max} = 2.3~8.0 kg/m,q_{max} = 1.3~12.0 L/(min·m),总共预测超标 7 次,发生过一次煤与瓦斯突出。采前区域治理期间,经测试表明,工作面煤层透气性系数为 0.001 472~11.525 2 m^2/(MPa^2·d),钻孔瓦斯流量衰减系数为 0.187 2~92 d^{-1},残存瓦斯含量为 1.74~2.19 m^3/t,瓦斯抽采困难。

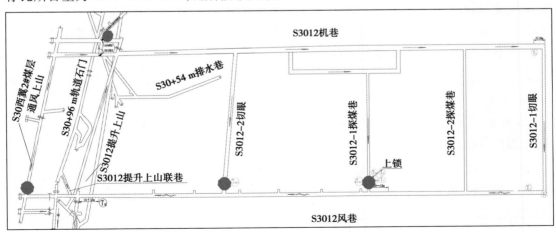

图 7.16　S3012 综采工作面巷道布置示意图

表 7.8 煤层情况表

煤层厚度/m	3.1	结构式	复杂	容重/(t·m⁻³)	1.65
煤层硬度/f	1~4	煤种	无烟煤(WY3)	稳定程度	不稳定
煤层情况描述	夹矸厚度为 0.1~0.5 m,受地质构造影响,造成煤层部分段薄化,B_{3+4} 煤层厚度为 0.8~1.1 m。S3012 工作面机巷揭露的 B_{3+4} 煤层基本合层,煤层内含 1~2 层夹矸,夹矸厚度为 0.1~0.5 m,受地质构造影响,造成煤层部分段薄化,B_{3+4} 煤层厚度为 0.8~4.4 m。S3012 工作面切眼 B_{3+4} 煤层基本合层,煤层内含 1~2 层夹矸,夹矸厚度为 0.1~0.5 m,受地质构造影响,B_{3+4} 煤层厚度为 3.6~11 m。综上所述,S3012 工作面煤层厚度平均为 3.1 m					

在工作面 S3012-1 机巷、S3012-1 风巷、S3012-2 探煤巷、S3012 切眼在 S3012-1 工作面形成前后,对煤层利用矿井抽采系统实行长达 8 年时间的密集钻孔预抽。截至该项目实施前,共计抽出瓦斯量为 38.98 万 m^3,工作面瓦斯预抽率为 41.8%。经过瓦斯含量测试,部分区域仍未达到《防治煤与瓦斯突出规定》第五十三条规定的"煤层残余瓦斯压力小于0.74 MPa 或残余瓦斯含量小于 8 m^3/t 的预抽区域为无突出危险区,否则,即为突出危险区,预抽防突效果无效"。为了实现回采工作面回采前的完全消突,采用液态 CO_2 相变致裂增透技术进行增透强化抽采,以保障回采期间的安全生产。

7.4.2 松软煤层顺层钻孔液态 CO_2 相变射流致裂增透效果试验研究

1)试验方案及钻孔布置

为了获得液态 CO_2 相变射流致裂增透技术在杉木树煤矿 S3012 综采工作面松软煤层瓦斯强化抽采过程中的应用效果,为后续防突应用提供理论指导。在 S3012 综采工作面的 1#探煤巷至 2#探煤巷风巷段施工试验钻孔 10 个,其中液态 CO_2 相变射流致裂增透措施孔 6个、常规瓦斯抽采孔 4 个,钻孔孔间距为 5 m,开孔高度为 1.5 m,钻孔方位角与工作面倾向一致,即平行与煤层倾向施工。钻孔平面布置如图 7.17 所示,钻孔布置剖面如图 7.18 所示,钻孔布置参数如表 7.9 所示。

试验钻孔施工完成后,采用常规负压抽采方式进行煤层瓦斯抽采,并长期监测瓦斯抽采流量、浓度等参数随时间变化规律,获得煤层瓦斯抽采流量随抽采时间衰减规律。在监测30~40 d 后,对 1#—6#液态 CO_2 相变射流致裂增透措施孔进行致裂增透施工。封孔投抽后,继续监测致裂措施孔瓦斯抽采流量、浓度随时间变化的规律,将 1#—6#致裂后瓦斯抽采参数与致裂前常规瓦斯抽采孔(7#—10#)参数变化规律进行对比,研究液态 CO_2 相变射流致裂增透技术在杉木树煤矿 S3012 松软煤层增透强化抽采中的应用效果。

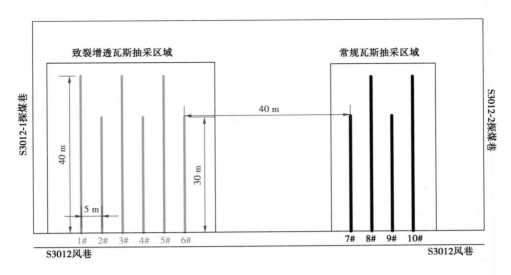

图 7.17 钻孔布置平面示意图

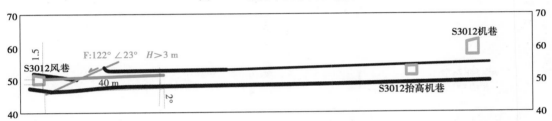

图 7.18 钻孔布置剖面示意图

表 7.9 S3012 面 1#探煤巷至 2#探煤巷段液态二氧化碳相变致裂钻孔参数

编　　号	方位角/(°)	倾角/(°)	长度/m	挂孔高度/m	用　　途
1 #		2	40		
2 #		−5	30		
3 #		−3	40		液态 CO_2 相变射流致裂增透措施孔
4 #	与煤层倾向一致	−5	30		
5 #		−3	40	1.5	
6 #		−3	30		
7 #		−2	30		
8#		−2	40		常规瓦斯抽采孔
9#		0	30		
10 #		−1	40		

2) 松软煤层顺层钻孔液态 CO_2 相变射流致裂增透效果分析

分析液态 CO_2 相变射流致裂增透瓦斯抽采区域监测数据,得到图 7.19 所示 1#—6#措施孔致裂前后瓦斯抽采流量随时间变化规律。由图可以明显地看出,经过液态 CO_2 相变射流致裂煤层瓦斯抽采单孔流量显著提高,在液态 CO_2 相变射流致裂前 4#、6#钻孔单孔流量最大为 6.50 L/min,2#钻孔单孔流量最小为 4.45 L/min,而经过液态 CO_2 相变射流致裂增透后,4#、6#钻孔单孔流量分别增长为 33.50 L/min、32.90 L/min,2#钻孔单孔流量增长为 25.80 L/min。分析表明,致裂后 1#—6#措施孔单孔流量提高了 24.00~109.67 倍,平均提高了约60.75倍。

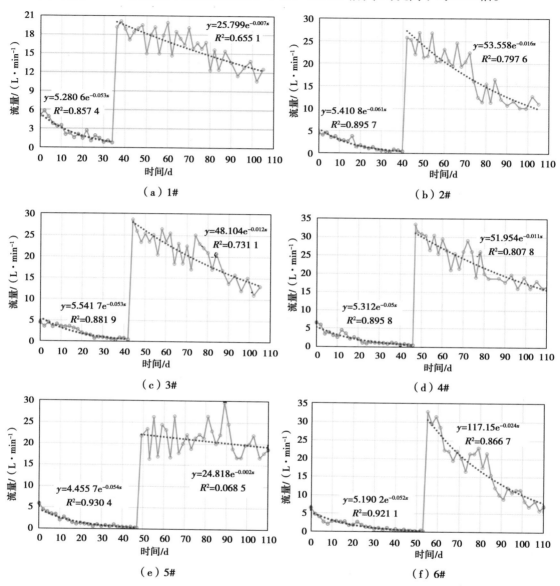

图 7.19　液态 CO_2 相变射流致裂前后瓦斯抽采流量随时间变化规律

　　根据图 7.19 曲线,对致裂前后瓦斯抽采流量随时间关系曲线进行指数拟合,得到致裂前后煤层瓦斯抽采衰减情况,如图 7.20 所示。由图可以明显地看出,致裂前煤层瓦斯抽采衰减系数最小为 0.05,最大为 0.061,试验区域钻孔为难抽采;致裂后,煤层瓦斯抽采流量衰减系数最大为 0.024,最小为 0.002,降低了 52.00%~92.30%,平均降低了 73.66%。上述分析表明,液态 CO_2 相变射流致裂技术可将难抽采转变为可抽采或容易抽采煤层,可有效提高难抽采煤层的瓦斯抽采效率,实现难抽采煤层瓦斯高效抽采,有利于杉木树煤矿 S3012 综采工作面松软高突煤层安全高效回采。

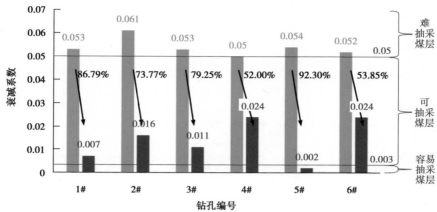

图 7.20　液态 CO$_2$ 相变射流致裂前后瓦斯抽采流量衰减系数变化规律

　　分析常规区域 7#—10# 抽采钻孔现场监测数据,可以得到常规区域瓦斯抽采流量随抽采时间变化规律,如图 7.21 所示。由图表明,常规区域瓦斯抽采流量随时间衰减较快,且其单孔瓦斯抽采流量衰减系数均大于 0.05,为难抽采煤层。将常规区域抽采钻孔与液态 CO$_2$ 相变射流致裂区域钻孔的平均流量进行对比(图 7.22),可得常规区域瓦斯抽采钻孔的平均流量为 1.28 L/min,液态 CO$_2$ 相变射流致裂措施孔的平均流量为 19.16 L/min,表明液态 CO$_2$ 相变射流致裂增透技术可提高煤层瓦斯抽采流量 14.95 倍。

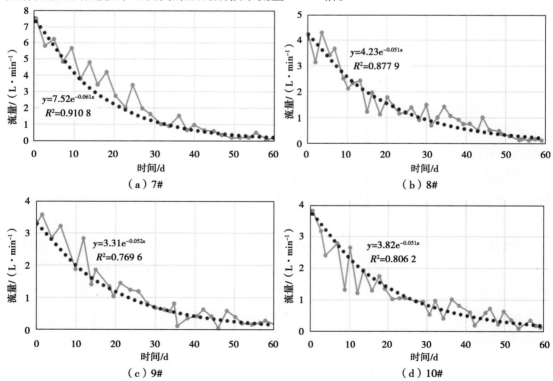

图 7.21　常规钻孔瓦斯抽采流量随时间变化规律曲线

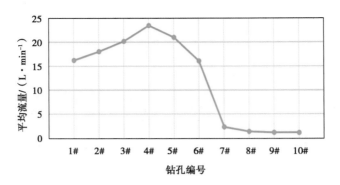

图 7.22　措施孔与常规抽采孔瓦斯抽采平均流量曲线

7.4.3　松软煤层顺层钻孔液态 CO_2 相变射流致裂增透防突效果研究

1)应用钻孔布置

本章 7.4.2 节研究表明,顺层钻孔液态 CO_2 相变射流致裂增透技术可有效提高试验区域煤层瓦斯抽采效率,降低煤层瓦斯衰减系数,因此可将其应用于 S3012 松软煤层综采工作面强化瓦斯抽采过程中,实现高突煤层安全高效回采。结合工作面巷道布置情况,先后在 S3012-2 探煤巷、S3012 工作面机巷、风巷、S3012-1 探煤巷、S3012-2 切眼进行液态 CO_2 相变射流致裂增透施工及瓦斯强化抽采,共计 382 孔,进行长达一年时间的施工及瓦斯强化抽采施工。下面以 S3012-2 探煤巷左帮钻孔布置为例说明布孔原则与方法:

①为了预防液态 CO_2 相变射流致裂施工诱发煤与瓦斯突出,在施工区域煤层周边留设 15 m 的保护煤柱。

②采用孔内串联方式,每个钻孔内串联 4 个致裂器,致裂器长度为 2 m,相邻致裂器间距为 5 m;为了保证应用区域煤层致裂面积尽量大,且减少钻孔工程量,采用长短孔交叉方式进行,按照影响半径为 4 m 设置相邻孔间距,1#、3#、5#等奇数孔钻孔长度为 38 m,2#、4#、6#等偶数孔终孔位于距离切眼 15 m 处。

③钻孔挂孔高度为 1.2 m,根据煤层地质剖面图确定钻孔角度,保证终孔位于硬分层内,钻孔方向与工作面走向一致,平行施工,短钻孔长度为 32m,长钻孔终孔位于距离切眼 15 m 处,钻孔布置如图 7.23 所示。

为对顺层钻孔预抽条带煤层瓦斯区域防突措施进行效果检验,并获得液态 CO_2 相变射流致裂增透技术较常规方法提高综采工作面抽采效率参数,按照《防治煤与瓦斯突出规定》相关要求,结合 S3012 工作面巷道布置情况,在工作面布置 DGC 瓦斯含量检测孔 30 个,对原始煤层瓦斯含量、常规密集钻孔瓦斯预抽后瓦斯含量及液态 CO_2 相变射流致裂增透强化抽采后煤层瓦斯含量进行检测。根据煤层瓦斯含量、抽采量及浓度等对液态 CO_2 相变射流致裂增透技术实施后对瓦斯抽采率进行计算分析,确定了该技术在杉木树煤矿 S3012 松软煤层综采工作面防止煤与瓦斯突出过程中的应用效果。

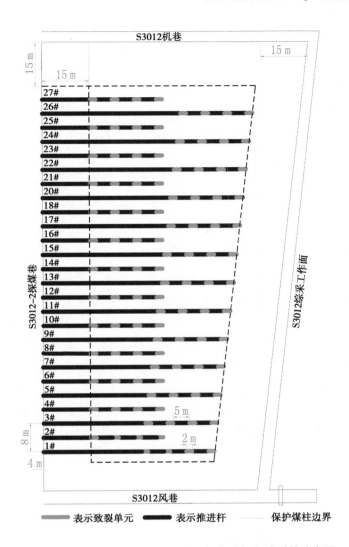

图 7.23 S3012 面 2#探煤巷液态二氧化碳相变致裂钻孔布置

2) 液态 CO_2 相变致裂增透瓦斯强化抽采提高抽采率分析

根据 S3012 工作面实际抽采数据,按照下式计算工作面瓦斯抽采率。常规密集钻孔瓦斯抽采效率为:

$$\eta_{常规} = \frac{Q_{常规密集钻孔瓦斯抽采量}}{Q'_{工作面瓦斯总储量}} \tag{7.2}$$

液态 CO_2 相变致裂增透后瓦斯强化抽采效率为:

$$\eta_{液态CO_2相变致裂增透后瓦斯抽采率} = \frac{Q_{液态CO_2相变致裂增透后瓦斯抽采量} + Q_{常规密集钻孔瓦斯抽采量}}{Q'_{控制范围总储量}} \tag{7.3}$$

液态 CO_2 相变致裂增透抽采率提高量为:

$$\eta_{抽采率提高量} = \eta_{液态CO_2相变致裂增透后瓦斯抽采率} - \eta_{常规} = \frac{Q_{液态CO_2相变致裂增透后瓦斯抽采量}}{Q'_{控制范围总储量}} \tag{7.4}$$

根据式（7.2）至式（7.4）分别对 S3012 工作面各个区段常规密集钻孔瓦斯抽采率、液态 CO_2 相变致裂增透后瓦斯强化抽采率及液态 CO_2 相变致裂增透抽采率提高量进行计算。

（1）工作面常规密集钻孔瓦斯抽采率

在 S3012 工作面形成前后利用常规密集钻孔抽采方式，杉木树煤矿按照防治煤与瓦斯突出相关规定在 S3012-1 机巷、S3012-1 风巷、S3012-2 探煤巷、S3012-2 风巷、S3012-2 机巷、1#探煤巷、S3012-2 切眼、2#探煤巷等区域，对工作面煤层瓦斯进行长期的区域及局部抽采。经过各个区域瓦斯抽采流量、浓度统计，该工作面累计瓦斯抽采量为 367.68 万 m^3，工作面煤层瓦斯总储量为 874.9 万 m^3，瓦斯抽采率为 42.02%。

（2）液态 CO_2 相变射流致裂瓦斯强化抽采率

在 S3012 工作面液态 CO_2 相变射流致裂增透强化抽采实施后，对工作面 S3012-1 机巷、S3012-1 风巷、S3012-2 探煤巷等区域瓦斯抽采钻孔瓦斯抽采流量、浓度、抽采纯量等相关参数进行统计分析，如表 7.10 所示。依据相关参数计算得到 S3012 工作面液态 CO_2 相变射流致裂强化抽采后瓦斯抽采率，如表 7.11 所示。统计结果显示，常规密集钻孔方法瓦斯抽采率为 42.02%，液态 CO_2 相变致裂强化抽采方法实施后瓦斯抽采率为 57.74%，较常规密集钻孔方法相比抽采率提高了 15.72%。

表 7.10　S3012 工作面液态 CO_2 相变致裂强化抽采情况统计表

地　点	投抽时间/d	抽采流量 /($m^3 \cdot min^{-1}$)	瓦斯浓度 /%	抽采纯量 /万 m^3
2#探巷东帮	20	12	20	6.9
S3012-1 风巷	15	11.5	25	6.2
S3012-1 机巷	20	9.1	25	6.6
2#探巷西帮	20	10.5	25	7.6
2#探巷至抬高机巷联络巷段机巷	18	12.8	30	10.0
2#探巷至 1#探巷段风巷	20	10.1	25	7.3
1#探巷东帮	15	12.2	30	7.9
1#探巷西帮	25	13.8	25	12.4
1#探巷至 2#切眼段机巷	20	12.4	25	8.9
1#探巷至 2#切眼段风巷	20	12.1	30	10.5
2#切眼东帮	25	13.5	25	12.2
2#切眼西帮	25	10.8	25	9.7

地 点	投抽时间/d	抽采流量 /(m^3·min^{-1})	瓦斯浓度 /%	抽采纯量 /万 m^3
2#切眼至停采线机巷段	30	13.5	30	17.5
2#切眼至停采线风巷段	30	12.8	25	13.8

表 7.11　S3012 工作面 CO$_2$ 相变致裂强化抽采瓦斯抽采率计算计表

地 点	瓦斯储量 /万 m^3	常规密集钻孔瓦斯 抽采纯量/万 m^3	CO$_2$ 相变致裂强化 抽采纯量/万 m^3	抽采率/%	抽采率提高量/%
S3012	874.9	367.68	137.47	57.74	15.72

3) 液态 CO$_2$ 相变致裂增透瓦斯强化抽采工作面瓦斯抽采达标情况分析

(1) 抽采率及可解吸瓦斯量达标判断

根据《煤矿瓦斯抽采基本指标》(AQ 1026—2006)4.1 条规定要求"瓦斯涌出量主要来自邻近层或围岩的采煤工作面瓦斯抽采率应满足表 7.12 规定,瓦斯涌出量来自开采层的采煤工作面前方 20 m 以上范围内煤的可解吸瓦斯量应满足表 7.13 规定。"该工作面最大绝对瓦斯涌出量为 9.35 m^3/min,工作面预抽率为 57.74%,故 S3012 工作面达到《煤矿瓦斯抽采基本指标》(AQ 1026—2006)抽采率指标。根据瓦斯抽采后煤层的残余瓦斯含量计算,得到液态 CO$_2$ 相变致裂强化抽采后,煤层可解析瓦斯含量最大为 4.844 7 m^3/t。根据《S3012 工作面回采作业规程》中日产量为 2 340.9 t,证明 S3012 工作面瓦斯预抽率达效果达标。不可解吸瓦斯含量及可解吸瓦斯量均符合《煤矿瓦斯抽采基本指标》(AQ 1026—2006)中相关要求。

表 7.12　采煤工作面瓦斯抽采率应达到的指标表

工作面绝对瓦斯涌出量 Q/(m^3·min^{-1})	工作面抽采率/%	备 注
$5 \leqslant Q < 10$	$\geqslant 20$	
$10 \leqslant Q < 20$	$\geqslant 30$	
$20 \leqslant Q < 40$	$\geqslant 40$	S3012 工作面最大绝对瓦斯涌出量为
$40 \leqslant Q < 70$	$\geqslant 50$	9.35 m^3/min,工作面预抽率为 57.74%
$70 \leqslant Q < 100$	$\geqslant 60$	
$100 \leqslant Q$	$\geqslant 70$	

表 7.13　采煤工作面回采前煤的可解吸瓦斯量应达到的指标

工作面日产量/t	可解吸瓦斯量 W_j/$(m^3 \cdot t^{-1})$	备　注
≤1 000	≤8	
1 001~2 500	≤7	
2 501~4 000	≤6	
4 001~6 000	≤5.5	工作面日产量为 2 340.9 t,S3012 工作面可解吸瓦斯量为 4.844 7 m^3/t
6 001~8 000	≤5	
8 001~10 000	≤4.5	
>10 000	≤4	

（2）瓦斯含量测试效果检验

结合工作面瓦斯地质条件,采煤工作面瓦斯抽采率、可解吸瓦斯量、抽采瓦斯钻孔布置、抽采时间等情况,可以判定 S3012-1 工作面已消除了煤与瓦斯突出危险为无突出危险工作面。在回采过程中,采取局部防突措施并进行效果检验,在 S3012 工作面布置效果检验测试点 30 个,检测点瓦斯残余含量均小于 8 m^3/t,表明 S3012 工作面瓦斯抽采达标,测试数据如表 7.14 所示。

实测结果表明,瓦斯抽采各项达标指标都在规定范围以内,说明杉木树煤矿 S3012 工作面液态 CO_2 相变致裂强化抽采后瓦斯抽采效果较好,实现了工作面的消突治理。

表 7.14　S3012 工作面 DGC 瓦斯含量直接测定记录表

取样地点	测点编号	残余瓦斯含量/$(m^3 \cdot t^{-1})$	可解析瓦斯量/$(m^3 \cdot t^{-1})$
S3012-1 工作面	1 #	5.494 8	3.431 1
	2 #	5.741 0	3.669 3
	3 #	6.908 4	4.844 7
2 #探煤巷至 1 #探煤巷	4 #	7.339 7	5.272 0
	5 #	7.727 8	5.527 8
	6 #	4.915 8	2.725 8
	7 #	7.298 0	5.258 2
	8 #	6.327 5	4.127 5
	9 #	6.001 6	3.758 5

取样地点	测点编号	残余瓦斯含量/（m³·t⁻¹）	可解析瓦斯量/（m³·t⁻¹）
1#探煤巷至 S3012-2 切眼	10 #	5.217 9	2.930 8
	11 #	7.660 3	5.291 1
	12 #	6.488 1	4.330 4
	13#	4.383 3	2.183 3
	14 #	7.138 5	4.777 3
	15 #	7.679 6	5.521 9
	16 #	4.320 0	2.032 9
	17 #	5.634 7	3.571 0
	18 #	4.813 6	2.526 5
	19#	6.034 9	3.747 8
	20#	5.052 7	2.895 0
S3012-2 切眼至工作面采止线	21#	6.521 7	4.321 7
	22#	5.807 3	3.649 6
	补 22#	4.891 1	2.516 7
	23#	5.077 8	2.834 7
	24#	5.328 6	3.085 5
	25#	6.559 8	4.198 6
	26#	6.117 8	3.756 6
	27#	6.891 6	4.819 9
	28#	7.715 0	5.655 3
	29#	7.693 6	5.493 6
	30#	6.751 6	4.551 6

4）矿井瓦斯"零"超限效果分析

对杉木树煤矿 2015—2017 年综采工作面月平均瓦斯超限次数与 S3012 工作面进行对比，结果如图 7.24 所示。从图中可以看出，S3012 采煤工作面在采用液态 CO_2 相变射流致裂强化抽采措施后，月平均瓦斯超限次数大幅度下降，基本接近 0 次。而杉木树煤矿在最近 3 年内的其他几个采煤工作面，瓦斯月平均超限次数仍然很高，个别工作面瓦斯超限月平均高达4.6次。通过2015—2017年全矿井瓦斯超限次数对比分析,结果如图7.25所示。表明在2017年杉木树煤矿主采S3012工作面,瓦斯超限次数仅有38次,较2016年下降了64.81%。由此可见,液态CO_2相变射流致裂增透技术可有效提高煤层瓦斯抽采率,降低煤层瓦斯超限次数。

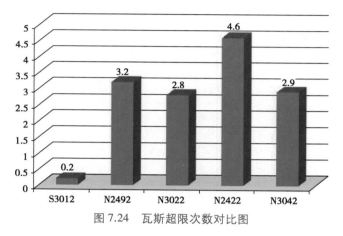

图7.24　瓦斯超限次数对比图

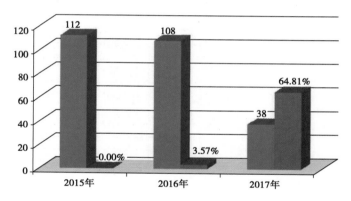

图7.25　杉木树煤矿近3年瓦斯超限次数及下降比例

参考文献

[1] 谢和平,高峰,鞠杨,等.深地煤炭资源流态化开采理论与技术构想[J].煤炭学报,2017,42(03):547-556.

[2] 张玉卓.中国清洁能源的战略研究及发展对策[J].中国科学院院刊,2014,29(04):429-436.

[3] 袁亮,姜耀东,何学秋,等.煤矿典型动力灾害风险精准判识及监控预警关键技术研究进展[J].煤炭学报,2018,43(02):306-318.

[4] Flores R M.Coalbed methane:from hazard to resource[J].International Journal of Coal Geology,1998,35(1-4):3-26.

[5] 吴财芳,曾勇,秦勇.煤与瓦斯共采技术的研究现状及其应用发展[J].中国矿业大学学报,2004(02):13-16.

[6] Zhang X M,Zhang D M,Leo C J,et al.Damage Evolution and Post-peak Gas Permeability of Raw Coal Under Loading and Unloading Conditions[J].Transport in Porous Media,2017,117(3):465-480.

[7] Qin Y,Moore T A,Shen J,et al.Resources and geology of coalbed methane in China:a review[J].International Geology Review,2018,60(1):1-36.

[8] Jiang J,Cheng Y,Zhang P,et al.CBM drainage engineering challenges and the technology of mining protective coal seam in the Dalong Mine,Tiefa Basin,China[J].Journal of Natural Gas Science & Engineering,2015,24:412-424.

[9] 苏现波.煤层气储集层的孔隙特征[J].焦作工学院学报,1998(1):6-11.

[10] 崔思华,管保山,张遂安,等.煤岩储层伤害机理及评价方法[J].中国煤层气,2012(3):38-41.

[11] 俞启香.矿井瓦斯防治[M].徐州:中国矿业大学出版社,1992.

[12] 于不凡.煤矿瓦斯灾害防治及利用技术手册[M].北京:煤炭工业出版社,2005.

[13] 付建华.煤矿瓦斯灾害防治理论研究与工程实践[M].徐州:中国矿业大学出版社,2005.

[14] 程远平.煤矿瓦斯防治理论与工程应用[M].徐州:中国矿业大学出版社,2011.

[15] 谢和平,林柏泉,周宏伟.深部煤与瓦斯共采理论与技术[M].北京:科学出版社,2016.

[16] 尹光志,李星,韩佩博,等.三维采动应力条件下覆岩裂隙演化规律试验研究[J].煤炭学报,2016,41(02):406-413.

[17] 王浩.中厚煤层覆岩采动破断及瓦斯流动规律研究[D].重庆:重庆大学,2013.

[18] 李铭辉.采动条件下煤岩力学特性及瓦斯运移时空演化规律[D].重庆:重庆大学,2013.

[19] 谢和平,周宏伟,薛东杰,等.煤炭深部开采与极限开采深度的研究与思考[J].煤炭学报,2012,37(04):535-542.

[20] 谢和平,鞠杨,高明忠,等.煤炭深部原位流态化开采的理论与技术体系[J].煤炭学报,2018,43(05):1210-1219.

[21] 蔡美峰,王金安,王双红.玲珑金矿深部开采岩体能量分析与岩爆综合预测[J].岩石力学与工程学报,2001(01):38-42.

[22] 秦勇,申建,沈玉林.叠置含气系统共采兼容性——煤系"三气"及深部煤层气开采中的共性地质问题[J].煤炭学报,2016,41(01):14-23.

[23] 尹光志,李星,鲁俊,等.深部开采动静载荷作用下复合动力灾害致灾机理研究[J].煤炭学报,2017,42(09):2316-2326.

[24] 齐庆新,潘一山,舒龙勇,等.煤矿深部开采煤岩动力灾害多尺度分源防控理论与技术架构[J].煤炭学报,2018,43(07):1801-1810.

[25] 许家林,连国明,朱卫兵,等.深部开采覆岩关键层对地表沉陷的影响[J].煤炭学报,2007(07):686-690.

[26] 宋应星.天工开物译注[M].上海:上海古籍出版社,2013.

[27] 南桐矿务局直属一井倾斜近距离开采解放层及抽放瓦斯研究报告[J].川煤科技,1974(01):1-25.

[28] 袁亮.卸压开采抽采瓦斯理论及煤与瓦斯共采技术体系[J].煤炭学报,2009,34(01):1-8.

[29] 袁亮.低透气煤层群首采关键层卸压开采采空侧瓦斯分布特征与抽采技术[J].煤炭学报,2008,33(12):1362-1367.

[30] 袁亮.留巷钻孔法煤与瓦斯共采技术[J].煤炭学报,2008(08):898-902.

[31] 袁亮.低透高瓦斯煤层群安全开采关键技术研究[J].岩石力学与工程学报,2008(07):1370-1379.

[32] 袁亮.高瓦斯矿区复杂地质条件安全高效开采关键技术[J].煤炭学报,2006(02):174-178.

[33] 袁亮,刘泽功.淮南矿区开采煤层顶板抽放瓦斯技术的研究[J].煤炭学报,2003(02):149-152.

［34］程远平,俞启香,袁亮,等.煤与远程卸压瓦斯安全高效共采试验研究[J].中国矿业大学学报,2004(02):8-12.

［35］程远平,俞启香.煤层群煤与瓦斯安全高效共采体系及应用[J].中国矿业大学学报,2003(05):5-9.

［36］李树刚,李生彩,林海飞,等.卸压瓦斯抽取及煤与瓦斯共采技术研究[J].西安科技学院学报,2002(03):247-249.

［37］谢和平,周宏伟,薛东杰,等.我国煤与瓦斯共采:理论、技术与工程[J].煤炭学报,2014,39(08):1391-1397.

［38］谢和平,高峰,周宏伟,等.煤与瓦斯共采中煤层增透率理论与模型研究[J].煤炭学报,2013,38(07):1101-1108.

［39］王海锋,程远平,侯少杰,等.倾斜煤层远距离上被保护层连续卸压保护技术研究及应用[J].采矿与安全工程学报,2010,27(02):210-214.

［40］王亮.巨厚火成岩下远程卸压煤岩体裂隙演化与渗流特征及在瓦斯抽采中的应用[D].徐州:中国矿业大学,2009.

［41］尹光志,李星,韩佩博,等.三维采动应力条件下覆岩裂隙演化规律试验研究[J].煤炭学报,2016,41(02):406-413.

［42］尹光志,李铭辉,许江,等.多功能真三轴流固耦合试验系统的研制与应用[J].岩石力学与工程学报,2015,34(12):2436-2445.

［43］尹光志,李文璞,李铭辉,等.不同加卸载条件下含瓦斯煤力学特性试验研究[J].岩石力学与工程学报,2013,32(05):891-901.

［44］刘东,许江,尹光志,等.多场耦合煤矿动力灾害大型模拟试验系统研制与应用[J].岩石力学与工程学报,2013,32(05):966-975.

［45］尹光志,李铭辉,李生舟,等.基于含瓦斯煤岩固气耦合模型的钻孔抽采瓦斯三维数值模拟[J].煤炭学报,2013,38(04):535-541.

［46］许江,彭守建,尹光志,等.含瓦斯煤热流固耦合三轴伺服渗流装置的研制及应用[J].岩石力学与工程学报,2010,29(05):907-914.

［47］尹光志,王登科.含瓦斯煤岩耦合弹塑性损伤本构模型研究[J].岩石力学与工程学报,2009,28(05):993-999.

［48］尹光志,王登科,张东明,等.含瓦斯煤岩固气耦合动态模型与数值模拟研究[J].岩土工程学报,2008(10):1430-1436.

［49］林柏泉,李子文,翟成,等.高压脉动水力压裂卸压增透技术及应用[J].采矿与安全工程学报,2011,28(03):452-455.

［50］林柏泉,孟杰,宁俊,等.含瓦斯煤体水力压裂动态变化特征研究[J].采矿与安全工程学报,2012,29(01):106-110.

[51] 翟成,李贤忠,李全贵.煤层脉动水力压裂卸压增透技术研究与应用[J].煤炭学报,2011,36(12):1996-2001.

[52] 李贤忠,林柏泉,翟成,等.单一低透煤层脉动水力压裂脉动波破煤岩机理[J].煤炭学报,2013,38(06):918-923.

[53] 刘勇,卢义玉,魏建平,等.井下射流强化压裂裂缝导流机理研究[J].安全与环境学报,2014,14(04):83-87.

[54] 梁卫国,赵阳升.盐类矿床群井水力压裂连通理论与实践[J].岩石力学与工程学报,2002(S2):2579-2582.

[55] 黄炳香,赵兴龙,陈树亮,等.坚硬顶板水压致裂控制理论与成套技术[J].岩石力学与工程学报,2017,36(12):2954-2970.

[56] 黄炳香,王友壮.顶板钻孔割缝导向水压裂缝扩展的现场试验[J].煤炭学报,2015,40(09):2002-2008.

[57] 康向涛.煤层水力压裂裂缝扩展规律及瓦斯抽采钻孔优化研究[D].重庆:重庆大学,2014.

[58] 倪小明,苏现波,李玉魁.多煤层合层水力压裂关键技术研究[J].中国矿业大学学报,2010,39(05):728-732+739.

[59] 路遥遥.低渗透煤储层缝网压裂裂缝扩展机理研究[D].焦作:河南理工大学,2016.

[60] 赵锡震.低渗透煤储层多缝压裂形成条件研究[D].焦作:河南理工大学,2017.

[61] 李晓红,王晓川,康勇,等.煤层水力割缝系统过渡过程能量特性与耗散[J].煤炭学报,2014,39(08):1404-1408.

[62] 卢义玉,尤祎,刘勇,等.脉冲水射流割缝后石门揭煤突出预测指标优选[J].重庆大学学报,2013,36(06):65-69.

[63] 林柏泉,高亚斌,沈春明.基于高压射流割缝技术的单一低透煤层瓦斯治理[J].煤炭科学技术,2013,41(09):53-57.

[64] 冯增朝,赵阳升,杨栋,等.割缝与钻孔排放煤层气的大煤样试验研究[J].天然气工业,2005(03):127-129+206.

[65] 贾同千,饶孜,何庆兵,等.复杂地质低渗煤层水力压裂-割缝综合瓦斯增透技术研究[J].中国安全生产科学技术,2017,13(04):59-64.

[66] 孔留安,郝富昌,刘明举,等.水力冲孔快速掘进技术[J].煤矿安全,2005(12):48-49+68.

[67] 刘明举,孔留安,郝富昌,等.水力冲孔技术在严重突出煤层中的应用[J].煤炭学报,2005(04):451-454.

[68] 朱建安,申伟鹏,郭培红.水力冲孔技术三通防喷装置的改进设计[J].煤矿安全,2010,41(05):22-24.

［69］魏建平,李波,刘明举,等.水力冲孔消突有效影响半径测定及钻孔参数优化[J].煤炭科学技术,2010,38(05):39-42.

［70］王凯,李波,魏建平,等.水力冲孔钻孔周围煤层透气性变化规律[J].采矿与安全工程学报,2013,30(05):778-784.

［71］张建,石必明,李平,等.受采动影响煤层水力冲孔增透技术试验研究[J].煤炭科学技术,2011,39(11):55-58+69.

［72］朱红青,顾北方,靳晓华,等.水力冲孔影响范围数值模拟研究与应用[J].煤炭技术,2014,33(07):65-67.

［73］冯丹,许江,陶云奇,等.水力冲孔物理模拟试验系统研制及其应用[J].采矿与安全工程学报,2017,34(04):782-788.

［74］陶云奇,冯丹,马耕,等.水力冲孔物理模拟试验及其卸压增透效果研究[J].煤炭科学技术,2017,45(06):55-60.

［75］郝富昌,孙丽娟,赵发军.蠕变-渗流耦合作用下水力冲孔周围煤体渗透率时空演化规律[J].中国安全生产科学技术,2016,12(08):16-22.

［76］马耕,刘晓,李锋.基于放矿理论的软煤水力冲孔孔洞形态特征研究[J].煤炭科学技术,2016,44(11):73-77.

［77］王佑安.矿井瓦斯防治[M].北京:煤炭工业出版社,1994.

［78］徐阿猛.深孔预裂爆破抽放瓦斯的研究[D].重庆:重庆大学,2007.

［79］潘泱波,刘泽功.深孔预裂爆破弱化煤层夹矸技术的应用[J].中国安全生产科学技术,2013,9(09):107-110.

［80］蔡峰,刘泽功.耦合装药特性对深孔预裂爆破应力波能量衰减的影响[J].煤炭学报,2014,39(S2):384-389.

［81］刘健,刘泽功,高魁,等.深孔预裂爆破在深井高瓦斯低透气性煤层瓦斯抽采中的应用[J].中国安全生产科学技术,2014,10(05):148-153.

［82］龚敏,张凤舞,文斌,等.煤巷底板岩石爆破提高瓦斯抽放率的应用与数值模拟[J].煤炭学报,2012,37(06):972-977.

［83］韩颖,张飞燕,勾攀峰.穿层深孔预裂爆破防治高应力高突区域煤巷突出的试验研究[J].煤炭工程,2009(06):87-90.

［84］曹树刚,李勇,刘延保,等.深孔控制预裂爆破对煤体微观结构的影响[J].岩石力学与工程学报,2009,28(04):673-678.

［85］张天军,王宁,李树刚,等.低透气性煤层深孔预裂爆破增透数值模拟研究[J].西安科技大学学报,2013,33(01):1-6.

［86］彭世龙,饶孜,江浩,等.高突矿井深孔预裂爆破瓦斯"零"超限技术[J].煤矿安全,2017,48(05):84-88.

[87] 国家安全生产监督管理总局.AQ 1050—2008　保护层开采技术规范[S].北京:煤炭工业出版社,2009.

[88] 王耀锋,何学秋,王恩元,等.水力化煤层增透技术研究进展及发展趋势[J].煤炭学报,2014,39(10):1945-1955.

[89] 袁亮,林柏泉,杨威.我国煤矿水力化技术瓦斯治理研究进展及发展方向[J].煤炭科学技术,2015,43(01):45-49.

[90] 国务院安全生产委员会办公室.国务院安全生产委员会办公室关于进一步加强煤矿火工品安全管理工作的通知[J].煤矿爆破,2008(4):39-39.

[91] White C M,Smith D H,Jones K L,et al.Sequestration of carbon dioxide in coal with enhanced coalbed methane recovery a review[J].Energy Fuels 2005,19:659-724.

[92] Yin G,Deng B,Li M,et al. Impact of injection pressure on CO_2-enhanced coalbed methane recovery considering mass transfer between coal fracture and matrix[J].Fuel,2017,196:288-297.

[93] Du X,Gu M,Duan S,et al.The Influences of CO_2 Injection Pressure on CO_2 Dispersion and the Mechanism of CO_2-CH_4 Displacement in Shale [J].Journal of Energy Resources Technology,2017.

[94] Fulton P F,Parente C A,Rogers B A,et al.A laboratory investigation of enhanced recovery of methane from coal by carbon dioxide injection[C].Symposium on Unconventional Gas Recovery held in Pittsburgh,SPE 8930,1981.

[95] Reznik A A,Singly P K,Foley W L.An Analysis of the Effect of CO_2 Injection on the Recovery of In-Situ Methane From Bituminous Coal[C].An Experimental Simulation.SPE 10822,1984.

[96] Mazumder S,Wolf K H A A,Hemert P V,et al.Laboratory Experiments on Environmental Friendly Means to Improve Coalbed Methane Production by Carbon Dioxide/Flue Gas Injection[J].Transport in Porous Media,2008,75(1):63-92.

[97] Jessen K,Tang G Q,Kovscek A R.Laboratory and Simulation Investigation of Enhanced Coalbed Methane Recovery by Gas Injection[J].Transport in Porous Media,2008,73(2):141-159.

[98] Oldenburg C M,K.Pruess A,Benson S M.Process Modeling of CO_2 Injection into Natural Gas Reservoirs for Carbon Sequestration and Enhanced Gas Recovery[J].Energy & Fuels,2000,15(2):293-298.

[99] 杨宏民,夏会辉,王兆丰.注气驱替煤层瓦斯时效特性影响因素分析[J].采矿与安全工程学报,2013,30(2).

[100] 杨宏民,魏晨慧,王兆丰,等.基于多物理场耦合的井下注气驱替煤层甲烷的数值模拟

[J].煤炭学报,2010,35(s1):109-114.

[101] 杨宏民,张铁岗,王兆丰,等.煤层注氮驱替甲烷促排瓦斯的试验研究[J].煤炭学报, 2010,35(5):792-796.

[102] 方志明,李小春,李洪,等.混合气体驱替煤层气技术的可行性研究[J].岩土力学, 2010,31(10).

[103] 李小春,张法智,方志明,等.混合气体驱替煤层气现场试验研究[C]//煤层气学术研讨会.2008.

[104] Czapliński A,Holda S.Changes in mechanical properties of coal due to sorption of carbon dioxide vapour[J].Fuel,1982,61(12):1281-1282.

[105] Perera M S A,Ranjith P G,Viete D R.Effects of gaseous and super-critical carbon dioxide saturation on the mechanical properties of bituminous coal from the Southern Sydney Basin [J].Applied Energy,2013,110(1):73-81.

[106] Yin H,Zhou J,Xian X,et al.Experimental study of the effects of sub- and super-critical CO_2,saturation on the mechanical characteristics of organic-rich shales[J].Energy,2017, 132:84-95.

[107] Liu J,Chen Z,Elsworth D,et al.Evolution of coal permeability from stress-controlled to displacement-controlled swelling conditions[J].Fuel,2011,90(10):2987-2997.

[108] Day S,Fry R,Sakurovs R.Swelling of Australian coals in supercritical CO_2[J].International Journal of Coal Geology,2008,74(1):41-52.

[109] Balzer C,Wildhage T,Braxmeier S,et al.Deformation of Porous Carbons upon Adsorption [J].Langmuir,2011,27(6):2553-2560.

[110] Brochard L,Vandamme M,Pellenq R J,et al.Adsorption-induced deformation of microporous materials：coal swelling induced by CO_2-CH_4 competitive adsorption[J]. Langmuir the Acs Journal of Surfaces & Colloids,2012,28(5):2659-2670.

[111] Zang J,Wang K.Gas sorption-induced coal swelling kinetics and its effects on coal permeability evolution：Model development and analysis[J].Fuel,2017,189:164-177.

[112] Fan J,Feng R,Wang J,et al.Laboratory Investigation of Coal Deformation Behavior and Its Influence on Permeability Evolution During Methane Displacement by CO_2[J].Rock Mechanics & Rock Engineering,2017,50(7):1-13.

[113] Pluymakers A,Liu J,Kohler F,et al.A high resolution interferometric method to measure local swelling due to CO_2,exposure in coal and shale[J].International Journal of Coal Geology,2018.

[114] Gupta A P,Gupta A,Langlinais J.Feasibility of supercritical carbon dioxide as a drilling fluid for deep underbalanced drilling operation[R].SPE 96992,2005.

[115] Gupta D V S, Bobier D M. The history and success of liquid CO$_2$ and CO$_2$/N$_2$ fracturing system. SPE 40016, 1998.

[116] Ishida T, Aoyagi K, Niwa T, et al. Acoustic emission monitoring of hydraulic fracturing laboratory experiment with supercritical and liquid CO$_2$[J]. Geophysical Research Letters, 2012, 39(3): 1-6.

[117] Alpern J, Marone C, Elsworth D, et al. Exploring the physicochemical processes that govern hydraulic fracture through laboratory experiments[J]. 2012.

[118] Gan Q, Elsworth D, Alpern J S, et al. Breakdown pressures due to infiltration and exclusion in finite length boreholes[J]. Journal of Petroleum Science & Engineering, 2015, 127: 329-337.

[119] 文虎,樊世星,马砺,等.低渗透性煤层井下低压液态 CO$_2$ 促抽瓦斯工程实践[J].西安科技大学学报,2018,38(04):530-537.

[120] 文虎,李珍宝,王振平,等.煤层注液态 CO$_2$ 压裂增透过程及裂隙扩展特征试验[J].煤炭学报,2016,41(11):2793-2799.

[121] 马砺,魏高明,李珍宝,等.高瓦斯煤层注液态 CO$_2$ 压裂增透技术试验研究[J].矿业安全与环保,2018,45(05):6-11.

[122] 卢义玉,廖引,汤积仁,等.页岩超临界 CO$_2$ 压裂起裂压力与裂缝形态试验研究[J].煤炭学报,2018,43(01):175-180.

[123] KOLLE J, MArVIN M. Jet-assisted coiled tubing drillingwith supercriticalcarbon dioxide. In: Proceedings of ETCE/OMAE 2000 Joint Energy Conference, New Orleans, USA(2000).

[124] UHLMANN E, Bilz M, Mankiewicz J, et al. Machining of Hygroscopic Materials by High-pressure CO$_2$, Jet Cutting [J]. Procedia Cirp, 2016, 48: 57-61.

[125] ZHANG Zhe, PAN Feng, TANG Ming, et al. Infrared differential spectroscopy research of fine CO$_2$ jet spray cleaning organic compound on silica substrate[J]. high Power Laser & Particle Beams, 2014, 26(11): 55-62.

[126] 李根生,王海柱,沈忠厚,等.超临界 CO$_2$ 射流在石油工程中应用研究与前景展望[J].中国石油大学学报:自然科学版,2013,37(5):76-80.

[127] 王海柱,李根生,贺振国,等.超临界 CO$_2$ 岩石致裂机制分析[J].岩土力学,2018,39(10):3589-3596.

[128] DU Yukun, WANG Ruihe, NI Hongjian, et al. Determination of rock-breaking performance of high-pressure supercritical carbon dioxide jet[J]. Journal of Hydrodyn amics, Ser. B, 2012, 24(4), 554-560.

[129] WANG Haizhu, LI Gengsheng, TIAN Shouceng, et al. Flow field simulation of supercritical carbon dioxide jet: comparison and sensitivity analysis [J]. Journal of Hydrodyn amics,

2015,27（2）,210-215.

［130］ LI Mukun,NI Hongjian,WANG Ruihe,et al.Comparative simulation research on the stress characteristics of supercritical carbon dioxide jets,nitrogen jets and water jets［J］. Engineering Applications of Computational Fluid Mechanics,2017,11(1):357-370.

［131］ TIAN Shouceng,HE Zhenguo,LI Gensheng,et al.Influences of ambient pressure and nozzle-to-target distance on SC-CO_2,jet impingement and perforation［J］.Journal of Natural Gas Science & Engineering,2016,29:232-242.

［132］ P Weir,JH Edwards.Mechanical loading and Cardox revolutionize an old mine［J］.coal age,1928,33:288-290.

［133］ Kristina P,John M S,Farrukh A,et al.Cardox system brings benefits in the mining of large coal［J］.ANON,Coal International,243(1),1995,27-28.

［134］ 徐颖.高压气体爆破采煤技术的发展及其在我国的应用［J］.爆破,1998(01):67-82.

［135］ 王兆丰,周大超,李豪君,等.液态CO_2相变致裂二次增透技术［J］.河南理工大学学报：自然科学版,2016,35(05):597-600.

［136］ 王兆丰,李豪君,陈喜恩,等.液态CO_2相变致裂煤层增透技术布孔方式研究［J］.中国安全生产科学技术,2015,11(09):11-16.

［137］ 王兆丰,孙小明,陆庭侃,等.液态CO_2相变致裂强化瓦斯预抽试验研究［J］.河南理工大学学报：自然科学版,2015,34(01):1-5.

［138］ 李豪君,王兆丰,陈喜恩,等.液态CO_2相变致裂技术在布孔参数优化中的应用［J］.煤田地质与勘探,2017,45(04):31-37+43.

［139］ 陈喜恩,赵龙,王兆丰,等.液态CO_2相变致裂机理及应用技术研究［J］.煤炭工程,2016,48(09):95-97+101.

［140］ 程小庆,王兆丰,李豪君.液态CO_2相变致裂强制煤层顶板垮落技术［J］.煤矿安全,2016,47(06):67-70.

［141］ 赵龙,王兆丰,孙矩正,等.液态CO_2相变致裂增透技术在高瓦斯低透煤层的应用［J］.煤炭科学技术,2016,44(03):75-79.

［142］ 董庆祥,王兆丰,韩亚北,等.液态CO_2相变致裂的TNT当量研究［J］.中国安全科学学报,2014,24(11):84-88.

［143］ LU Tingkan,WANG Zhaofeng,YANG Hongmin,et al.Improvement of coal seam gas drainage by under-panel cross-strata stimulation using highly pressurized gas［J］. International Journal of Rock Mechanics & Mining Sciences,2015,77:300-312.

［144］ CAO Yunxing,ZHANG Junsheng,ZHAI Hong,et al.CO_2 gas fracturing：A novel reservoir stimulation technology in low permeability gassy coal seams［J］.Fuel,2017,203:197-207.

［145］ 曹运兴,田林,范延昌,等.低渗煤层CO_2气相压裂裂隙圈形态研究［J］.煤炭科学技术,

2018,46(06):46-51.

[146] 曹运兴,张军胜,田林,等.低渗煤层定向多簇气相压裂瓦斯治理技术研究与实践[J].煤炭学报,2017,42(10):2631-2641.

[147] CHEN Haidong, WANG Zhaofeng, CHEN Xiangjun, et al.Increasing permeability of coal seams using the phase energy of liquid carbon dioxide[J].Journal of CO_2 Utilization,2017,19:112-119.

[148] 周科平,柯波,李杰林,等.液态 CO_2 爆破系统压力动态响应及爆炸能量分析[J].爆破,2017,34(03):7-13.

[149] 周西华,门金龙,宋东平,等.液态 CO_2 爆破煤层增透最优钻孔参数研究[J].岩石力学与工程学报,2016,35(03):524-529.

[150] 孙可明,辛利伟,吴迪,等.初应力条件下超临界 CO_2 气爆致裂规律研究[J].固体力学学报,2017,38(05):473-482.

[151] Cook S S,Erosion by Water-Hammer.Proceedings of the Royal Society of London.Series A,Containing Papers of a Mathematical and Physical Character,Vol.119,No.783（Jul.2,1928）,pp.481-488.

[152] Jacobsen C H,Murdock R K.The erosion of steam turbine blades[J].1910.

[153] Haller P.Investigation of corrosion phenomena in water turbines[J].Escher Wyss News,1933:77-84.

[154] Bowden F P,Brunton J H.The Deformation of Solids by Liquid Impact at Supersonic Speeds[J].Proceedings of the Royal Society A:Mathematical,Physical and Engineering Sciences,1961,263(1315):433-450.

[155] Hermann F J.High-speed impact between a liquid drop and a solid surface[J].J.Appl.Phys.1969,40(13):5113-5122.

[156] Adler W F.Waterdrop impact modeling[J].Wear,1995,186:341-351.

[157] Mabrouki T,Raissi K,Cornier A.Numerical simulation and experimental study of the interaction between a pure high-velocity waterjet and targets:contribution to investigate the decoating process[J].Wear,2000,239(2):260-273.

[158] 王瑞和,倪红坚.高压水射流破岩钻孔过程的理论研究[J].中国石油大学学报:自然科学版,2003,27(4).

[159] 卢义玉,黄飞,王景环,等.超高压水射流破岩过程中的应力波效应分析[J].中国矿业大学学报,2013,35(4):519-525.

[160] 卢义玉,李晓红,向文英.空化水射流破碎岩石的机理研究[J].岩土力学,2005,26(8):1233-1237.

[161] 常宗旭,邰保平,赵阳升,等.煤岩体水射流破碎机理[J].煤炭学报,2008,33(9).

［162］钱七虎.岩石爆炸动力学的若干进展［J］.岩石力学与工程学报,2009,28（10）: 1945-1968.

［163］钱七虎,戚承志,王明洋.岩石爆炸动力学［M］.北京:科学出版社,2006.

［164］杨小林,孙博,褚怀保.爆生气体在煤体爆破过程中的作用分析［J］.金属矿山,2011 （11）:65-68.

［165］杨小林,王梦恕.爆生气体作用下岩石裂纹的扩展机理［J］.爆炸与冲击,2001,21（2）: 111-116.

［166］杨小林,王树仁.岩石爆破损伤及数值模拟［J］.煤炭学报,2000,25（1）:19-23

［167］索永录.坚硬顶煤弱化爆破的破坏区分布特征［J］.煤炭学报,2004,29（6）:650-653.

［168］张晋红.柱状药包在岩石中爆炸应力波衰减规律的研究［D］.太原:中北大学,2005.

［169］陈静.高压空气冲击煤体气体压力分布的模拟研究［D］.阜新:辽宁工程技术大 学,2009.

［170］孙可明,王金彧,辛利伟.不同应力差条件下超临界CO_2气爆煤岩体气楔作用次生裂纹 扩展规律研究［J］.应用力学学报:1-7.

［171］孙可明,辛利伟,吴迪,等.初应力条件下超临界CO_2气爆致裂规律模拟研究［J］.振动 与冲击,2018,37（12）:232-238.

［172］孙可明,辛利伟,吴迪.超临界CO_2气爆煤体致裂机理试验研究［J］.爆炸与冲击,2018, 38（02）:302-308.

［173］孙可明,辛利伟,吴迪,等.初应力条件下超临界CO_2气爆致裂规律研究［J］.固体力学 学报,2017,38（05）:473-482.

［174］刘勇,何岸,魏建平,等.高压气体射流破煤应力波效应分析［J］.煤炭学报,2016,41 （07）:1694-1700.

［175］林柏泉,王瑞,乔时和.高压气液两相射流多级脉动破煤岩特性及致裂机理［J］.煤炭学 报,2018,43（01）:124-130.

［176］高坤.高能气体冲击煤体增透技术试验研究及应用［D］.阜新:辽宁工程技术大 学,2013.

［177］史宁.高压空气冲击煤体增透技术试验研究［D］.阜新:辽宁工程技术大学,2011.

［178］赵旭.高压氮气冲击致裂煤岩体裂隙发育规律研究［D］.徐州:中国矿业大学,2017.

［179］王明宇.液态二氧化碳相变爆破裂纹扩展规律研究及应用［D］.徐州:中国矿业大 学,2018.

［180］郭杨霖.液态二氧化碳相变致裂机理及应用效果分析［D］.焦作:河南理工大学,2017.

［181］刘文博.高能气体冲击增透过程中裂纹扩展规律的研究［D］.太原:太原理工大 学,2018.

［182］周世宁,孙辑正.煤层瓦斯流动理论及其应用［J］.煤炭学报,1965,2（1）:24-36.

［183］郭勇义.煤层瓦斯一维流场流动规律的完全解［J］.中国矿业学院学报,1984,2(2):19-28.

［184］谭学术.矿井煤层真实瓦斯渗流方程的研究［J］.重庆建筑工程学院学报,1986,(1):106-112.

［185］Peide Sun. Coal gas dynamics and it applications. Scientia Geologica Sinica［J］. Scientia Geologica Sinica,1994,3(1):66-72.

［186］孙培德.煤层瓦斯流场流动规律的研究［J］.煤炭学报,1987,(4):74-82.

［187］Gray I. Reservoir Engineering in Coal Seams: Part 1The Physical Process of Gas Storage and Movement in Coal Seams［J］.Spe Reservoir Engineering,1987,2:1(6):752-69.

［188］赵阳升.多孔介质多场耦合作用及其工程响应［M］.北京:科学出版社,2010.

［189］赵阳升.煤体-瓦斯耦合数学模型及数值解法［J］.岩石力学与工程学报,1994(3):220-239.

［200］赵阳升,秦惠增.煤层瓦斯流动的固-气耦合数学模型及数值解法的研究［J］.固体力学学报,1994(1):49-57.

［201］赵阳升,胡耀青.块裂介质岩体变形与气体渗流的耦合数学模型及其应用［J］.煤炭学报,2003,28(1):41-45.

［202］Seidle J, Huitt L G. Experimental Measurement of Coal Matrix Shrinkage Due to Gas Desorption and Implications for Cleat Permeability Increases［J］.Gas Field,1995.

［203］Palmer I, Mansoori J. How Permeability Depends on Stress and Pore Pressure in Coalbeds: A New Model［J］.Spe Reservoir Evaluation & Engineering,1998,1(6):539-544.

［204］傅雪海,秦勇,张万红.高煤级煤基质力学效应与煤储层渗透率耦合关系分析［J］.高校地质学报,2003,9(3):373-377.

［205］Shi J Q, Durucan S. Drawdown Induced Changes in Permeability of Coalbeds: A New Interpretation of the Reservoir Response to Primary Recovery［J］. Transport in Porous Media,2004,56(1):1-16.

［206］Shi J Q, Durucan S. A numerical simulation study of the Allison Unit CO_2-ECBM pilot: The impact of matrix shrinkage and swelling on ECBM production and CO_2 injectivity［J］. Greenhouse Gas Control Technologies,2005:431-439.

［207］Shi J Q, Durucan S, Shi J Q, et al. A Model for Changes in Coalbed Permeability During Primary and Enhanced Methane Recovery［J］.Spe Reservoir Evaluation & Engineering,2005,8(4):291-299.

［208］尹光志,王登科,张东明,等.含瓦斯煤岩固气耦合动态模型与数值模拟研究［J］.岩土工程学报,2008(10):1430-1436.

［209］周军平,鲜学福,姜永东,等.考虑有效应力和煤基质收缩效应的渗透率模型［J］.西南

石油大学学报:自然科学版,2009,31(1):4-8.

[210] Connell L D,Lu M,Pan Z.An analytical coal permeability model for tri-axial strain and stress conditions[J].International Journal of Coal Geology,2010,84(2):103-114.

[211] L Connell,Z Pan,M Lu,et al. Coal permeability and its behaviour with gas desorption, pressure and stress[C].SPE Asia Pacific Oil and Gas Conference and Exhibition,2010.

[212] 王登科,吕瑞环,彭明,等.含瓦斯煤渗透率各向异性研究[J].煤炭学报,2018,43(04):1008-1015.

[213] 王登科,彭明,魏建平,等.煤岩三轴蠕变-渗流-吸附解吸试验装置的研制及应用[J].煤炭学报,2016,41(03):644-652.

[214] 王登科,魏建平,付启超,等.基于Klinkenberg效应影响的煤体瓦斯渗流规律及其渗透率计算方法[J].煤炭学报,2014,39(10):2029-2036.

[215] 王登科,魏建平,尹光志.复杂应力路径下含瓦斯煤渗透性变化规律研究[J].岩石力学与工程学报,2012,31(02):303-310.

[216] 王登科,刘建,尹光志,等.突出危险煤渗透性变化的影响因素探讨[J].岩土力学,2010,31(11):3469-3474.

[217] 魏建平,秦恒洁,王登科,等.含瓦斯煤渗透率动态演化模型[J].煤炭学报,2015,40(07):1555-1561.

[218] 程远平,刘洪永,郭品坤,等.深部含瓦斯煤体渗透率演化及卸荷增透理论模型[J].煤炭学报,2014,39(08):1650-1658.

[219] 李铭辉.真三轴应力条件下储层岩石的多物理场耦合响应特性研究[D].重庆:重庆大学,2016.

[220] Zhang Z,Zhang R,Xie H,et al.An anisotropic coal permeability model that considers mining-induced stress evolution,microfracture propagation and gas sorption-desorption effects[J].Journal of Natural Gas Science and Engineering,2017:S1875510017303529.

[221] 张先萌.裂隙煤岩体损伤演化与渗流耦合试验研究[D].重庆:重庆大学,2017.

[222] 周宏伟,荣腾龙,牟瑞勇,等.采动应力下煤体渗透率模型构建及研究进展[J].煤炭学报,2019,44(01):221-235.

[223] 荣腾龙,周宏伟,王路军,等.开采扰动下考虑损伤破裂的深部煤体渗透率模型研究[J].岩土力学,2018,39(11):3983-3992.

[224] 荣腾龙,周宏伟,王路军,等.三向应力条件下煤体渗透率演化模型研究[J].煤炭学报,2018,43(07):1930-1937.

[225] 蔡美峰.岩石力学与工程[M].北京:科学出版社,2002.

[226] Nian T,Wang G,Xiao C,et al.The in situ stress determination from borehole image logs in the Kuqa Depression[J].Journal of Natural Gas Science and Engineering 2016,34:

1077-1084.

［227］Yokoyama T,Sano O,Hirata A,et al.Development of borehole-jack fracturing technique for in situ stress measurement［J］.International Journal of Rock Mechanics & Mining Sciences,2014,67(2):9-19.

［228］Engelder T.Stress Regimes in the Lithosphere［M］.Princeton University Press,1992.

［229］Haimson B,Fairhurst C.Initiation and Extension of Hydraulic Fractures in Rocks［J］. Society of Petroleum Engineers Journal,1967,(6):310-318.

［230］Zoback M L.First-and second-order patterns of stress in the lithosphere:The World Stress Map Project［J］.Journal of Geophysical Research Solid Earth,1992,97(B8):11+703- 11+728.

［231］Heimisson,E R,Einarsson,et al.Kilometer-scale Kaiser effect identified in Krafla volcano, Iceland［J］.Geophysical Research Letters,2015,42(19):7958-7965.

［232］Lavrov A.The Kaiser effect in rocks:principles and stress estimation techniques［J］. International Journal of Rock Mechanics and Mining Sciences, 2003, 40:151-171.

［233］Kaiser J.Erkenntnisse und Folgerungen aus der Messung von Geräuschen bei Zugbeanspruchung von metallischen［J］.Werkstoffen Archiv für das Eisenhüttenwesen, 1953,24:43-45.

［234］ Goodman R E.Subaudible noise during compression of rocks［J］.Geological Society of America Bulletin,1963,74(4):487-490.

［235］王宏图,鲜学福,尹光志.声发射凯塞尔效应岩体地应力测试的研究［J］.煤炭学报, 1997,22(5):38-41.

［236］周小平,邓梦,章福主.声发射凯塞效应结合岩体结构分析测量地应力的新进展［J］.重 庆建筑大学学报,2001,23(6):109-113.

［237］姜永东,鲜学福,许江.岩石声发射 Kaiser 效应应用于地应力测试的研究［J］.岩土力 学,2005,26(6):946-950.

［238］王立君,刘建坡,杨宇江,等.岩石非均匀性和围压对 Kaiser 效应的影响［J］.辽宁工程 技术大学学报:自然科学版,2010,29(2):240-243.

［239］李彦兴,董平川.利用岩石的 Kaiser 效应测定储层地应力［J］.岩石力学与工程学报, 2009,28(增1):2802-2807.

［240］王小琼,葛洪魁,宋丽莉.两类岩石声发射事件与 Kaiser 效应点识别方法的试验研究 ［J］.岩石力学与工程学报,2011,30(3):580-588.

［241］谢强,江小城,余贤斌,等.加载方向变化对细晶花岗岩凯塞效应的影响［J］.煤炭学报, 2010,35(10):1627-1632.

［242］江小城.加载方向对岩石 Kaiser 效应的影响研究［D］.重庆:重庆大学,2013.

［243］Hayashi M，Kanagawa T，Hibino S，et al.Detection of anisotropic geo-stresses trying by acoustic emission，and non-linear rock mechanics on large excavating caverns.In：Proceedings of the fourth ISRM international congress on rock mechanics，Montreux，vol.2. p.211-8（1979）.

［244］Qin S Q，Wang S，Long H，et al.A new approach to estimating geo-stresses from laboratory Kaiser effect measurements［J］.International Journal of Rock Mechanics and Mining Sciences，1999，36：1073-1077.

［245］Boyce G M，Mccabe W M，Koerner R M.Acoustic emission signatures of various rock types in unconfined compression［J］.Astm Special Technical Publications，1981，750：（13）：142-154.

［246］Hardy.Application of the Kaiser Effect for the evaluation of in-situ stresses//Proc 3th Conference on the Mechanical Behavior of Salt.Paris：［sa］（1984）.

［247］Hughson D R，Crawhord A M.Kaiser Effect gauging：the influence of confining stress on its response.In：Proceedings of the 6th ISRM international congress on rock mechanics，Montreal，pp 981-985.

［248］赵奎，闫道全，钟春晖，等.声发射测量地应力综合分析方法与试验验证［J］.岩土工程学报，2012，34（8）：1403-1410.

［249］冯夏庭.智能岩石力学导论［M］.北京：科学出版社，2000：94-98.

［250］张广清，陈勉，赵振峰.Kaiser 取样偏差对深层油藏地应力测试的影响分析［J］.岩石力学与工程学报，2008（08）：1682-1687.

［251］尹祥础.固体力学［M］.北京：地震出版社，2011：1-14.

［252］肖钢，常乐.CO_2 减排技术［M］.武汉：武汉大学出版社，2015.

［253］张川如.二氧化碳气井的流体密度与相态特征［J］.石油天然气学报，1994（1）：52-56.

［254］吴晓东，王庆，何岩峰.考虑相态变化的注 CO_2 井井筒温度压力场耦合计算模型［J］.中国石油大学学报：自然科学版，2009，33（1）：73-77.

［255］李江飞，徐康泰，贺晓，等.基于 Span Wagner 状态方程的二氧化碳管道数值仿真［J］.科技通报，2017（5）：10-15.

［256］刘海力.常用状态方程描述二氧化碳 PVT 关系的比较［J］.化工管理，2015（27）：54-55.

［257］赵承庆，姜毅.气体射流动力学［M］.北京：北京理工大学出版社，1998.

［258］赵琴，杨小林，严敬.工程流体力学［M］.重庆：重庆大学出版社，2014.

［259］林春峰.超声速冲击射流的 PIV 试验研究［D］.南京：南京航空航天大学，2006.

［260］王汝涌，吴宗真，吴宗善，等.气体动力学：上册［M］.北京：国防工业出版社，1984.

［261］彭世尼，周廷鹤.燃气泄漏与扩散模型的探讨［J］.煤气与热力，2008，28（11）：39-42.

［262］王瑞和.高压水射流破岩机理研究［M］.青岛：中国石油大学出版社，2010.

[263] 章定文,刘松玉,韩文君.土体气压劈裂原理与工程应用[M].北京:科学出版社,2014.

[264] 诺尔曼 E.道林.工程材料力学行为:变形、断裂与疲劳的工程方法[M].北京:机械工业出版社,2016.

[265] 徐积善.强度理论及其应用[M].北京:水利电力出版社,1984.

[266] 俞茂宏.强度理论研究新进展[M].西安:西安交通大学社,1993.

[267] 屠厚泽,高 森编.岩石破碎学[M].北京:地质出版社,1990.

[268] 陈勉,金衍,张广清.石油工程岩石力学[M].北京:科学出版社,2008.

[269] 金衍,陈勉.井壁稳定力学[M].北京:科学出版社,2012.

[270] 赵金洲,李勇明,王松,等.天然裂缝影响下的复杂压裂裂缝网络模拟[J].天然气工业,2014,34(1):10.

[271] 褚怀保,王金星,杨小林,等.瓦斯气体在煤体爆破损伤断裂过程中的作用机理研究[J].采矿与安全工程学报,2014,31(3):494-498.

[272] 温志辉,梁博臣,刘笑天.磨料特性对磨料气体射流破煤影响的试验研究[J].中国安全生产科学技术,2017(5).

[273] 黄 飞,卢义玉,李树清,等.高压水射流冲击速度对砂岩破坏模式的影响研究[J].岩石力学与工程学报,2016,35(11):2259-2265.

[274] 宋春明,李干,王明洋,等.不同速度段弹体侵彻岩石靶体的理论分析[J].爆炸与冲击,2018,38(2):250-257.

[275] 李贺.岩石断裂力学[M].重庆:重庆大学出版社,1988.

[276] 陈俊,张东,黄晓明.离散元颗粒流软件(PFC)在道路工程中的应用[M].北京:人民交通出版社,2015.

[277] 章统,刘卫群,查浩,等.岩石类材料振动裂隙扩展试验和数值分析[J].岩土力学,2016(S2):761-768.

[278] 石崇,徐卫亚.颗粒流数值模拟技巧与实践[M].北京:中国建筑工业出版社,2015.

[279] 周天白,杨小彬,韩心星.煤岩单轴压缩破坏 PFC2D 数值反演模拟研究[J].矿业科学学报,2017(03):56-62.

[280] 黄达,雷鹏.贯通型锯齿状岩体结构面剪切变形及强度特征[J].煤炭学报,2014,39(07):1229-1237.

[281] 郎晓玲,郭召杰.基于 DFN 离散裂缝网络模型的裂缝性储层建模方法[J].北京大学学报:自然科学版,2013,49(6):964-972.

[282] 王建华.DFN 模型裂缝建模新技术[J].断块油气田,2008,15(6):55-58.

[283] B.B.霍多特.煤与瓦斯突出[M].北京:中国工业出版社,1966.

[284] 张超林.深部采动应力影响下煤与瓦斯突出物理模拟试验研究[D].2015.

[285] Rao K R , Kim D N , Hwang J J.快速傅里叶变换:算法与应用[M].北京:机械工业出版

社,2013.

［286］许江,彭守建,尹光志,等.含瓦斯煤热流固耦合三轴伺服渗流装置的研制及应用［J］.岩石力学与工程学报,2010,29(5):907-914.

［287］于永江,张春会.承载围岩渗透率演化模型及数值分析［J］.煤炭学报,2014,39(05):841-848.

［288］Carman P C.Fluid flow through granular beds［J］.Transactions Institution of Chemical Engineeres,1937,15:150-166.

［289］岳陆,车晓峰.煤层割理孔隙度和相对渗透率特征的测定［J］.断块油气田,1995,02(5):56-62.

［290］张钧祥,李波,韦纯福,等.基于扩散-渗流机理瓦斯抽采三维模拟研究［J］.地下空间与工程学报,2018.

［291］匡铁军.深部低渗透率煤层瓦斯抽采气固耦合机理研究［J］.煤炭科学技术,2017(8).

［292］张建国,雷光伦.油气层渗流力学［M］.青岛:石油大学出版社,1998.

［293］张东明,白鑫,尹光志,等.低渗煤层液态 CO_2 相变射孔破岩及裂隙扩展力学机理［J］.煤炭学报,2018,43(11):208-222.

［294］张东明,白鑫,尹光志,等.低渗煤层液态 CO_2 相变定向射孔致裂增透技术及应用［J］.煤炭学报,2018,43(07):154-166.